石油高职教育"工学结合"规划教材

地球物理测井

(富媒体)

樊宏伟 王 满 主编

石油工业出版社

内 容 提 要

本书系统阐述了常见地球物理测井的方法、原理及其在油气勘探与开发中的应用，并对近年来出现的新技术、新方法进行了介绍，包括勘探测井技术、生产测井技术和测井资料综合解释等内容，并对钻采地质资料的搜集和应用进行了简要介绍。

本书适用于高职院校油气地质勘探技术、石油工程技术、钻井技术、油气智能开采技术等非资源勘查技术专业教学使用，也可作为资源勘查技术专业概论教材及现场技术人员培训教材。

图书在版编目（CIP）数据

地球物理测井：富媒体／樊宏伟，王满主编.
北京：石油工业出版社，2025.1. --（石油高职教育"工学结合"规划教材）. -- ISBN 978 - 7 - 5183 - 7125 - 9

Ⅰ. P631.8

中国国家版本馆 CIP 数据核字第 2024Q1T971 号

出版发行：石油工业出版社
（北京市朝阳区安华里二区 1 号楼　100011）
网　　址：www.petropub.com
编辑部：（010）64523697
图书营销中心：（010）64523633
经　　销：全国新华书店
排　　版：三河市聚拓图文制作有限公司
印　　刷：北京中石油彩色印刷有限责任公司

2025 年 1 月第 1 版　2025 年 1 月第 1 次印刷
787 毫米×1092 毫米　开本：1/16　印张：14
字数：355 千字

定价：35.00 元
（如发现印装质量问题，我社图书营销中心负责调换）
版权所有，翻印必究

前言

《国家职业教育改革实施方案》强调职业教育教材应突出职业教育特色，反映产业最新进展，对接科技发展趋势和市场需求。新业态教材建设在职业教育领域正迅速发展，其核心在于整合现代信息技术，以适应不断变化的教育需求。结合上述要求，"地球物理测井"课程建设团队不断完善课程资源建设，深化信息技术与教育教学的融合，编制了课程动画、多媒体课件、课程题库，录制课程教学视频，开发了系统化的课程富媒体资源，搭建了线上学习平台。2023年"地球物理测井"课程被评为国家精品在线开放课程。本教材以纸质教材为基础，结合富媒体资源，实现线上线下相结合；强调以学生为中心，使教学内容更直观生动，形态更丰富多样，为广大读者学习提供了便利。

地球物理测井技术是研究钻井地质剖面、准确发现油气层、精细描述油气藏和监测油气生产必不可少的重要手段，它在油气勘探开发全过程具有重要作用。本教材以职业岗位需要为依据，兼顾石油天然气类专业学生的综合职业能力的培养，阐述了常见地球物理测井技术及其现场应用，并对近年来出现的新技术、新方法进行了介绍。通过本门课程的学习，石油天然气类各专业学生可以系统全面地理解并掌握油田现场常用的测井的方法原理、资料解释和应用等知识，同时能够综合应用测井资料进行储层评价、油气层判断、水淹层识别，以及地层对比等与今后的工作岗位息息相关的专业知识和技能，提高综合职业能力，以满足职业生涯发展的需要。

本教材共分五个模块，由樊宏伟、王满任主编，李莉、刘丰榛和徐媛媛任副主编，并由樊宏伟负责全书统稿工作。参与本教材编写的具体分工如下：绪论、模块三由克拉玛依职业技术学院樊宏伟编写，模块一中的项目一和项目二由克拉玛依职业技术学院王满编写，模块一中的项目三和模块二由克拉玛依职业技术学院李莉编写，模块一中项目四、项目五由天津石油职业技术学院刘丰榛编写，模块四中项目一和项目二由克拉玛依职业技术学院徐媛媛编写，模块四中项目三由延安职业技术学院张亚旭编写，模块五中项目一中任务一和任务二由克拉玛依职业技术学院井春丽编写，模块五中项目一中任务三由克拉玛依职业技术学院樊丁山编写，模块五中项目二由巴音郭楞职业技术学院周晓丽编写。全书由中国石油大学（北京）高杰教授主审。

本教材编写过程中得到了克拉玛依职业技术学院教务处、石油工程分院的大力支持。中国石油集团测井有限公司新疆分公司高级工程师常书旺和陈华勇对本书的编写提出了宝贵意见，克拉玛依职业技术学院樊丁山老师在教材统稿阶段做了大量工作，在此一并表示感谢。

由于编者水平有限、实践不足，对于本书存在的不足和疏漏之处，敬请读者批评指正。

编者
2024年9月于克拉玛依

目录

绪论 ... 1

模块一　电法测井 ... 5
- 项目一　普通电阻率测井 ... 6
- 项目二　自然电位测井 ... 32
- 项目三　侧向测井 ... 43
- 项目四　微电阻率测井 ... 54
- 项目五　感应测井 ... 65

模块二　声波测井 ... 78
- 项目一　声波速度测井 ... 78
- 项目二　声波幅度测井 ... 90

模块三　放射性测井 ... 95
- 项目一　伽马测井 ... 95
- 项目二　中子测井 ... 114

模块四　其他测井方法 ... 132
- 项目一　工程测井方法 ... 132
- 项目二　生产测井 ... 147
- 项目三　测井新技术 ... 156

模块五　测井资料解释及钻采地质资料应用 ... 175
- 项目一　测井资料的综合解释 ... 176
- 项目二　钻采地质资料的搜集和应用 ... 199

参考文献 ... 217

富媒体资源目录

序号	资源类型	资源名称	页码
1	微课视频	富媒体 0-1　测井方法与仪器设备概述	1
2	三维动画	富媒体 0-2　测井用井口设备维修保养	2
3	三维动画	富媒体 0-3　马笼头制作与保养	2
4	微课视频	富媒体 1-1　岩石电阻率	6
5	微课视频	富媒体 1-2　普通电阻率测井原理	14
6	三维动画	富媒体 1-3　普通电阻率测井	15
7	微课视频	富媒体 1-4　自然电场的产生	32
8	三维动画	富媒体 1-5　自然电位测井	33
9	微课视频	富媒体 1-6　自然电位测井曲线的应用	40
10	微课视频	富媒体 1-7　侧向测井原理	43
11	三维动画	富媒体 1-8　双侧向测井	49
12	微课视频	富媒体 1-9　微电阻率测井原理	54
13	三维动画	富媒体 1-10　微电阻率测井	54
14	三维动画	富媒体 1-11　感应测井	65
15	微课视频	富媒体 2-1　声学基础知识	78
16	微课视频	富媒体 2-2　声波速度测井	83
17	三维动画	富媒体 2-3　声波测井	84
18	微课视频	富媒体 2-4　声幅测井	90
19	微课视频	富媒体 3-1　伽马测井基础知识	95
20	微课视频	富媒体 3-2　自然伽马测井	100
21	微课视频	富媒体 3-3　密度测井	110
22	三维动画	富媒体 3-4　补偿密度测井	112
23	微课视频	富媒体 3-5　中子测井基础知识	114
24	微课视频	富媒体 3-6　中子测井	115
25	三维动画	富媒体 4-1　井径测井	133
26	微课视频	富媒体 4-2　生产测井概述	147
27	微课视频	富媒体 4-3　流量和温度测井方法	149
28	微课视频	富媒体 4-4　压力和流体识别测井	150
29	微课视频	富媒体 4-5　生产测井解释	155
30	微课视频	富媒体 5-1　测井解释基础	176
31	微课视频	富媒体 5-2　岩性和孔隙度的解释方法	185
32	微课视频	富媒体 5-3　储层含油性的解释评价方法	190

绪论

一、测井的概念

测井是矿场地球物理测井的简称，是在井中进行的各种地球物理勘探方法的统称，是应用地球物理学的一个重要分支。它是以构成地质剖面的地层或井中介质为研究对象，用各种专门仪器放入井中，沿井身测量钻井地质剖面上地层的各种物理参数（如密度、电阻率等）和井眼技术状况，并根据测量结果进行综合解释，以解决油田勘探、开发中的各类地质和工程技术问题的一门应用技术（学科）。它是发现油气层、进行储层评价和油气资源评价以及油藏管理的重要手段，是一门涉及物理、地质及数学等学科的交叉学科。测井的理论基础是物理学，研究方法是反演法。

测井学科的特点：(1) 它是观测学科，应用物理学方法原理，采用现代电子仪器及计算机技术，测量井孔内地层信息的技术学科。(2) 它是交叉学科，是物理学、电子学、信息科学、石油地质、石油工程等学科的交叉。(3) 它是信息技术，测井信息采集、处理、解释及成果显示与信息技术息息相关。(4) 它是高新技术，测井技术知识含量高，技术运用新。

测井包括数据采集、数据处理与解释两个主要的阶段。测井数据采集系统包括井下仪器、地面仪器、测井电缆及辅助设备。图 0-1 是测井现场施工示意图。井下仪器是依据测量方法开发的适用于井下条件的电子测量仪器。地面仪器则主要是选择适合的计算机和自动控制设备，并根据测井需要开发出必要的硬件和软件的结合。测井时，沿井身测量各种物理参数（如电阻率、声波速度、密度等），从而得到物理参数随井深变化的曲线，并根据测量结果进行综合解释来判断岩性、确定油气层位置及油气含量等（富媒体 0-1）。

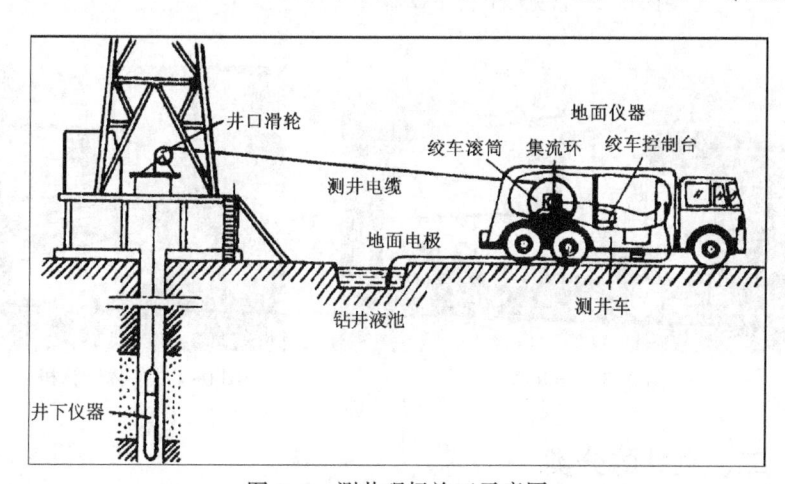

图 0-1 测井现场施工示意图

富媒体 0-1 测井方法与仪器设备概述

鉴于测井仪器本身以及测量环境的影响，仪器直接测量记录的信息往往含有多种噪声影响，信息处理研究的问题就是如何去噪，通过正演和反演，获取被测量媒质的真实物理性质参数。最后，测井解释研究建立测井资料解释模型，开发出解释方法和技术，将测井信息加工成地质信息或工程信息，以达到认识和解决问题的目的。

图 0-2 是常见测井井下仪器，图 0-3 为测井车，图 0-4 为车载计算机。富媒体 0-2、富媒 0-3 分别为测井用井口设备维修保养和马笼头制作与保养。地球物理测井是应用物理场方法进行观测的，因此对测量方法的研究离不开对于探测空间的物理场的性质及特征的探索，然后选择适用的自然物理场，或是建立有效的人工物理场，采用适合钻井剖面的条件和环境的测量方法。

电阻率测井仪　　　　　微电极测井仪

自然电位测井仪　　　　三侧向测井仪

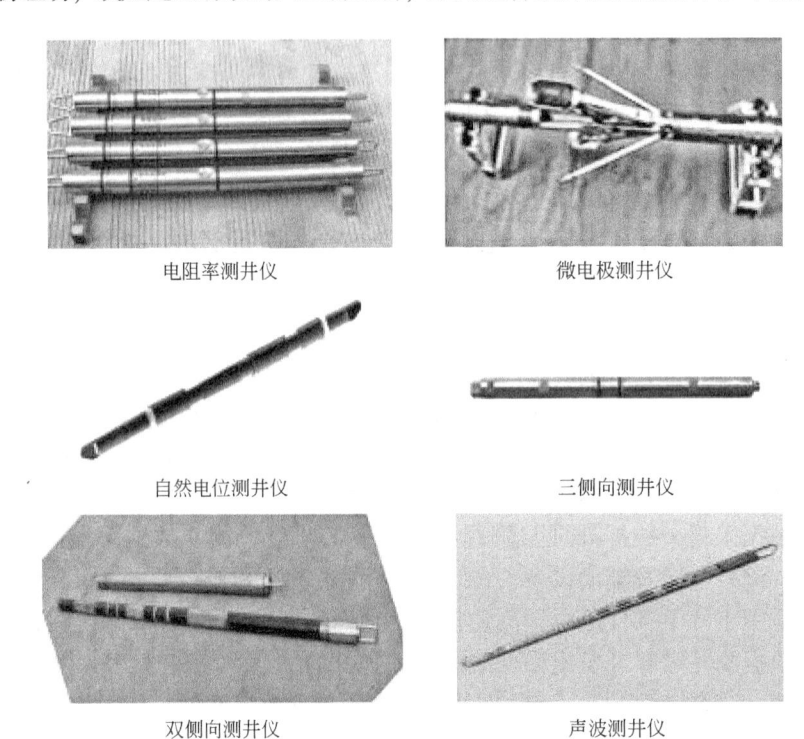

双侧向测井仪　　　　　声波测井仪

图 0-2　常见测井井下仪器

富媒体 0-2　测井用井口设备维修保养

图 0-3　测井车　　　　图 0-4　车载计算机

富媒体 0-3　马笼头制作与保养

二、测井的分类

随着科技的发展，在测井工作者的艰辛努力下，测井已由起初的普通电阻率法定性解释，发展为现今完善的测井系列和计算机定量化测井资料解释，实现了较为全面的定量解释与地层评价及油气分析。测井分类的方法有以下几种：

1. 根据物理方法原理分类

(1) 电法测井：自然电位测井、普通电阻率测井、侧向测井、感应测井、微电阻率测井等。

(2) 声法测井：声幅测井（固井声幅测井、声波变密度测井、超声波电视测井等）、声速测井（声速测井、补偿声速测井、高分辨率声速测井等）。

(3) 放射性测井：伽马测井、中子测井、密度测井、放射性同位素测井、核磁共振测井等。

(4) 其他测井：井径测井、电磁波测井、地层倾角测井、成像测井、温度测井、压力测井、流量测井、持水率测井等。

2. 根据技术服务项目分类

(1) 裸眼井地层评价测井。

(2) 套管井地层评价测井。

(3) 生产动态测井。

(4) 工程测井。

3. 根据测量时间/方式分类

(1) 电缆测井。

(2) 随钻测井。

三、石油测井的目的、任务及应用

石油测井是洞察地下油气资源的"眼睛"。在油气田勘探、开发的不同阶段，石油测井的目的和任务是不同的。一般来说，裸眼井测井（下套管之前的井称为裸眼井，因此下套管之前进行的测井称为裸眼井测井）的主要目的和任务是发现和评价油气层的储集性能及生产能力；而生产测井（油水井投入生产以后进行的测井称为生产测井）的主要目的是监视和分析油气层的开发动态及生产状况。常规勘探测井方法一般有10~12条曲线（加上特殊测井方法，可以达到20条曲线），可测量岩石的电性参数、放射性参数、声学参数、电磁参数、地层产状参数、核磁共振特性等，使用最多的是自然电位、自然伽马、井径、深侧向、浅侧向、微球形聚焦、补偿声速、岩性密度和补偿中子测井这九种方法，俗称"常规九条"曲线。开发测井是指在油气田整个开发期间进行的所有测井项目。开发测井的主要对象为裸眼完成的生产井和下套管的生产井，用于分析目前的生产动态及井内技术状况。

在勘探阶段，石油测井的主要应用有：

(1) 划分岩性，确定渗透层并进行地层对比；

(2) 判断油、水层；

(3) 综合解释有关参数及油气的地质储量；

(4) 判断和指导固井质量和井身工程；

(5) 进行地层对比，绘制相关地质图件；

(6) 指导打直井、斜井、定向井。

这一阶段主要解决6个基本问题：(1) 地下是否有油气；(2) 有多少；(3) 是否可开采；(4) 能开采多长时间；(5) 开采效率如何；(6) 下一口井该布在哪里？

在开发阶段，石油测井的主要应用有：

(1) 监测油井、水井动态情况；

(2) 诊断生产异常，提出解决方案；

（3）检验油井生产情况；
（4）预测油井生产动态。

四、石油测井的发展

石油测井源于 1927 年 9 月，法国的康拉德·斯伦贝谢（1878—1936）和马歇尔·斯伦贝谢（1884—1953）兄弟发明的电阻率测井仪器在法国皮切尔布朗油田的一口 488m 深的井中记录了第一条电阻率测井曲线，标志着现代测井的诞生。中国的测井工作源于 1939 年 12 月 20 日，中国著名的地球物理勘探专家翁文波（1912—1994）首次在四川石油沟一号井测出一条电阻率曲线和一条自然电位曲线，并划分出了气层的位置。20 世纪测井技术的发展可划分为 5 个阶段：第一阶段（20 年代至 40 年代），半自动测井；第二阶段（40 年代至 60 年代），全自动测井；第三阶段（60 年代至 70 年代），数字测井；第四阶段（70 年代至 80 年代），数控测井；第五阶段（90 年代至 20 世纪末），成像测井。

随着油气田勘探的不断进行及电子技术、计算机技术的进步，石油测井得到了迅速发展。20 世纪 50 年代，普通电阻率测井已经比较完善，但由于没有岩性孔隙度测井，只能根据测井曲线的特征及相对幅度，参考各种地质资料，定性地判断地层的岩性、孔隙性、渗透性和含油性，划分油、气、水层。20 世纪 60 年代，孔隙度测井逐步完善，各类聚焦电阻率测井仪器也得到了发展，但由于采用纯岩石解释模型，用声波测井资料计算孔隙度，用阿尔奇公式计算含水饱和度，计算的准确性受到限制，此时的测井解释处于半定量的解释阶段。20 世纪 70 年代至 80 年代，有了更完善的测井系列和计算机处理测井资料以后，可以采用泥质单矿物（泥质砂岩）岩石模型，运用交会图和迭代法等数字处理技术，对泥质和油气密度等影响因素进行校正，定量计算地层的泥质含量、孔隙度、渗透率和油气饱和度等储层参数值及矿物成分的相对体积，使测井解释达到自动定量解释和自动显示形象直观的解释成果的现代化水平，实现了较为全面的定量解释与地层评价及油气分析。1986 年，成像测井问世。20 世纪 90 年代初，成像测井系统开始投入生产，使裂缝、井壁及附近介质的直观评价成为可能。随着计算机技术的迅猛发展，近年来，井场快速测量、快速解释平台的出现使石油测井技术及其应用达到了新的高度。

模块一　电法测井

　　电法测井是最常用、使用历史最久的地球物理勘探技术，通过测量地下岩石的电性参数，可以帮助地质学家和工程师更好地理解地下构造、确定地层性质、识别含水层和非含水层等，为资源勘探和地质工程提供重要参考。电法测井具有非破坏性、深部探测能力、高分辨率、经济高效、多功能性等优点，还有高分辨率技术、多参数综合应用、三维成像技术、自动化和智能化等发展趋势和应用方向。电法测井在勘探和开发油气田、水资源勘探、地质灾害预测、工程勘测、环境地质调查等领域有着广泛的应用，将在未来持续发展和完善，为地下资源勘探和地质调查提供更加准确、高效的技术支持。

知识目标

　　(1) 了解电法测井是通过测量地下岩石的电阻率和电导率来获取地质信息的原理，包括直流电法、交流电法等方法。

　　(2) 熟悉电极系的分类及其工作原理和特点。

　　(3) 掌握电法测井数据的采集、处理和解释方法，包括建立地层模型和地质信息的提取。深入了解电法测井在油气勘探中的重要性和作用，包括在油田勘探中的地层识别、储层预测、油藏评价等方面的应用。

　　(4) 掌握电法测井的现场操作和安全注意事项：学习如何正确操作电法测井仪器和设备，保障数据采集的准确性和安全性，避免操作中可能出现的风险和意外。

　　(5) 加强实践操作和案例分析：通过实地实习和案例分析，深入了解电法测井在实际勘探工作中的应用情况，提升实践能力和问题解决能力。

能力目标

　　(1) 能够独立进行电法测井数据的采集工作，包括设置电极布点、连接仪器设备、进行实验操作等。

　　(2) 具备对电法测井数据进行处理和解释的能力，能够得出可靠的地质信息和结论。

　　(3) 能够准确解释电法测井数据所反映的地下结构、地质特征和孔隙流体情况，对地层界面、孔隙度、渗透率、饱和度等地质参数进行合理推断和分析。

　　(4) 能够发现电法测井数据中可能存在的问题和异常，具备分析和解决问题的能力，确保数据质量和解释结果的准确性。

　　(5) 能够将电法测井技术应用于实际油气勘探工作中，能够根据需求选择合适的方法和技术方案。

　　(6) 具备良好的团队合作精神和协作能力，能够与团队成员密切配合，共同完成电法测井项目，实现项目目标。

项目一　普通电阻率测井

任务一　岩石电阻率测量

📃 任务描述

岩石电阻率的测量是一种重要的地球物理勘探方法（富媒体 1-1），可以帮助地质学家和工程师了解地下岩石的性质和构造。岩石电阻率测量的主要目的是获取地下岩石的电阻率数据，以揭示地下岩石的性质、构造和含油气水情况，为油气地质勘探、水资源调查、环境地质评价等提供重要信息。岩石电阻率通常采用直流电法或交流电法进行测量。测量完成后，通过岩石电阻率测量结果，可以对地下岩石的性质、结构和油气水分布进行解释，帮助理解地质构造、地层特征和岩石类型等信息。

富媒体 1-1
岩石电阻率

🧠 任务分析

岩石电阻率的测量任务是一个复杂而重要的工作，需要仔细规划和执行。在进行岩石电阻率测量时，需要明确任务的具体目标，不同的目标会影响测量方法、仪器选择和数据处理的方式。在制定岩石电阻率测量任务时，需要设计合理的测量方案，合理的测量方案能够提高测量效率和数据可靠性。根据任务需求选择适合的电极系，并确保仪器设备的正常运行和校准。在进行岩石电阻率测量时，需要严格按照操作规程进行，包括电极布设、电流注入、电压测量等步骤。操作规范能够减少误差和提高测量精度。测量完成后，需要对获得的电阻率数据进行处理和解释，准确的数据处理能够提供可靠的电阻率结果，并支持后续的地质解释和应用。综上所述，岩石电阻率的测量任务需要在各个环节都进行细致规划和执行，才能获得准确可靠的数据，并为相关领域的应用提供支持。有效的测量任务分析能够提高测量工作的效率和成果质量。

📦 学习材料

各种岩石具有不同程度的导电能力，岩石的导电能力可用其电阻率来表示，影响岩石电阻率的主要因素有岩性、地层水性质、岩石的孔隙度、含油（气）饱和度。

一、岩石电阻率与岩性的关系

一般来说，地下岩石由不同组分（矿物、胶结物孔隙流体）组成。不同组分的导电能力不同，因此，它们组成的不同岩性的岩石的导电能力也不同。由表 1-1 中可以看出，不同矿物、不同岩石的电阻率各不相同。金属矿物的电阻率极低，而一些主要造岩矿物（如石英、云母、方解石等）的电阻率很高，石油的电阻率也很高。

表1-1 主要岩石矿物的电阻率

名称	电阻率/Ω·m	名称	电阻率/Ω·m
黏土	$(1\sim2)\times10^2$	硬石膏	$10^4\sim10^6$
泥岩	$5\sim60$	石英	$10^{12}\sim10^{14}$
页岩	$10\sim100$	白云母	4×10^{11}
疏松砂岩	$2\sim50$	长石	4×10^{11}
致密砂岩	$20\sim1000$	石油	$10^9\sim10^{18}$
含油气砂岩	$2\sim1000$	方解石	$5\times10^3\sim5\times10^{12}$
贝壳石灰岩	$20\sim2000$	石墨	$10^{-6}\sim3\times10^{-4}$
石灰岩	$50\sim5000$	磁铁矿	$10^{-4}\sim6\times10^{-3}$
白云岩	$50\sim5000$	黄铁矿	10^{-4}
玄武岩	$500\sim10^5$	黄铜矿	10^{-3}
花岗岩	$500\sim10^5$		

根据岩石导电方式的不同，把岩石分为：电子导电型的岩石（导电能力差），如不含水的致密火成岩。大部分岩浆岩非常致密坚硬，不含地层水。这种岩石主要靠岩石中少量的自由电子导电，所以电阻率较高。如果岩浆岩含有较多的金属矿物，其电阻率可能较低。离子导电型的岩石（导电能力强），电阻率低。沉积岩有一定的孔隙（指岩石颗粒间的空间、裂缝和溶洞），在孔隙中含有地层水。地层水中含有氯化钠（NaCl）、氯化钙（CaCl$_2$）、硫酸镁（MgSO$_4$）等盐类。沉积岩主要靠其孔隙中所含地层水的盐离子导电，导电能力较强，电阻率较低。

黏土岩与上述导电矿物不同，黏土岩的导电过程是一种离子交换过程。黏土矿物颗粒表面带负电，被其吸附的正离子一般情况下不能自由运动，但在外电场作用下可被溶液中其他自由运动的正离子交换出来（依次交换位置），从而使部分正离子发生移动，引起附加导电现象。这种主要依靠离子交换导电的方式称为离子交换导电。

目前世界上发现的油气田主要埋藏在沉积岩内，所以下面主要讨论沉积岩电阻率的变化规律。

二、岩石电阻率与地层水性质的关系

沉积岩由造岩矿物的固体颗粒和孔隙物质组成，这些固体颗粒又称为岩石的骨架。一般来说，岩石骨架的自由电子很少，电阻率很高。沉积岩的导电能力主要取决于岩石孔隙中地层水的导电能力。地层水的电阻率低，岩层的电阻率也低；反之，岩层的电阻率高。

地层水电阻率的大小取决于地层水的性质——所含盐类、浓度（矿化度）和地层水温度。

1. 地层水电阻率与所含盐类化学成分的关系

在温度、浓度相同的情况下，溶液内所含盐类成分不同，其电阻率也不同。地层水中的主要盐类为NaCl（占70%~95%），一般情况下可以把地层水视为NaCl溶液。

当地层水内除NaCl外含有较多的其他盐类（MgCl$_2$、CaCl$_2$、KCl、Na$_2$SO$_4$、CaCO$_3$等）时，要得到地层水的电阻率，则应先用"求等效NaCl矿化度换算系数图版"（图1-1）求出等效的 NaCl 矿化度。首先根据溶液总矿化度查出各种离子的换算系数，然后分别求出各种离子的换算系数与它的矿化度的乘积，这些乘积之和就是等效 NaCl 矿化度。之后即可用"NaCl 溶液的电阻率与其浓度和温度的关系图版"（图 1-2）求出地层水电阻率。

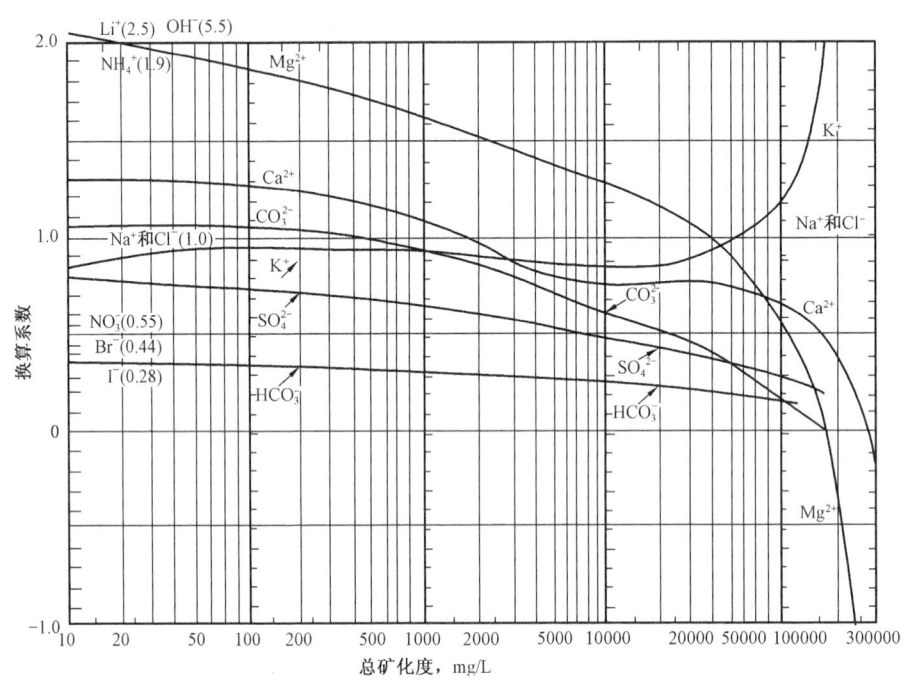

图 1-1 求等效 NaCl 矿化度换算系数图版

例如：某地层水样品在 18℃ 时分析结果 Ca^{2+} 为 460mg/L，SO_4^{2-} 为 1400mg/L，Na^++Cl^- 为 19000mg/L，则总矿化度为 460+1400+19000＝20860mg/L，从图 1-1 上横轴读数为 20860mg/L 处得 Ca^{2+} 的换算系数为 0.81，SO_4^{2-} 的换算系数为 0.45，用相应的系数乘各自的矿化度后求得等效 NaCl 矿化度为 460×0.81+1400×0.45+19000＝20000mg/L，在图 1-2 上找出标有 20000mg/L 的斜线，然后在纵轴上找出已知温度 18℃，过该点作一条平行于横轴的直线与所选斜线相交，其交点的横坐标读数就是所求的地层水电阻率，为 $0.34\Omega \cdot m$。

2. 地层水电阻率和矿化度的关系

溶液的含盐浓度（矿化度）越高，溶液内离子数目越大，则溶液的导电性越好、电阻率越低。当地层水含盐浓度不是很大时，地层水电阻率与含盐浓度成反比。如果浓度很高（大于 70000mg/L），则地层水电阻率反而增大。这是因为浓度太大时，离子间运动阻力增大，离子迁移率减小。

3. 地层水电阻率与温度的关系

当矿化度不变时，如果溶液的温度升高，离子的迁移率增大，盐类的溶解度增加，离子数目也增加，溶液的导电能力加强，使溶液的电阻率下降。

三、岩石电阻率与孔隙度的关系

对于含水砂岩来说，岩石的孔隙度越高，所含地层水电阻率越低，胶结程度越差，岩石的电阻率越低；反之，岩石的电阻率越高。

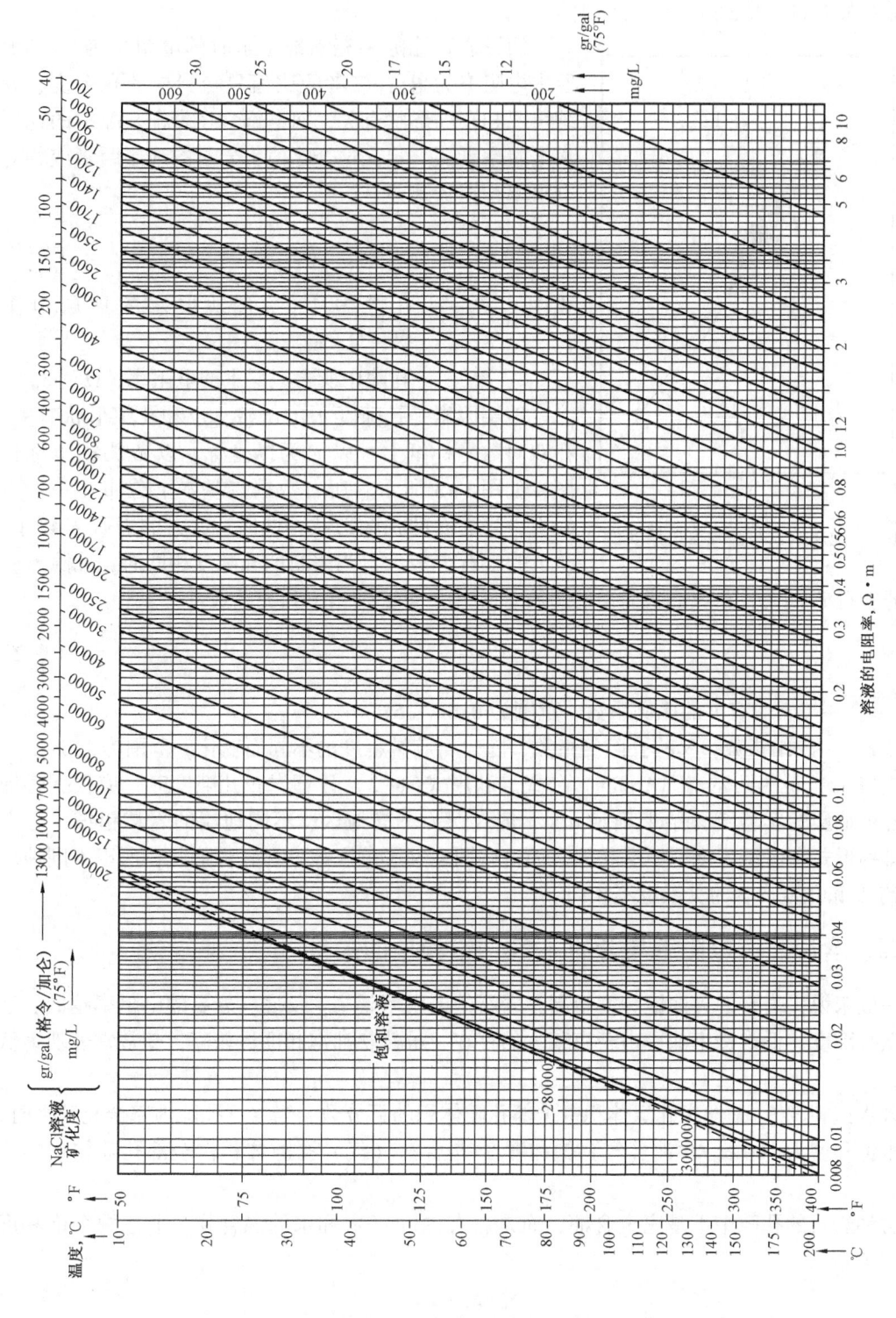

图1-2 NaCl溶液的电阻率与其浓度和温度的关系图版

岩石孔隙空间的大小可用孔隙度来定量描述。总孔隙度是总孔隙体积占岩石总体积的百分数。具有储集性质的有效孔隙体积占岩石总体积的百分数称为有效孔隙度。它是说明储层储集能力大小的重要参数。

假设岩石孔隙中充满地层水时的电阻率为 R_0，地层水电阻率为 R_w，二者的比值只与岩样的孔隙度、胶结情况和孔隙形状有关，而与饱含在岩样孔隙中的地层水电阻率无关。定义这个比值为岩石的地层因素或相对电阻率，用 F 表示：

$$F = \frac{R_0}{R_w} \qquad (1-1)$$

式中　R_0——孔隙中 100% 含地层水的地层电阻率，$\Omega \cdot m$；

R_w——孔隙中所含地层水的电阻率，$\Omega \cdot m$。

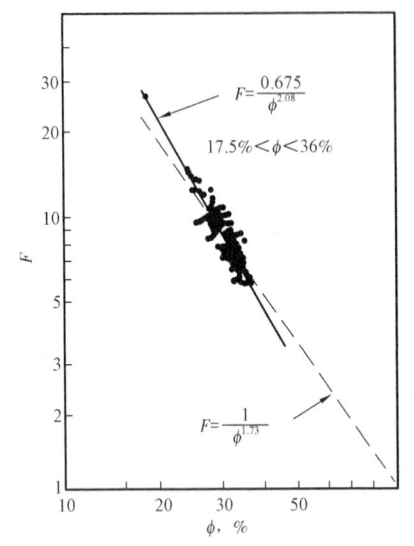

图 1-3　地层因素与孔隙度关系实例

地层因素是孔隙度 ϕ 的函数，也和孔隙形状有关。在双对数坐标纸上，以 F 为纵坐标，以 ϕ 为横坐标作图，如图 1-3 所示。所有数据点基本上分布在一条直线上，当岩石的孔隙形状相同时，ϕ 大的岩石 F 较小，ϕ 小的岩石 F 较大；当岩石的孔隙度相同时，孔隙形状复杂的岩石 F 较大，孔隙形状简单的岩石 F 较小。可归纳出下列关系式：

$$F = \frac{a}{\phi^m} \qquad (1-2)$$

式中　a——与岩性有关的比例系数，范围为 0.6~1.5；

m——胶结指数，又称孔隙度指数，随岩石胶结程度的不同而变化，范围为 1.5~3。

式(1-2) 称为阿尔奇（Archie）公式。利用式(1-2) 计算岩石孔隙度时，应根据各地区、各种地层的实验统计结果确定 a、m 值。因为不同地区、不同地层的岩粒粗细、分选性、排列形式和胶结程度都不尽相同，而这些因素又影响孔隙度和孔隙形状，所以不同地层的 F 与 ϕ 和孔隙形状的关系也不相同。

四、含油岩石电阻率与含油（气）饱和度的关系

一般来说，岩石的含油饱和度越高，岩石的电阻率越高；反之，岩石的电阻率越低。但有些低孔隙度、低渗透率油层由于束缚水的存在，虽然含油饱和度比较高，却常常表现为低阻油层。

含水饱和度 S_w 是含水孔隙体积占全部孔隙体积的百分数。当岩石孔隙内完全充满水时，其含水饱和度为 100%。含油（气）饱和度 S_o 是含油（气）孔隙体积占全部孔隙体积的百分数。

含油岩石的孔隙中不是完全含油，而是含有油（气）和水的混合物。上述两个饱和度有下列关系：

$$S_w + S_o = 1 \qquad (1-3)$$

在岩石孔隙中含有水和油时，油、水在孔隙中的分布的一般特点是：水包围在岩石颗粒的表面，孔隙的中央部分充填着石油，如图 1-4 所示。石油电阻率很高，可看作是不导电

的。岩性相同的含油与含水岩石相比，电流的路径变得更曲折，相当于导体的长度增加，导体的横截面积变小，因此含油岩石电阻率比该岩石完全含水时的电阻率要高。

在给定的岩样中，假设 ϕ 和 R_w 是确定不变的，改变岩样的 S_o，同时测量出对应的岩石电阻率 R_t。将含油岩石电阻率 R_t 与该岩石完全含水时的电阻率 R_0 之比称为电阻增大系数，用 I 表示，有

$$I=\frac{R_t}{R_0} \tag{1-4}$$

在同样的岩石中，电阻率增大系数 I 只与岩石的含油饱和度有关，而与地层水电阻率、岩石孔隙度和孔隙形状等因素无关。这给研究岩石电阻率和含油饱和度的定量关系提供了可能。

在双对数坐标纸上，以 I 为纵坐标，以含水饱和度 S_w 为横坐标，改变岩石的含油饱和度，测得一系列 I 与 S_o 的值，作出 $I=f(S_w)$ 或 $I=f(S_o)$ 关系曲线（图1-5），可见 I 与 S_o 有近似直线的关系。

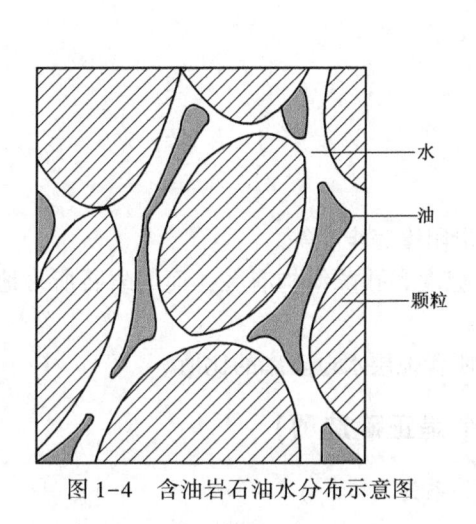

图1-4 含油岩石油水分布示意图

图1-5 I 与 S_o 的关系曲线

对于不同岩性的岩石进行上述实验，都可以得到规律相同的实验公式：

$$I=\frac{R_t}{R_0}=\frac{b}{S_w^n}=\frac{b}{(1-S_o)^n} \tag{1-5}$$

式中　S_o——含油饱和度，%；
　　　S_w——含水饱和度，%；
　　　n——饱和度指数，与岩性有关；
　　　b——与岩性有关的系数。

式（1-5）也称为阿尔奇（Archie）公式。不同地区地层的 n、b 值不同，可以用实验的方法得到。n 一般接近于2，b 一般接近于1。

上述地层因素与孔隙度的关系、电阻率与含油饱和度的关系都与岩石的岩性密切相关。因此，应选择当地有代表性的岩样开展实验工作，绘制适合本地区的关系曲线。另外，阿尔

奇公式是应用测井资料定量解释油水层的基础。用孔隙度测井求得岩层孔隙度后，再用阿尔奇公式求出含水层的地层水电阻率 R_w、含油层的 R_o 值，进而可以计算出含油饱和度，判断油水层。

任务实施

一、任务内容

掌握不同岩石的导电机理、岩石电阻率的影响因素以及阿尔奇公式表达式和应用，完成任务考核内容。

二、任务要求

（1）熟悉各种岩石电阻率大小的变化规律。
（2）能写出阿尔奇公式表达式，并熟悉公式中各参数的含义。
（3）会利用阿尔奇公式计算含油饱和度。
（4）任务完成时间：30分钟。

任务考核

一、判断题

1. 同种类型的岩石，其电阻率也完全相同。（   ）
2. 含油气岩石总比非含油气岩石的电阻率高。（   ）
3. 在电阻率完全相等的两个岩层，测得的视电阻率完全相等。（   ）
4. 地层因素的大小只与地层的岩石性质、孔隙度和孔隙结构有关，而与岩石所含地层水电阻率无关。（   ）
5. 电阻增大系数是含油气岩石的电阻率与其所含地层水电阻率的比值。（   ）

二、选择题（每题4个选项，只有1个是正确选项）

1. 储层含水饱和度 S_w 和含油气饱和度 S_o 的关系为（   ）。
   A. $S_w = S_o$ B. $S_w > S_o$ C. $S_w < S_o$ D. $S_w + S_o = 1$
2. 地层（   ）是指地层中油气体积占岩石有效孔隙体积的百分数。
   A. 含油气孔隙度   B. 含油气饱和度
   C. 残余油气饱和度   D. 可动油气饱和度
3. 已知某100%饱和地层水的岩石电阻率为 $2.4\Omega \cdot m$，其地层水电阻率为 $1.2\Omega \cdot m$，则该地层的地层因素为（   ）。
   A. 1   B. 2.4   C. 1.2   D. 2
4. 已知某含油气岩石的电阻率为 $8\Omega \cdot m$，该岩石完全含水时的电阻率为 $1.6\Omega \cdot m$，则该岩石的地层电阻增大系数为（   ）。
   A. 8   B. 1.6   C. 5   D. 2
5. 利用阿尔奇公式可以求（   ）。
   A. 孔隙度   B. 泥质含量   C. 矿化度   D. 围岩电阻率

6. 地层的电阻率随地层中流体电阻率增大而（　　　）。
　　A. 减小　　　　　B. 增大　　　　　C. 趋近无穷大　　　D. 不变
7. 地层水电阻率与温度、矿化度有关。以下哪个说法正确？（　　　）
　　A. 地层水电阻率随温度升高而降低　　B. 地层水电阻率随温度升高而增大
　　C. 地层水电阻率随矿化度增高而增大　　D. 地层水电阻率随矿化度增高而减小
8. 地层电阻率与地层岩性、孔隙度、含油饱和度及地层水电阻率有关，以下哪个说法正确？（　　　）
　　A. 地层含油气饱和度越高，地层电阻率越低
　　B. 地层含油气孔隙度越低，地层电阻率越高
　　C. 地层水电阻率越低，地层电阻率越低
　　D. 地层水电阻率越低，地层电阻率越高
9. Archie 公式的适用条件是（　　　）。
　　A. 泥质地层　　B. 含水纯地层　　C. 纯地层　　D. 岩浆岩地层
10. 碳酸盐岩储层具有高（　　　）显示特征，裂缝发育会使地层的电阻率明显（　　　）。
　　A. 电阻率；降低　　　　　　　　　B. 孔隙度；降低
　　C. 电阻率；升高　　　　　　　　　D. 渗透率；升高

三、计算题

1. 均匀的砂岩地层，根据测井资料发现有油水接触面。接触面以下，地层电阻率为 $0.5\Omega \cdot m$；接触面以上，地层电阻率为 $5\Omega \cdot m$。已知地层水电阻率为 $0.02\Omega \cdot m$（地温下），$m=n=2$，$a=0.81$，$b=1$。

求：（1）地层孔隙度。
　　（2）上部地层的含水饱和度、含油气饱和度、含水孔隙度、视地层水电阻率。
　　（3）地层的孔隙度、含水孔隙度及含水饱和度三者之间有何关系？
　　（4）若上部地层的冲洗带电阻率为 $16\Omega \cdot m$，钻井液滤液电阻率为 $0.5\Omega \cdot m$，求冲洗带钻井液滤液饱和度、上部地层可动油气饱和度。

2. 某砂泥岩剖面，已知砂岩层的孔隙度为 33.33%，原状地层电阻率和冲洗带地层电阻率值 R_t 和 R_{xo} 分别为 $10\Omega \cdot m$ 和 $4\Omega \cdot m$，地层水电阻率 R_w 为 $0.1\Omega \cdot m$，钻井液滤液电阻率 R_{mf} 为 $0.2\Omega \cdot m$。依据阿尔奇公式，确定该地层的可动油饱和度 S_{mo}（$a=b=1$，$m=n=2$；要求写出主要过程和结果）。

任务二　普通电阻率测井原理

📄 任务描述

普通电阻率法测井是将一个普通的电极系（由三个电极组成）放入井内，另一个电极留在地面，测量井内岩石电阻率的变化。在测量地层电阻率时，要受井径、钻井液电阻率、上下围岩及电极距等因素的影响，测得的参数不等于地层的真电阻率，而是被称为地层的视电阻率。因此普通电阻率测井又称为视电阻率测井。

富媒体1-2 普通电阻率测井原理

🎯 任务分析

普通电阻率测井是常用的测井方法之一，要掌握普通电阻率测井原理（富媒体1-2），必须要了解电极系的概念、分类及表示方法，掌握电极距探测半径、记录点等概念。

📚 学习材料

普通电阻率测井是把普通电极系放入井内，测量井内岩层电阻率变化的曲线，用来研究钻井剖面和判断油层、气层、水层的一种方法。

一、均匀介质中电阻率的测量

井下地层剖面岩性复杂，电阻率变化很大，测量比较困难。下面通过对岩样电阻率的测量来说明电阻率的测量原理。

图1-6是测量岩样电阻率的原理图。岩样被加工成圆柱状，两端面与金属板电极A和B连接，A、B称为供电电极。给岩样供直流电，用电流表测量流过岩样的电流强度I。岩样中部相距L处绕有金属丝环状电极M和N，用电压表测量岩样M和N之间的电位差ΔU_{MN}，则岩样的电阻率为

$$R_t = \frac{\Delta U_{MN}}{I} \cdot \frac{S}{L} = K \frac{\Delta U_{MN}}{I} \tag{1-6}$$

其中

$$K = S/L$$

式中　R_t——岩样电阻率，$\Omega \cdot m$；

　　　L——测量电极间的距离，m；

　　　S——岩样的横截面积，m^2；

　　　K——比例系数；

　　　ΔU_{MN}——测量电极间的电位差，V；

　　　I——流过岩样的电流强度，A。

由物理学可知，在均匀介质中微分形式的欧姆定律为

$$E = Rj \tag{1-7}$$

式(1-7)表明：在电阻率为R的介质中，任一点的电场强度与该点的电流密度j成正比，电场强度的方向与电流密度的方向相同。

假定在电阻率为R的无限均匀的导电介质（简称均匀介质）中，有一点电源A，其电流强度为I，向四周发出电流，其电场分布如图1-7所示。以A为球心，r为半径作一球面，球面积为$4\pi r^2$，通过球面的总电流强度为I，则球面上任意一点P的电流密度为

$$j = \frac{I}{4\pi r^2} \tag{1-8}$$

式中　r——电源点A到任意测量点P的距离；

　　　j——球面上任意一点P的电流密度。

将式(1-8)代入式(1-7)，可得到均匀介质中点电源场内任意一点的电场强度E的表达式为

$$E = R \frac{I}{4\pi r^2} \tag{1-9}$$

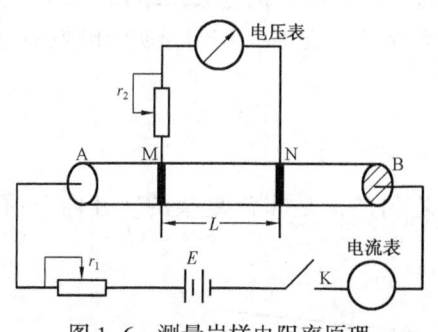

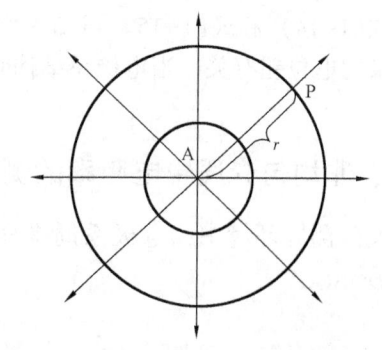

图 1-6 测量岩样电阻率原理 　　图 1-7 均匀介质中点电源的电场分布

由电位与电场强度之间的关系

$$E=-\frac{\mathrm{d}U}{\mathrm{d}r} \tag{1-10}$$

可得

$$-\frac{\mathrm{d}U}{\mathrm{d}r}=R\frac{I}{4\pi r^2} \tag{1-11}$$

对式(1-11)积分可得

$$U=\frac{RI}{4\pi}\cdot\frac{1}{r}+C$$

式中　C——常数。

根据物理学上电位的定义，电场无穷远边界条件确定 $C=0$，则

$$U=\frac{RI}{4\pi}\cdot\frac{1}{r} \tag{1-12}$$

由式(1-12)可以求出任意一点的电位，知道某点的电位后即可求出该点的电阻率为

$$R=4\pi r\frac{U}{I} \tag{1-13}$$

普通电阻率测井就是利用这一原理去测量地层电阻率的（富媒体 1-3）。测量时将供电电极和测量电极组成的电极系 AMN（或 MAB）放入井眼内，把另一电极 B（或 N）放在地面钻井液池中作为接地回路电极。电极系通过电缆与地面上的电源和记录仪相连。假设井眼所穿过的地层岩性相同，钻井液电阻率与地层的电阻率都为 R_t，即假定测量环境为均匀无穷分布的介质，则供电电极流出的电流呈放射状均匀分布，其等位面是以供电电极为球心的任意球面。测量电极 M、N 之间的电位差为 ΔU_MN，有

富媒体 1-3　普通电阻率测井

$$\Delta U_\mathrm{MN}=U_\mathrm{M}-U_\mathrm{N}=\frac{R_\mathrm{t}I}{4\pi}\left(\frac{1}{\overline{AM}}-\frac{1}{\overline{AN}}\right)=\frac{R_\mathrm{t}I}{4\pi}\frac{\overline{MN}}{\overline{AM}\cdot\overline{AN}}$$

于是得

$$R_\mathrm{t}=\frac{4\pi\cdot\overline{AM}\cdot\overline{AN}}{\overline{MN}}\cdot\frac{\Delta U_\mathrm{MN}}{I}=K\frac{\Delta U_\mathrm{MN}}{I} \tag{1-14}$$

$$K=\frac{4\pi\cdot\overline{AM}\cdot\overline{AN}}{\overline{MN}} \tag{1-15}$$

式中　K——电极系数，与各电极之间的距离有关。

由式(1-14)和式(1-15)可知，均匀介质的电阻率与测量电极系结构、供电电流的大小及测量的电位差有关。当电极系结构和供电电流大小一定时，均匀介质的电阻率与电位差成正比。

二、非均匀介质中电阻率的测量

在实际测井环境中，电极系周围介质不是均匀的，是非常复杂的。井内介质分布如图1-8所示。

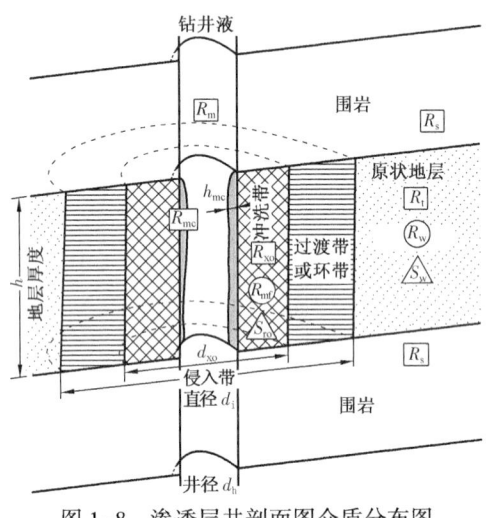

图1-8 渗透层井剖面图介质分布图

图1-8中，纵向上（平行于井轴方向上）分布着不同厚度、不同岩性的地层。对砂泥岩剖面来说，砂泥岩是交互出现的。

图1-8中，横向上（或叫径向上，即垂直于井轴方向上），对于渗透层（砂岩）来说，从井内到无穷远处分布的介质有钻井液、滤饼、冲洗带、过渡带和原状地层；对非渗透层（泥岩）来说，从井内到无穷远处分布的介质有钻井液和原状地层。

由于在实际井内介质不均匀，电流分布是很复杂的，它受电极系周围各种因素的影响，从理论上得出 R_t 的计算公式是很困难的。测量的电位差除受地层电阻率的影响外，还受钻井液电阻率、围岩电阻率、侵入带电阻率、井径、侵入带直径、地层厚度以及电极系结构等因素的影响。因此，根据井中实际测量的电位差得到的电阻率与地层的真电阻率有较大的差别，将这种计算得到的电阻率称为视电阻率，用 R_a 表示，有

$$R_a = K \frac{\Delta U_{MN}}{I} \tag{1-16}$$

一般来说，地层的视电阻率 R_a 与地层的真电阻率不同，但只要选择合适的电极系和测量条件，可以使测得的视电阻率在一定程度上反映地层电阻率的相对大小。因此，可以用视电阻率曲线来判断地层的导电能力。

三、电极系的分类

实际生产中使用的电极系通常分为两类：梯度电极系和电位电极系。常用的梯度电极系是0.25m、0.45m、2.5m电极系；常用的电位电极系是0.5m电极系。

电极系是由供电电极 A、B 和测量电极 M、N 中的三个电极按一定相对位置固定在一个绝缘体上构成的下井装置。在电极系的三个电极中，接在同一线路（供电线路或测量线路）的两个电极称成对电极（或称同名电极，如 A 和 B 是成对电极，M 和 N 是成对电极），接在不同回路里的电极称不成对电极（或称单电极）。一般来说，单电极和在地面上的接地电极接在同一个线路中。在电极系的三个电极中，成对电极间距小的电极系称为梯度电极系，见表 1-2 的左边四个电极系；相邻不成对电极间距小的电极系称为电位电极系，见表 1-2 的右边四个电极系。

表 1-2 电极系分类

类别	梯度电极系				电位电极系			
	单极供电		双极供电		单极供电		双极供电	
	正装	倒装	正装	倒装	正装	倒装	正装	倒装
图示	A,M,O,N	N,O,M,A	M,O,A	B,O,A,M	A,O,M,N	N,M,O,A	M,O,A,B	B,A,O,M
电极距	$\overline{AO}$	$\overline{AO}$	$\overline{MO}$	$\overline{MO}$	$\overline{AM}$	$\overline{AM}$	$\overline{AM}$	$\overline{AM}$
表达式	A0.2M0.1N	N0.1M0.2A	M0.4A0.1B	B0.1A0.4M	A0.5M4N	N4M0.5A	M0.5A4B	B4A0.5M
电极系名称	单极供电0.25m底部（正装）梯度电极系	单极供电0.25m顶部（倒装）梯度电极系	双极供电0.45m底部（正装）梯度电极系	双极供电0.45m顶部（倒装）梯度电极系	单极供电0.5m正装电位电极系	单极供电0.5m倒装电位电极系	双极供电0.5m正装电位电极系	双极供电0.5m倒装电位电极系

电极系的表示方法有三种：一种是表达式法，如 A0.2M0.1N、B0.1A0.4M；另一种是文字法，如以上两个表达式的命名分别为"单极供电 0.25m 底部（正装）梯度电极系"和"双极供电 0.45m 顶部（倒装）梯度电极系"，即先说供电电极数量，再说电极距大小，最后说电极系分类，实际生产中，人们习惯说"2.5m 曲线"，就是指用"单极供电 2.5m 底部梯度电极系"测量所得到的曲线；第三种是图示法表示，见表 1-2。

1. 梯度电极系

梯度电极系又分为底部（正装）梯度电极系和顶部（倒装）梯度电极系两种。

底部梯度电极系的成对电极在不成对电极下方。用底部梯度电极系测出的视电阻率曲线极大值对应高阻岩层的底界面，而极小值对应高阻层的顶界面。

顶部梯度电极系的成对电极在不成对电极上方。用顶部梯度电极系所测出的视电阻率曲线极大值对应高阻岩层的顶界面，而极小值对应高阻层的底界面。

当电极系中成对电极间的距离无限小时，即 $\overline{MN}$（或 AB）接近于零时，这种电极系称为理想梯度电极系。对于理想梯度电极系，MN→0，则 $\dfrac{\Delta U_{MN}}{\overline{MN}} \to E_0$（其中 E_0 表示 O 点的电场强度），$\overline{AM}=\overline{AN}=\overline{AO}$，由式(1-14)可知，视电阻率为

$$R_{\mathrm{a}}=\frac{4\pi\overline{AO}^{2}}{I}E_{0} \tag{1-17}$$

由式(1-17)可以看出,所测视电阻率与 O 处沿井轴方向的电位梯度 E_0 成正比,这正是梯度电极系名称的由来。

2. 电位电极系

电位电极系测井曲线是关于高阻层中心对称的,因此在实际生产中并不区分正装和倒装,而一律采用电极距较小的 0.5m 电位电极系。

当电位电极系的成对电极间距无穷大时,即 $\overline{MN}\rightarrow\infty$ 或 $\overline{AB}\rightarrow\infty$ 时,这种电极系称为理想电位电极系。对于理想电位电极系,$\overline{MN}\rightarrow\infty$,$U_{N}\rightarrow 0$,则 $\Delta U_{MN}\rightarrow U_{M}$,$\dfrac{\overline{AN}}{\overline{MN}}\rightarrow 1$,由式(1-14)可知,视电阻率为

$$R_{\mathrm{a}}=\frac{4\pi\overline{AM}\cdot\overline{AN}}{\overline{MN}}\cdot\frac{\Delta U_{MN}}{I}=\frac{4\pi\cdot\overline{AM}}{I}\cdot U_{M} \tag{1-18}$$

式(1-18)表明,所测视电阻率 R_a 与 M 电极测量的电位成正比,电位电极系由此得名。

四、电极系的记录点和电极距

电极系在井内的深度位置用记录点表示。电极系在井下测得的视电阻率数值被认为是电极系记录点所在深度的视电阻率值。

梯度电极系的记录点为成对电极的中点,所测得的视电阻率曲线的极大值和极小值正好对应地层界面。记录点一般用"O"点表示,不成对电极到记录点的距离称为电极距,用 L 表示,$L=\overline{AO}$ 或 $L=\overline{MO}$。

电位电极系的记录点为相邻不成对电极的中点,所测得的视电阻率曲线恰好与相应地层的中心对称。相邻不成对电极之间的距离称为电位电极系的电极距,$L=\overline{AM}$。

电极距是衡量电极系探测范围大小的。对于同一个地层,用不同电极距的电极系测量所得到的测量值差别较大。对于视电阻率测井曲线来说,储层是不是厚层不是一个绝对的概念,即不能按照实际储层的厚度来衡量,必须根据电极距和储层厚度之间的相对大小来确定。当电极距是地层厚度的十倍以上时,将地层看作薄层;当电极距小于地层厚度时,把地层看作厚层;当电极距介于地层厚度的一至十倍之间时,把地层看作中厚层。

五、电极系的探测范围

电极系的探测范围是指电极系所能探测到的,并对测量结果起主要作用的介质范围。电极系的电极距越长,探测范围越大。在均匀介质中,一般把电极系的探测范围理解为一个假想的球体,以供电电极为球心,以某一半径作一球面。如果球面内包括的介质对电极系测量结果的贡献占总结果的 50%,则此半径就定义为该电极系的探测范围(或探测深度)。根据计算,在均匀介质中电位电极系的探测半径为 $2L$,梯度电极系的探测半径为 $\sqrt{2}L$。

六、电极系互换原理

把电极系中的电极的功能互换(原供电电极改为测量电极,原测量电极改为供电电

极），而各电极的相对位置不变，并且保持测量条件不变时，用变化前后的两个电极系对同一剖面进行视电阻率的测量所得到的曲线完全相同，这就是电极系的互换原理。

由于电位电极系和梯度电极系所测视电阻率曲线形状差别很大，所以在使用视电阻率曲线时必须认清它是用什么类型电极系测量的，否则会得到错误的解释结论。

任务实施

一、任务内容

掌握均匀介质中电阻率的测量方法，掌握普通电阻率测井方法原理，完成任务考核内容。

二、任务要求

（1）掌握电极系的概念、分类及表示方法；
（2）掌握电极距探测半径、记录点等概念；
（3）任务完成时间：30 分钟。

任务考核

一、名词解释

电位电极系　梯度电极系　电极系　电极距　记录点　探测半径

二、判断题

1. 电极系在同一个岩层上的不同位置上测得的电阻率处处相等。　　　　　（　　）
2. 在进行普通电阻率测井时，电极系的电极距越长，探测效果越好。　　　（　　）

三、简答题

1. 简述均匀介质中电阻率的测量方法。
2. 简述非均匀介质中电阻率的测量方法。

任务三　视电阻率曲线特点分析

任务描述

普通视电阻率测井在划分钻井地质剖面和判断岩性等工作中起着重要的作用，准确地划分钻井地质剖面和判断岩性，首先需要对视电阻率曲线特点有足够了解，通过本任务的学习，要了解视电阻率曲线的基本形态、变化特征及分层原则。

任务分析

视电阻率曲线是电极系沿井深由下而上移动过程中测量出的视电阻率随深度变化的曲线。视电阻率值的大小与岩层真电阻率有着密切的关系。不同性质岩层的视电阻率曲线形态不同，不同类型的电极系在同一岩层测得的视电阻率曲线形态也不同，且在岩层界面上，不同的曲线具有不同的变化特征。

学习材料

了解不同电极系在剖面上测得的视电阻率曲线的基本形态、变化特征及分层原则，它是划分岩层、进行地质解释的依据。

一、梯度电极系视电阻率曲线

将式（1-17）改写为 $R_a = E \Big/ \left(\dfrac{I}{4\pi \overline{AO}^2} \right)$，令 $j_0 = I/(4\pi \overline{AO}^2)$，而 $E = Rj$，则

$$R_a = \frac{j}{j_0} R \tag{1-19}$$

式中　R_a——理想梯度电极系的视电电阻率；
　　　R——记录点处的介质电阻率；
　　　j——记录点处实际的电流密度；
　　　j_0——均匀介质中记录点处的电流密度。

由此可见，地层界面上电阻率的跃变会造成视电阻率的跃变；而在同一介质内，当 R 不变时，实际电流密度 j 与均匀介质电流密度 j_0 的相互关系将决定 R_a 的变化。

1. 高阻厚层（$h \geq L$）理想底部梯度电极系视电阻率曲线

假设高阻厚层的电阻率为 R_2，其厚度 $h = 10L$，上下围岩的电阻率分别为 R_1、R_3，且围岩的厚度充分大，没有井眼的影响，经理论计算得出的理想梯度电极系视电阻率曲线如图 1-9 所示。从图中可以看出，顶部和底部梯度电极系视电阻率曲线形状正好相反。底部梯度电极系视电阻率曲线上的极大值和极小值分别出现在高阻层的底界面和顶界面。而顶部梯度电极系视电阻率曲线上的极大值和极小值分别出现在高阻层的顶界面和底界面；在高阻层中部进行视电阻率测量时由于不受上下围岩的影响，所以该处的曲线是一个直线段，其幅度为 R_2。

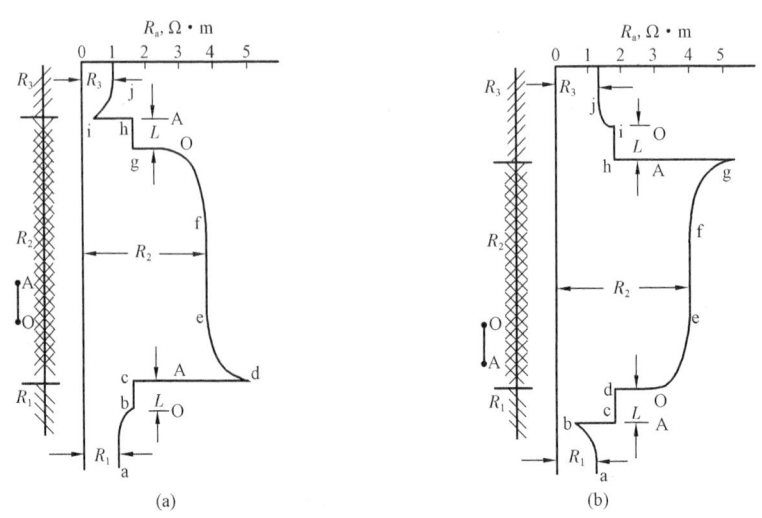

图 1-9　高阻厚层理想梯度电极系视电阻率理论曲线
（a）底部梯度电极系；（b）顶部梯度电极系

a 点以下，供电电极 A 远离高阻层底界面，供电电极 A 至底界面的距离明显大于 $2L$，高阻层在其探测范围之外，电极系相当于在均匀介质中，$j=j_0$，$R_a=R_1$，曲线为平行于深度轴的直线。

ab 段：a 点大约距离高阻层底界面 $2L$，而供电电极 A 距离高阻层底界面 L。此时，高阻层开始进入探测范围，使向下流动的电流开始增加，而向上流动的电流开始减少，使 $j>j_0$，R_a 升高，直至 b 点，此时距离底界面为 L。

bc 段：此时 A 点与 O 点分居底界面两侧，供电电极发出的电流强度虽然为 I，但是流入 R_1 介质的电流只是其中一部分。由理论计算可以得出，记录点 O 处的电流密度 j 不变，R_a 保持不变，bc 段的长度等于电极距 L。

cd 段：记录点 O 由围岩进入高阻层，记录点 O 处的电阻率 R_1 跃变为 R_2，使 R_a 直线上升，在高阻层底界面达到极大值。

de 段：供电电极 A 逐渐远离高阻层底界面，下围岩低阻层对电流的吸引作用逐渐减弱，使向上流动的电流增加，而向下流动的电流减少，从而使 j 下降，导致 R_a 降低。

ef 段：电极系相当于处在电阻率为 R_2 的均匀介质中，此时曲线值接近于 R_2。

fg 段：由于上部低阻层围岩开始吸引电流，使向上流动的电流增加，而向下流动的电流相应减弱，从而使 j 下降，导致 R_a 降低。

gh 段：从 g 点开始，供电电极 A 开始进入上围岩。此时，与电极系在底界面时一样，曲线也出现直线段 gh，其长度等于电极距 L。

hi 段：过了 h 点，记录点进入上围岩，R_a 突然降为 R_3，R_a 曲线便直线下降至 i 点。

ij 段：电极系逐渐远离高阻层，使向下流动的电流逐渐增加，从而使 j 增加，R_a 曲线随之升高。

j 点以上，高阻层对电流无排斥作用，电极系相当于处在电阻率为 R_3 均匀介质中，$R_a=R_3$。

2. 高阻薄层（$h<L$）理想底部梯度电极系视电阻率曲线

高阻薄层（$h<L$）的理想底部梯度电极系理论曲线如图 1-10 所示。地层电阻率为 R_2，上下围岩电阻率分别为 R_1、R_3。在高阻层下界面一个电极距处出现一个视电阻率的假极大值，这是由于供电电极 A 到达高阻层底界面时，记录点到达 b 点，这时电流受高阻层的排斥作用最强烈，视电阻率升高到最大值。

通过对以上两种视电阻率曲线形状的分析，可以得出以下结论：

（1）梯度电极系视电阻率曲线对地层中点是不对称的。对于高阻层，底部梯度电极系视电阻率曲线在高阻层的底界面出现极大值，顶界面出现极小值；顶部梯度电极系则相反。这是利用梯度曲线确定地层界面的依据。

（2）地层厚度很大时，地层中部有一段曲线和深度轴平行，$R_a=R_2$。

（3）使用底部梯度电极系测量时，在高阻薄层的下方一个电极距处出现一个假极大值。

以上分析的是高阻厚层和高阻薄层梯度电极系视电阻率曲线的特点。对于中等厚度高阻岩层，其视电阻率曲线与厚层的曲线形状相似。但随着厚度的减小，地层中部视电阻率曲线的平直段变小以至消失，如图 1-11 所示。

由图 1-9、图 1-10、图 1-11 可以看出，梯度电极系视电阻率曲线在高阻层上的变化范围很大。对于不同厚度的地层，在视电阻率曲线上读取视电阻率数值的方法如下：

（1）对于高阻厚层，视电阻率曲线的中部直线段最接近地层的真电阻率，应取这部分的平均值作为视电阻率值。

（2）对于高阻薄层，视电阻率曲线只有一个尖峰，取它的极大值作为视电阻率值。

（3）对于高阻中等厚度层，由顶界面往下一个电极距处，作一条与深度轴平行的直线，再作一条与深度轴垂直的直线，两直线与视电阻率曲线围成两个区域，使这两个区域的面积大致相等，此垂线的横坐标就是该层的视电阻率值，这种取值方法称为面积平均法，如图1-11所示。

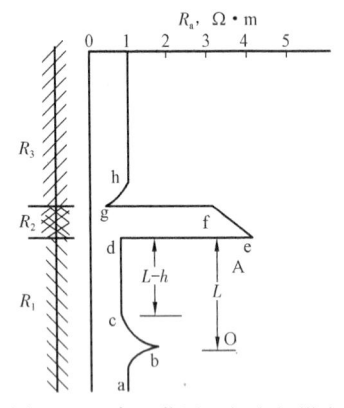

图1-10 高阻薄层理想底部梯度电极系视电阻率理论曲线

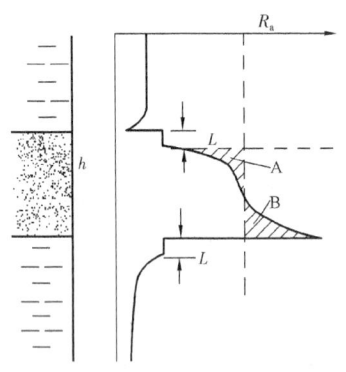

图1-11 中等厚度的高阻层理想底部电极系视电阻率曲线

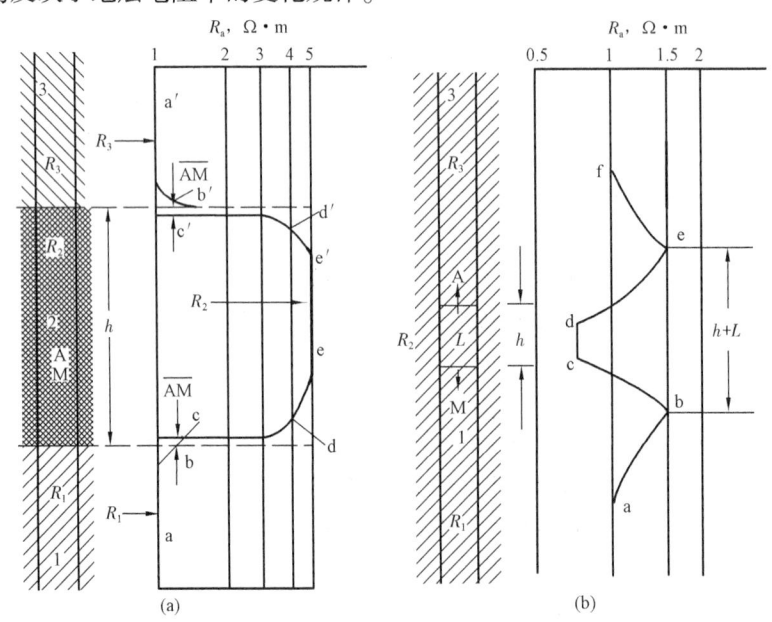

二、电位电极系视电阻率曲线

图1-12(a)是高阻厚层理想电位电极系的理论曲线（不考虑井眼的影响）。从曲线上可以看出，电位电极系视电阻率曲线关于地层中心对称，在地层界面附近无明显的特征，但曲线的形状仍反映了地层电阻率的变化规律。

图1-12 电位电极系视电阻率曲线
（a）高阻厚层理想电位电极系视电阻率曲线；（b）高阻薄层理想电位电极系视电阻率曲线

图 1-12(b) 是高阻薄层理想电位电极系视电阻率的理论曲线。曲线在高阻层的中部呈极小值，且在岩层界面上下半个电极距处出现两个假极大值，它们之间的距离为 h+L，由极大值处向地层方向移动半个电极距，即为高阻层的界面。所以当电位电极系的电极距小于地层厚度时，视电阻率曲线不能反映地层电阻率的变化。因此，在实际工作中，电位电极系的电极距都很小，一般为 0.5m。对于厚度大于 0.5m 的地层，电位电极系视电阻率曲线就可以较好地反映地层电阻率的变化。

综上所述，理想电位电极系视电阻率曲线的特点及取值分层方法是：

(1) 当上、下围岩电阻率相等时，曲线对应地层中点对称。

(2) 地层厚度大于电极距时，对应高阻层中心，视电阻率曲线呈极大值。地层越厚，极大值越接近于地层真电阻率。

(3) 地层厚度小于电极距时，对应高阻层中心，视电阻率曲线呈极小值，无法读取电阻率值。

(4) 对高阻厚层，取视电阻率曲线的极大值作为电位电极系视电阻率，岩层上、下界面分别位于 bc 和 b'c' 段的中点。

三、实测电阻率曲线的讨论

在进行视电阻率测井时，遇到的目的层都是非均匀介质，井眼的影响不能忽略，所用的电极系并非理想电极系，因此所测量的视电阻率曲线与理论曲线只是基本特点相同。实测曲线比较平滑，不像理论曲线变化规则，如图 1-13 所示。

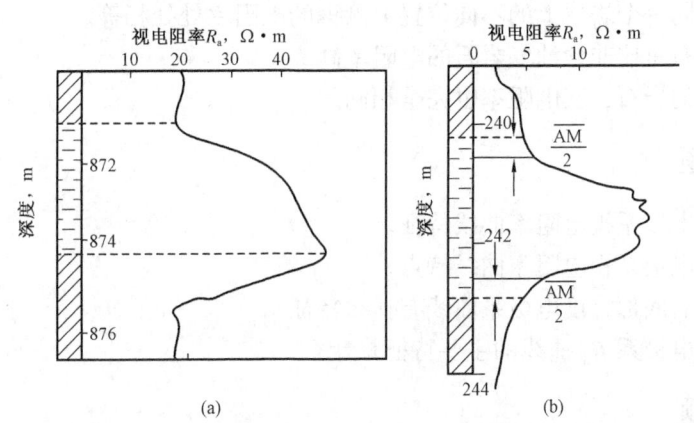

图 1-13 梯度电极系和电位电极系实测电阻率曲线
(a) 梯度电极系；(b) 电位电极系

由于井眼的影响，在高阻层视电阻率曲线的突变点及直线段消失，曲线变平滑了，但仍具有理论曲线的基本特征。利用非理想梯度电极系测井，M、N 电极间距不等于零，测量电极进入高阻层界面时，在界面附近视电阻率是过渡变化的。视电阻率曲线的极大值和极小值离开地层界面向单电极一方移动 $\overline{MN}/2$ 的距离。为了准确确定地层界面，生产中通常采用短电极的视电阻率曲线进行分层。实测电阻率曲线上的极小值往往不够明显，此时则应根据其他测井曲线（如微电极曲线、自然电位曲线等）确定地层界面。

由于电位电极系实测电阻率曲线反映地层界面不十分清楚，所以通常不用它来分层。若没有其他资料时，对于厚的高阻层可用"半幅点法"估计岩层的界面，但目的层越薄，这种方法确定的界面位置越不准确,这样所求的岩层厚度比实际厚度要大。

任务实施

一、任务内容

学会分析梯度电极系视电阻率曲线特征,会分析电位电极系视电阻率曲线特点,完成任务考核内容。

二、任务要求

(1) 掌握理论电阻率曲线的特征;
(2) 学会梯度电极系和电位电极系曲线的异同;
(3) 完成时间20分钟。

任务考核

一、名词解释

视电阻率 顶部梯度电极系 底部梯度电极系

二、判断题

1. 电极系在同一个岩层上的不同位置上测得的电阻率处处相等。　　　　　( )
2. 含油气岩石总比非含油气岩石的电阻率高。　　　　　　　　　　　　　( )
3. 同种类型的岩石,其电阻率也完全相同。　　　　　　　　　　　　　　( )

三、简答题

1. 简述梯度电极系视电阻率曲线特征。
2. 简述电位电极系视电阻率曲线特点。
3. 油层水淹后底部梯度电极系曲线有什么特征?
4. 底部梯度电极系 R_a 曲线的主要特征是什么?

四、填空题

1. 以岩石的导电性质为基础的测井方法称为_____。
2. 测井仪器的"三性一化"是指_____、_____、_____。
3. 视电阻率表达式:_____。
4. 电极系可分为_____、_____。

任务四　视电阻率曲线的影响因素

任务描述

在实际测井过程当中,会有多种因素对视电阻率测井曲线造成干扰,为了能准确地进行测井解释，需要详细研究对视电阻率曲线的影响因素。

任务分析

视电阻率不仅与地层电阻率有关，还受钻井液电阻率、地层厚度、井径、电极距等因素的影响。通过本任务，将了解不同电阻率地层的视电阻率曲线特点，不同钻井液电阻率的视电阻率曲线特点，井径、地层厚度对视电阻率曲线的影响，不同电极距的视电阻率曲线特征，以及高阻邻层的屏蔽影响。

学习材料

为了能够正确地解释视电阻率曲线，必须进一步研究影响视电阻率曲线变化的因素。

一、渗透性地层轴向、径向电阻率的变化

在轴向上，不同岩性的地层电阻率是不同的。即使是同一岩性的地层，由于地层的非均质性，其轴向电阻率也在变化，层理发育的地层各向异性更为明显。

渗透性地层电阻率在径向上的变化也是很大的。从井内向外分别有：钻井液电阻率R_m、滤饼电阻率R_{mc}、冲洗带电阻率R_{xo}、过渡带电阻率R_i（冲洗带和过渡带合称侵入带）、未被侵入的原状地层电阻率为R_t。井孔中渗透性地层附近介质的分布如图1-14所示。

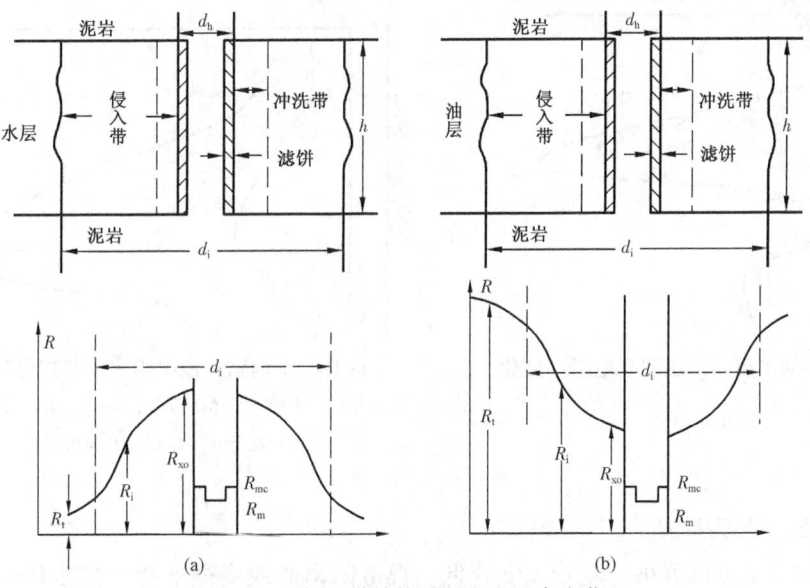

图1-14 侵入带结构及径向电阻率变化

钻井液侵入可分为以下两种类型：

（1）当地层孔隙中原来含有的流体电阻率较低时，电阻率较高的钻井液滤液侵入后，侵入带的电阻率升高（$R_t<R_i$），这种钻井液侵入称为增阻侵入或称钻井液高侵，多出现在水层。其侵入带结构及径向电阻率变化见图1-14(a)。

（2）当地层孔隙中原来含有的流体电阻率比渗入地层的钻井液滤液电阻率高时，钻井液滤液侵入后，侵入带的电阻率降低（$R_t>R_i$），这种钻井液侵入称为减阻侵入或称钻井液低侵，一般多出现于油层。其侵入带结构及径向电阻率变化见图1-14(b)。

二、视电阻率曲线的影响因素

从前文对视电阻率曲线特点的讨论中可知，视电阻率不仅与地层电阻率有关，还受钻井液电阻率、地层厚度、井径、电极距等因素的影响。

1. 地层电阻率

从图 1-15 中可以看出，随着地层电阻率的增加，视电阻率曲线的极大值也明显增大，在一定程度上反映岩层真电阻率的变化，两者的差别是由于视电阻率曲线受井径、地层厚度、围岩等因素的影响。对这些因素进行校正后，可根据视电阻率曲线近似地确定地层的真电阻率。

2. 钻井液电阻率

图 1-16 是在不同钻井液电阻率条件下测量的视电阻率曲线。从图中可以看出，当钻井液电阻率值相对高（$R_t = 10R_m$）时，视电阻率曲线显示清楚；当钻井液电阻率降低时（$R_t = 100R_m$，如盐水钻井液），曲线变得平缓，极大值急剧下降。这是由于钻井液电阻率太低，分流效应严重造成的。一般情况下，实际测井时的普通钻井液电阻率是地层水电阻率的 5 倍左右。

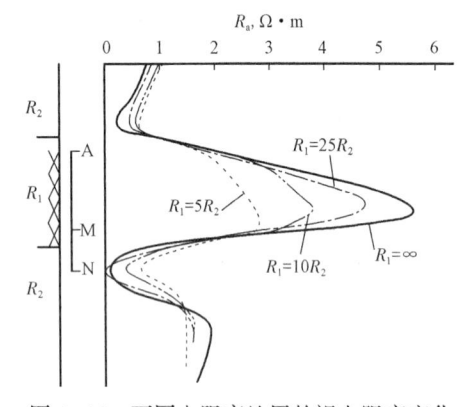

图 1-15 不同电阻率地层的视电阻率变化

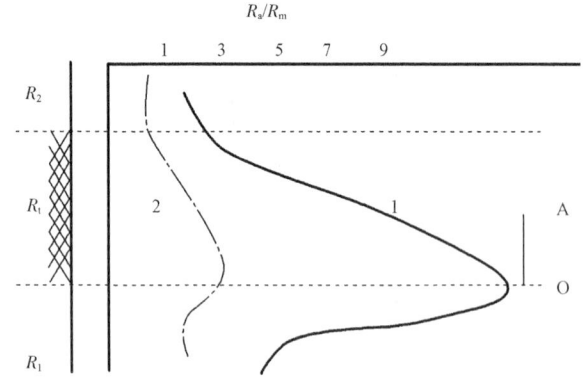

图 1-16 不同钻井液电阻率下的视电阻率曲线
$R_t = 10R_m$；$h = 4d_h$；AO $= 2d_h$；1—$R_1 = R_2 = R_m = 0.1R_t$；
2—$R_m = 0.1R_1 = 0.1R_2 = 0.01R_t$

3. 井径、地层厚度

从图 1-17 中可以看出，随着 h/d 降低，视电阻率曲线变得平滑。在钻井过程中，除非井壁坍塌时井径有明显扩大，一般情况下，井径与钻头直径差别不大，因此 h/d 的降低主要是由于地层厚度变薄造成的。

4. 电极距

图 1-18 是在厚度为 $h = 16d$（d 为井径）的高阻层中用三种不同电极距的电极系所测的视电阻率曲线，从图上可以看出，幅度差异相当大。当电极距 L 较小时，由于受井眼的影响较大，所以视电阻率曲线幅度较低；随着电极距的加大，其探测深度加大，地层的贡献占主导地位，井眼的贡献减小，视电阻率幅度升高；当电极距 L 加大到一定程度时，再加大电极距，所测的视电阻率曲线幅度反而降低，这是低阻围岩的影响造成的。

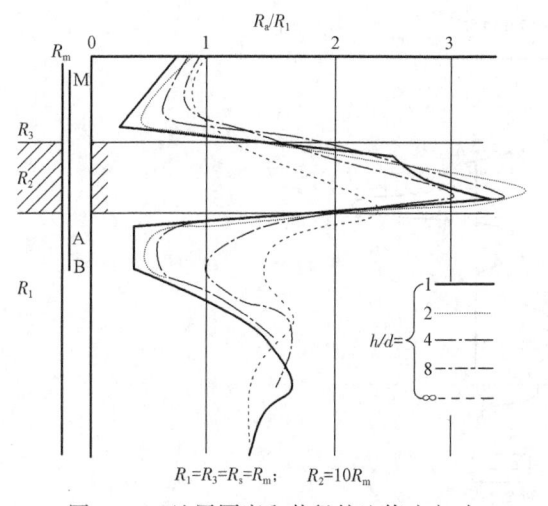

图 1-17　地层厚度和井径的比值改变时视电阻率曲线的变化

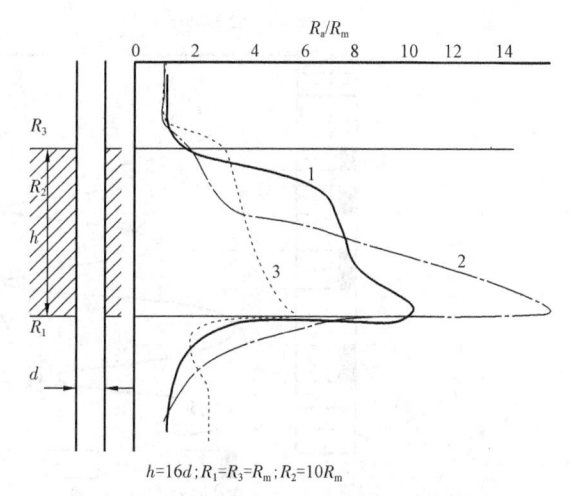

图 1-18　不同电极距的视电阻率曲线
1—$L=2d$ 的底部梯度电极系所测视电阻率曲线；
2—$L=8d$ 的底部梯度电极系所测视电阻率曲线；
3—$L=16d$ 的底部梯度电极系所测视电阻率曲线

5. 高阻邻层的屏蔽

在实际钻井剖面中，经常有许多高阻层和低阻层交互出现。如果两个高阻层之间的距离大于或略小于电极距，则相邻的高阻层对供电电极的电流将产生屏蔽作用，使曲线发生畸变。

若电极距大于交互层（两个高阻层及其夹层）的总厚度，电流受到向上的排斥作用，使记录点处的电流密度减小，形成减阻屏蔽，导致记录点处地层的电阻率减小，如图 1-19(a) 所示。

若电极距小于交互层的总厚度，电流受到向下的排斥作用，使记录点处的电流密度增大，形成增阻屏蔽，导致记录点处地层的电阻率增大，如图 1-19(b) 所示。

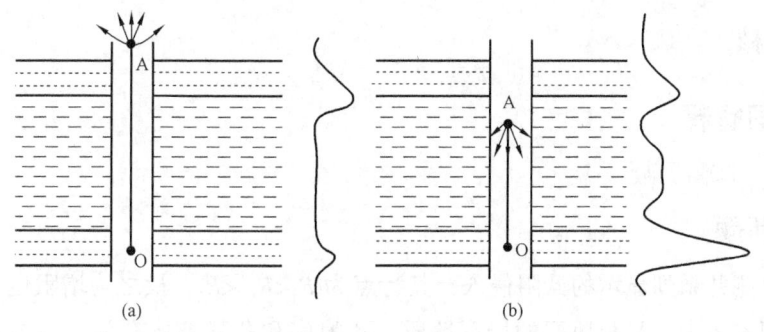

图 1-19　高阻邻层对视电阻率曲线的影响
（a）减阻屏蔽；（b）增阻屏蔽

图 1-20 是受屏蔽影响的视电阻率曲线实例。在 2.5m 底部梯度电极系的视电阻率曲线上，下部两个油层受上部高阻层增阻屏蔽的作用，曲线幅度增高；在 8m 底部梯度电极系的视电阻率曲线上，下部两个油层受上部高阻层减阻屏蔽作用，曲线幅度降低。对同一地层，由于使用的电极系尺寸不同，所测得的视电阻率曲线由于高阻层的屏蔽影响，曲线幅度有较大的变化。

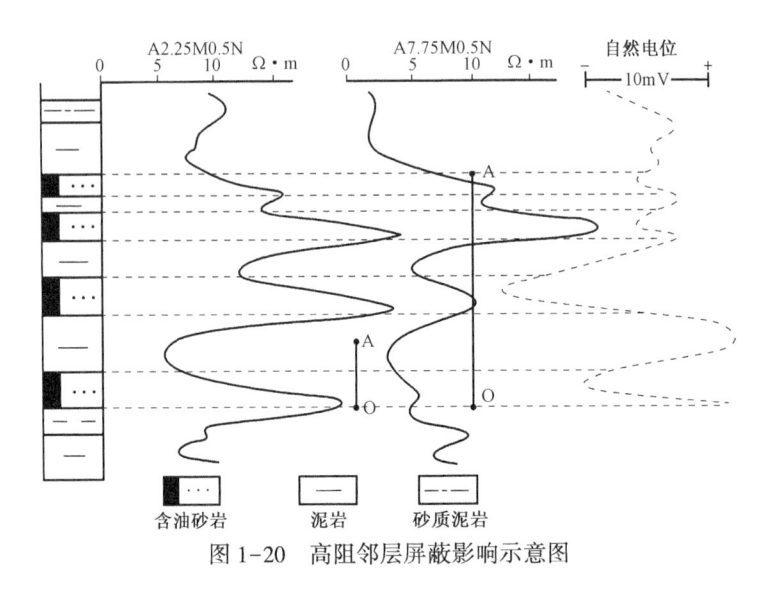

图 1-20 高阻邻层屏蔽影响示意图

因此，在分析视电阻率曲线时，要考虑电极系类型、电极距大小、地层厚度、高阻层间距等因素的影响。

任务实施

一、任务内容

掌握视电阻率曲线的影响因素，完成任务考核。

二、任务要求

(1) 了解井径、地层厚度对视电阻率曲线的影响；
(2) 掌握不同电极距对视电阻率曲线的影响；
(3) 完成时间 25 分钟。

任务考核

一、名词解释

增阻屏蔽　减阻屏蔽

二、判断题

1. 电阻率测井系列显示的低阻侵入，其特点为 $R_j<R_{xo}<R_t$，反之为增阻侵入。（　　）
2. 地层因素的大小只与地层的岩石性质、孔隙度和孔隙结构有关，而与岩石所含地层水电阻率无关。（　　）
3. 对底部梯度电阻率测井，单电极一方的高阻邻层可使目的层视电阻率 R_a 升高或降低。（　　）

三、选择题

1. 对底部电极系，记录点 O 置于目的层底面，单电极 A 位于高阻邻层之上，则发生（　　）。

A. 减阻屏蔽　　　　B. 增阻屏蔽　　　　C. 无屏蔽　　　　D. 周波跳跃

2. 地层的电阻率随地层中流体电阻率增大而（　　）。

A. 减小　　　　B. 增大　　　　C. 趋近无穷大　　　　D. 不变

四、简答题

影响岩石电阻率的主要因素有哪些？

任务五　横向测井资料的应用

📋 任务描述

横向测井是视电阻率测井的一种综合应用。它是选用一套不同电极距的电极系在目的层段测量，以确定地层真电阻率、判断油气水层及钻井液侵入情况的一种方法。通过本任务了解横向测井的概念和应用。

👥 任务分析

横向测井资料的应用范围较广，包括划分岩层，定性判断油（气）层、水层，确定地层参数等，用视电阻率曲线划分岩层时，要利用曲线的突出特点。利用横向测井求得的地层电阻率，用电阻率比较法可以判断油（气）层、水层。

💼 学习材料

横向测井系列中各种电极系的选择应以能清楚地反映地层界面及地层真电阻率为准，一般采用六种不同电极距的底部梯度电极系。表1-3为中国常用的一组横向测井电极系。

表1-3　中国常用的横向测井电极系

电极系的排列	名称	电极系的排列	名称
M0.2A0.1B	0.25m底部梯度电极系	M3.75A0.5B	4m底部梯度电极系
M0.4A0.1B	0.45m底部梯度电极系	M5.75A0.5B	6m底部梯度电极系
M0.95A0.1B	1m底部梯度电极系	M7.75A0.5B	8m底部梯度电极系
M2.25A0.5B	2.5m底部梯度电极系		

图1-21是横向测井曲线的实例。图中除六条视电阻率曲线外，还有自然电位曲线，可用来判断渗透性地层。

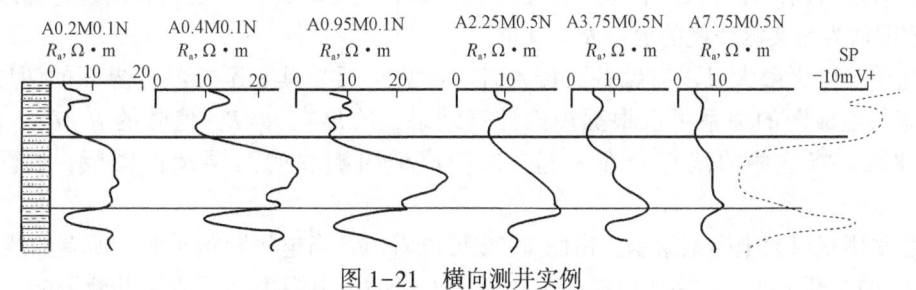

图1-21　横向测井实例

本任务主要介绍横向测井资料的应用。横向测井资料的应用包括以下几个方面。

一、划分岩层

在砂泥岩剖面的视电阻率曲线上，利用岩层电阻率的差异将寻找的高阻层分辨出来，然后参考 SP 曲线，把在 SP 曲线上具有负异常的高阻层井段即解释的目的层——储层选出来，确定其层面深度。

用视电阻率曲线划分岩层时，要利用曲线的突出特点。在实测的梯度电极系视电阻率曲线上，极小值不很明显，而极大值却仍很突出。所以通常采用底部梯度电极系视电阻率曲线上的极大值确定高阻岩层的底界面的深度，而用其他方法配合确定顶界面。

二、定性判断油（气）层、水层

利用横向测井求得的地层电阻率，用电阻率比较法可以判断油（气）层、水层。另外，由于油（气）层与水层的侵入剖面特点即径向电阻率变化情况差别比较明显，可以选用 0.25m（或 0.45m）及 1m（或 2.5m）两条视电阻率曲线来研究目的层的侵入情况及径向电阻率分布情况。油（气）层一般为低侵特征，即长电极距视电阻率较高；而水层一般为高侵特征，即短电极距视电阻率较高。

三、确定地层参数

1. 确定地层真电阻率

视电阻率测井测得的地层视电阻率受各方面因素的影响很多，可用下式表示：

$$R_a = f(R_t, R_i, R_s, R_m, h, d_h, D, L) \tag{1-20}$$

式中　R_t——岩层电阻率，$\Omega \cdot m$；

　　　R_i——侵入带电阻率，$\Omega \cdot m$；

　　　R_s——围岩电阻率，$\Omega \cdot m$；

　　　R_m——钻井液电阻率，$\Omega \cdot m$；

　　　h——地层厚度，m；

　　　d_h——井径，m；

　　　D——侵入带直径，cm；

　　　L——电极距，m。

式(1-20) 中 R_a、R_m、h、d_h、L 都可以认为是已知的，要确定的是 R_t、R_i 和 D。因为不同电极距的电极系的测量结果受 R_t、R_i、D 等的影响程度不同，所以可以作出电极距与视电阻率的关系曲线，并将其与相应电极距的理论图版进行对比，与之重合的理论曲线的 R_t、R_i、D 值即认为是实测环境的 R_t、R_i、D 值。

当地层厚度无限大且没有钻井液侵入时，探测空间为具有圆柱状分界面的两层介质，视电阻率与电极距的关系可以根据理论计算结果，绘出在 R_t/R_m 值时的 $R_a/R_m = f(L/d)$ 的关系曲线，将这些曲线组合在一起，即构成横向测井的两层理论图版，如图 1-22 所示。

图版采用双对数坐标纸绘制，由图 1-22 可以看出，当电极距很小时，所有曲线都趋近于 $R_t = R_m$ 的左渐进线。这说明电极距很小时，测量的视电阻率主要受钻井液影响。要减小

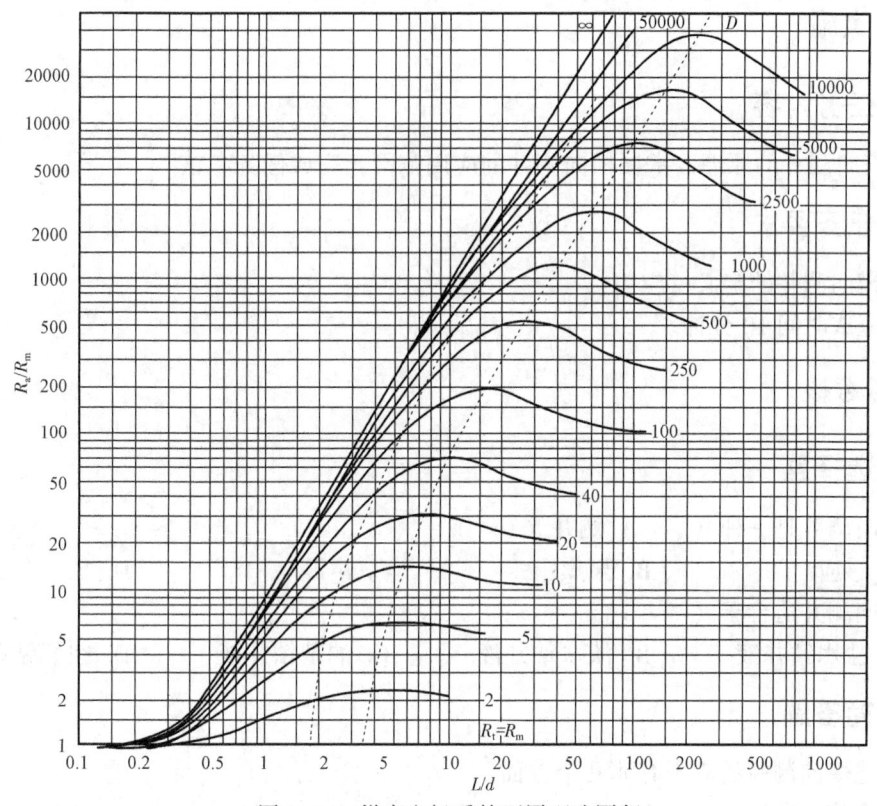

图 1-22 梯度电极系的两层理论图版

井的影响，必须选择较大的电极距。

当电极距增大时，视电阻率 R_a 随之增加，可由 $R_a<R_t$ 变到 $R_a>R_t$。R_a 升到最大值后，电极距再增大，R_a 又逐渐减小，直到 $R_a=R_t$ 之后，电极距的增大不再影响视电阻率 R_a 的数值，这条 $R_a=R_t$ 的直线称为右渐进线。

由该图版可以看出，当 R_t 增大时，能够保证 $R_a=R_t$ 的最小电极距尺寸也增大。例如，一般较好的油层电阻率是 $R_t/R_m=5\sim20$，如果要使 R_a 接近于 R_t，则需 $L/d=16\sim32$，若 $d=0.25\mathrm{m}$，即相当于 4~8m 的电极距，这样的电极系测出的 R_a 才接近于 R_t。8m 或 6m 的电极距太大，测量的 R_a 容易受高阻邻层的屏蔽影响，所以声—感测井系列保留一条 4m 底部梯度电极系曲线，供综合解释油水层时，估计地层的真电阻率。

2. 确定地层的孔隙度 ϕ

首先在视电阻率曲线上找出一含水厚层（R_a 较低，SP 负异常幅度较大），读出该层中部的视电阻率值，用它作为地层 100% 含水时的电阻率 R_o 值；通过水样分析或根据 SP 资料求出地层水电阻率 R_w 值，然后根据阿尔奇公式计算出孔隙度 ϕ 值。

3. 确定含油层的电阻率 R_o 和地层含油饱和度 S_o

要确定地层的含油饱和度 S_o，必须知道 R_o 值，但含油层的 R_o 值无法直接测量，只有通过孔隙度测井资料确定地层孔隙度后，用阿尔奇公式计算出地层因素 F 值，再求出地层水电阻率 R_w 后计算 R_o 值，然后再根据式(1-5) 计算含油饱和度 S_o。

31

任务实施

一、任务内容

理解横向测井的原理,掌握横向测井的应用范围,完成任务考核。

二、任务要求

(1) 横向测井的定义及应用;
(2) 完成时间 10 分钟。

任务考核

一、选择题

1. 侧向测井是一种(　　)测井。
   A. 感应　　　　B. 聚焦　　　　C. 声波　　　　D. 核
2. 侧向测井适合于(　　)。
   A. 盐水钻井液　B. 淡水钻井液　C. 油基钻井液　D. 空气钻井

二、简答题

1. 简述横向测井的应用有哪几个方面。
2. 什么是横向比例?
3. 什么是横向测井?

项目二　自然电位测井

任务一　井内自然电位产生

任务描述

自然电位测井是油田常规测井方法之一,属于电法测井的范畴。自然电位测井的测量机理是:岩层被井钻穿后,对应不同岩性,在井壁附近形成的扩散、吸附电位大小和方向存在差异,这些差异可以用来划分岩性、研究储层性质。本任务主要介绍自然电位的形成机理、自然电位曲线形态、影响因素分析和解释应用。通过本任务的学习,主要要求学生理解自然电位产生机理。

富媒体 1-4　自然电场的产生

任务分析

钻井过程中,在井中由于钻井液和地层水的含盐量(矿化度、电阻率)不同,地层压力和钻井液柱压力不同,在井壁附近产生电化学过程,结果产生自然电动势,形成自然电场(富媒体 1-4)。井内自然电位产生的原因是复杂的，对于油井来说，主要有以下两个原因：一是地层水矿化度和钻井液滤液矿化度不同，引起离子的扩散作用和泥岩颗粒对离子的吸附作用；二是地层压力与钻井液柱压力不同，在地层孔隙中产生的过滤作用。

学习材料

在生产中人们发现，在没有人工供电的情况下，测量电极在井内移动，可以测得钻井剖面电位的变化。显然，在井中测得的这个电位是自然产生的，所以称此电位为自然电位。

自然电位测井就是沿井剖面测量自然电位随井深变化的曲线，用以研究地下地层的测井方法，其原理线路如图1-23、富媒体1-5所示。

井内自然电位产生的原因是复杂的，对于油井来说，主要有以下两个方面：一是地层水矿化度和钻井液滤液矿化度不同，引起离子的扩散作用和泥岩颗粒对离子的吸附作用；二是地层压力与钻井液柱压力不同，在地层孔隙中产生的过滤作用。这些作用主要取决于岩石的成分、岩石的组织结构、地层水和钻井液的物理化学性质。

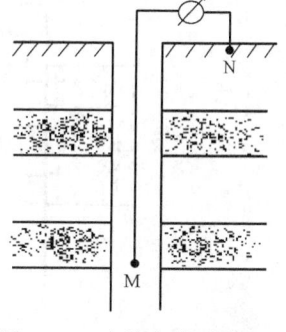

图1-23 自然电位测量原理

富媒体1-5 自然电位测井

一、扩散吸附电位

井内自然电位是两种不同浓度的溶液相接触的产物。地层被钻穿后，由于钻井液滤液的浓度不同于地层水溶液的浓度（通常称矿化度），它们之间就产生了离子的扩散作用，在井壁附近形成稳定的电动势。

假定钻井液滤液和地层水溶液所含的盐类都是氯化钠（NaCl），当地层水溶液的浓度大于钻井液滤液的浓度时，在砂岩层处扩散作用的结果是：地层水内富集正电荷，钻井液滤液内富集负电荷，如图1-24所示。井壁上产生的扩散电动势 E_d 可用下式表示：

$$E_d = K_d \lg \frac{C_w}{C_{mf}} \tag{1-21}$$

式中 C_w，C_{mf}——地层水和钻井液滤液的浓度，g/L；

K_d——扩散电位系数，mV（它与溶液中盐类的化学成分和温度有关，NaCl溶液在25℃时，$K_d = -11.6$mV）；

E_d——扩散电动势，mV。

当溶液浓度不是很高时，溶液浓度与电阻率成反比关系，则式(1-21)可写成

$$E_d = K_d \lg \frac{R_{mf}}{R_w} = -11.61 \lg \frac{R_{mf}}{R_w} \tag{1-22}$$

式中 R_w，R_{mf}——地层水和钻井液滤液的电阻率，$\Omega \cdot m$。

在泥岩层，由于黏土矿物表面具有选择吸附负离子的能力，只有正离子可以在地层水中自由移动。因此，当地层水溶液浓度大于钻井液滤液浓度时，在泥岩与钻井液的接触面上，井内钻井液带正电荷，泥岩层内带负电荷，如图1-25所示。这时形成的电动势称为扩散吸附电动势，以 E_{da} 表示。

根据实验结果和理论分析，在泥岩井壁上产生的扩散吸附电动势 E_{da} 可由下式表示：

$$E_{da} = K_{da} \lg \frac{C_w}{C_{mf}} = K_{da} \lg \frac{R_{mf}}{R_w} \tag{1-23}$$

式中 K_{da}——扩散吸附电位系数，mV（其大小和符号主要决定于岩石颗粒的大小及化学成分，也和溶液的化学成分、温度等因素有关，可用实验求出）。

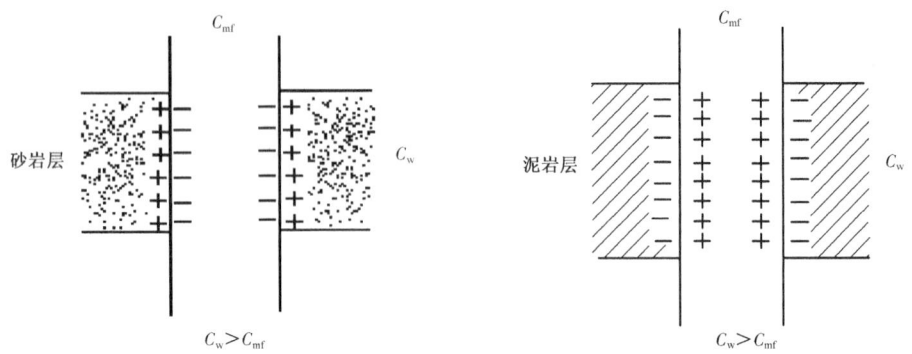

图 1-24 砂岩与钻井液接触面上的电荷分布　　图 1-25 泥岩与钻井液接触面上的电荷分布

对于 NaCl 溶液，在 25℃时，$K_{da}=59.1mV$，代入式（1-23），得

$$E_{da}=59.1\lg\frac{R_{mf}}{R_w} \tag{1-24}$$

由于泥岩具有选择吸附作用，使一种离子容易通过，另一种离子不易通过，它好像离子选择薄膜一样，因此通过泥岩所产生的扩散吸附电位又称为薄膜电位。

二、过滤电位

在压力差的作用下，当溶液通过毛细管时，由于毛细管壁吸附负离子，使溶液中正离子相对增多，则在毛细管的两端产生电位差，压力低的一方带正电，压力高的一方带负电，于是产生了电位差，如图 1-26 所示。

当钻井液柱的压力大于地层的压力时，在渗透层处，过滤电位与扩散吸附电位方向一致，过滤电位以 E_f 表示。过滤电位的数值与地层和钻井液柱之间的压力差及过滤溶液的电阻率成正比，与过滤溶液的黏度成反比，可由下式表示：

图 1-26 过滤电位形成示意图
箭头方向表示液体流动方向

$$E_f=K_f\frac{\Delta p \cdot R_{mf}}{\mu} \tag{1-25}$$

式中 Δp——压力差，atm（1atm=101325Pa）；
　　R_{mf}——过滤溶液电阻率，$\Omega \cdot m$；
　　μ——过滤溶液黏度，cP；
　　K_f——过滤电位系数，与溶液的成分浓度有关，mV。

❖ 任务实施

一、任务内容

能理解自然电位产生的原因，理解自然电位的测量原理，完成任务考核。

二、任务要求

(1) 掌握自然电位，扩散电位的概念；
(2) 完成任务时间：20 分钟。

任务考核

一、名词解释

自然电位　扩散电位　吸附电位　过滤电位

二、选择题

1. 自然电位测井是以（　　）岩石性质为基础的测井方法。
   A. 导电　　　　　B. 电化学　　　　C. 弹性　　　　　D. 原子物理
2. 自然电位测井记录的是自然电流在井内的（　　）。
   A. 电流　　　　　B. 电动势　　　　C. 电位降　　　　D. 电阻率

三、简答题

简述井内自然电位产生的原因。

任务二　自然电位曲线特点分析

任务描述

在钻穿地层的过程中，地层水与钻井液相接触，产生扩散吸附作用，在钻井液与地层接触面上产生自然电位。本任务以夹在厚层泥岩中的砂岩为例分析自然电位曲线的形状。

任务分析

油井中的自然电位主要是由于钻井滤液与地层水之间产生的扩散电动势和扩散吸附电动势产生的，由于钻井液柱的压力只是略高于地层压力，因此过滤电位常忽略不计。通常，自然电位曲线需符合以下规律，上下围岩岩性相同时，曲线对地层中部对称，对厚度较大（$h>4d$）的地层 $\Delta U_{SP}=SSP$ 且曲线半幅点深度对应地层界面。

学习材料

一、井内自然电场的分布

若砂岩的地层水矿化度为 C_2，泥岩的地层水矿化度为 C_1，钻井液滤液的矿化度为 C_{mf}，在一般情况下，$C_1>C_2>C_{mf}$，井内自然电位的分布如图 1-27 所示。

在砂岩和井内钻井液的接触面上，由于扩散作用产生的扩散电动势为

$$E_d = K_d \lg \frac{C_2}{C_{mf}} \tag{1-26}$$

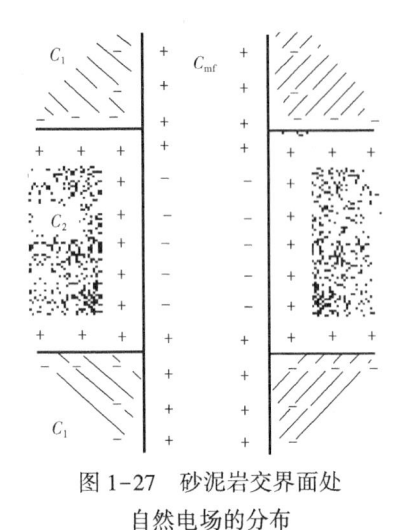

图 1-27 砂泥岩交界面处自然电场的分布

在泥岩和井内钻井液的接触面上,由于扩散吸附作用产生的扩散吸附电动势为

$$E_{da} = K_{da} \lg \frac{C_1}{C_{mf}} \tag{1-27}$$

在泥岩和砂岩的接触面上,由于扩散吸附作用产生的扩散吸附电动势为

$$E_{da} = K_{da} \lg \frac{C_1}{C_2} \tag{1-28}$$

在井与砂岩、泥岩的接触面上,自然电流回路的总自然电动势 E_s 是每个接触面上自然电动势的代数和,即

$$\begin{aligned}E_s &= K_d \lg \frac{C_2}{C_{mf}} + K_{da} \lg \frac{C_1}{C_{mf}} - K_{da} \lg \frac{C_1}{C_2} = K_d \lg \frac{C_2}{C_{mf}} + K_{da} \left(\lg \frac{C_1}{C_{mf}} - \lg \frac{C_1}{C_2}\right) \\ &= K_d \lg \frac{C_2}{C_{mf}} + K_{da} \lg \frac{C_2}{C_{mf}} = (K_d + K_{da}) \lg \frac{C_2}{C_{mf}} = K \lg \frac{C_2}{C_{mf}}\end{aligned} \tag{1-29}$$

式中 K——自然电位系数,mV。

对于纯砂岩和泥岩地层,其地层水和钻井液滤液的盐类为氯化钠。经实验证实,自然电位系数在25℃时,$K = 70.7 \text{mV}$,代入式(1-29)得

$$E_s = 70.7 \lg \frac{C_2}{C_{mf}} \tag{1-30}$$

在溶液的浓度不很大时,可以认为电阻率与浓度成反比,则式(1-30)可写成

$$E_s = 70.7 \lg \frac{R_{mf}}{R_2} \tag{1-31}$$

式中 R_{mf}——钻井液滤液电阻率,$\Omega \cdot m$;

R_2——砂岩地层水电阻率,$\Omega \cdot m$(以下用 R_w 表示)。

如果砂岩含有泥质或者泥岩不纯,将使总的自然电动势减小,不能按式(1-31)计算砂泥岩接触面上回路的总自然电动势。

二、自然电位的曲线形状

在砂岩井壁、泥岩井壁以及砂泥岩接触面上,存在着自然电动势。砂岩、泥岩和钻井液具有导电性,它们构成闭合回路,形成自然电流。自然电位测井记录的是自然电流在井内钻井液段的电位降。自然电位理论曲线如图1-28所示($C_w > C_{mf}$)。

在a点以上,离开砂岩较远的泥岩上,自然电流很小,几乎没有什么变化,可以认为是自然电位的零线,称为自然电位的泥岩基线。

在ab段,电流逐渐增加,自然电位逐渐降低,曲线向负的方向偏转。

在b点,对应泥岩层与砂岩层交界面,井内自然电流强度最大,电位变化也最大,自然电位曲线急剧向负方向偏转。

在bc段,过了地层界面,电流密度又逐渐减小,

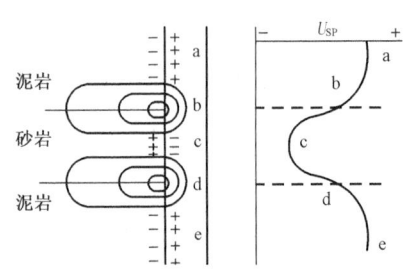

图 1-28 井内自然电场分布与自然电位曲线形状

电位继续降低。

在 c 点，对应于地层中心，电流强度最小，自然电位曲线几乎是与井轴平行的直线。

在 cd 段，在砂岩层的下部，自然电流强度逐渐增加，自然电位逐渐增大，曲线向正方向偏转。

在 d 点，对应于砂泥岩层的交界面处，电流密度最大，自然电位曲线急剧向正方向偏转。

在 de 段，过了交界面，再向下到泥岩层，自然电位值逐渐增大，在大段泥岩处记录的自然电位接近直线。

如果泥岩岩性稳定，厚度足够大，就将以 a、e 两点连线作为基线，从基线到 c 点所对应的幅度称为异常幅度，其大小反映了砂岩的渗透性好坏。当地层水矿化度大于钻井液滤液矿化度时，渗透性地层的异常幅度偏向泥岩基线的左边（显示为负异常）；反之，渗透性地层的异常幅度偏向泥岩基线的右边（显示为正异常）。

综上所述，自然电位曲线具有如下特点：

（1）如果地层、井内钻井液是均匀的，上下围岩岩性相同，曲线关于渗透性地层中心对称。

（2）在渗透性地层顶、底界面处，自然电位变化最大，曲线急剧偏移。

（3）测量的自然电位幅度永远小于自然电流回路总的电动势。

（4）当地层水矿化度大于钻井液滤液矿化度时，曲线出现负异常；反之，曲线出现正异常。

任务实施

一、任务内容

会观察分析自然电位曲线形状，了解井内自然电位的分布特征，了解自然电位曲线特点，完成任务考核。

二、任务要求

（1）掌握自然电位曲线特征；
（2）任务完成时间：20 分钟。

任务考核

简答题

1. 什么叫自然电位异常幅度？影响异常幅度的因素有哪些？
2. 自然电位曲线有哪些特点？

任务三　自然电位曲线的影响因素

任务描述

自然电位测井利用不同岩性在井壁附近形成的扩散、吸附电位大小和方向存在差异，这些差异可以用来划分岩性、划分地层等,然而在进行自然电位测井时会有各种影响因素,本任务将详细探讨自然电位曲线的影响因素。

任务分析

自然电位曲线的影响因素有很多,主要有岩性、地层水与钻井液滤液矿化度比值、地层厚度和井径、地层电阻率 R_t、钻井液滤液电阻率 R_{mf} 以及围岩电阻率 R_s、侵入带等,分析清楚这些因素如何影响自然电位曲线幅度,掌握变化规律,才能更好地进行自然电位测井曲线应用。

学习材料

一、渗透层自然电位异常幅度的计算

砂岩、泥岩、钻井液具有导电性,其等效电路如图1-29所示。设 r_m 为井内钻井液的等效电阻,r_{sh} 为泥岩的等效电阻,r_t 为砂岩的等效电阻,则回路的电流强度由下式决定:

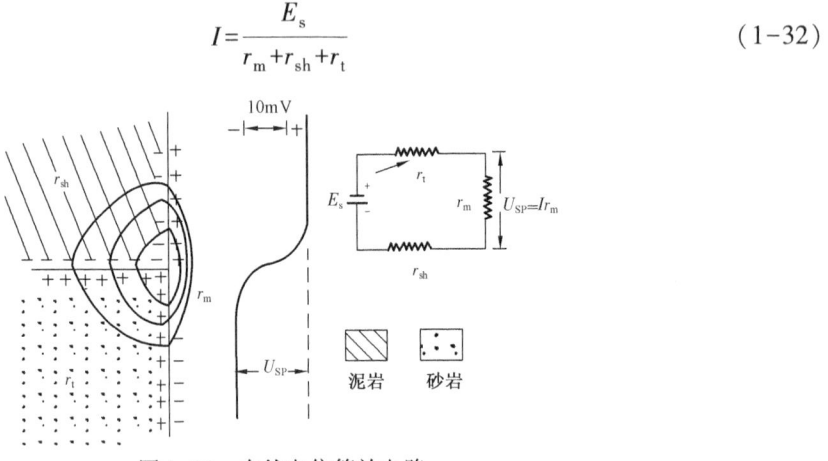

$$I = \frac{E_s}{r_m + r_{sh} + r_t} \tag{1-32}$$

图1-29 自然电位等效电路

测量的自然电位异常幅度值 U_{SP} 实际上等于自然电流流过井内钻井液电阻上的电位降,即

$$U_{SP} = I r_m = \frac{E_s}{r_m + r_{sh} + r_t} r_m = \frac{E_s}{1 + \frac{r_{sh} + r_t}{r_m}} \tag{1-33}$$

自然电位幅度值 U_{SP} 是自然电位总电动势的一部分,记为SP。自然电位的总电动势 E_s 相当于回路断路时的电压。纯水层砂岩的总电动势常称为静自然电位,用SSP表示。

由式(1-32)可以看出,测量的自然电位幅度值 U_{SP} 与 r_m、r_{sh}、r_t、总的自然电动势 E_s 有关。以下根据式(1-33)讨论影响自然电位异常幅度的主要因素。

二、自然电位的影响因素

1. 岩性、地层水与钻井液滤液矿化度比值的影响

自然电位异常幅度值 U_{SP} 与总自然电动势 E_s 成正比,而 E_s 取决于地层的岩性和钻井液滤液电阻率 R_{mf} 与地层水电阻率 R_w 的比值 R_{mf}/R_w。因此,岩性越纯,R_{mf}/R_w 越大,自然

电位异常幅度值越高。

2. 地层厚度、井径的影响

由图 1-30 可见，假设其他条件完全相同，当地层厚度（h）大于 4 倍井径（d）即 $h>4d$ 时，自然电位异常幅度近似等于静自然电位，能用半幅点（即曲线上波峰和波谷的 1/2 幅度处）确定地层界面；当 $h<4d$ 时，自然电位异常幅度小于静自然电位，厚度越小，异常顶部越窄，底部越宽，不能用半幅点确定地层界面。因为 h 减小，r_t 增大，r_m 减小，所以 U_{SP} 减小。若地层厚度一定时，井径减小，h/d 增大，r_m 增大，则 U_{SP} 增大。

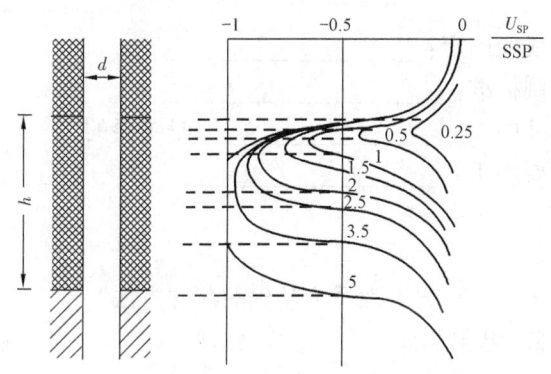

图 1-30 不同地层厚度砂岩的自然电位理论曲线

3. 地层电阻率 R_t、钻井液滤液电阻率 R_{mf} 及围岩电阻率 R_s 的影响

随着 R_t/R_{mf} 的增大，自然电位幅度值降低。围岩电阻率 R_s 变化，同样对自然电位异常幅度有影响。围岩电阻率 R_s 增大，使自然电位幅度值减小。

4. 侵入带的影响

在渗透层地层，钻井液滤液侵入到地层孔隙中，使钻井液滤液与地层水的接触面向地层方向移动了一定距离（相当于井径扩大的影响），从而使自然电位异常幅度降低。

在砂泥岩交互层地区，渗透性砂岩中薄泥岩夹层的存在使自然电位曲线上有小的起伏，起伏的大小与夹层的厚度和夹层电阻率有关。

任务实施

一、任务内容

理解渗透层自然电位异常幅度的计算，完成任务考核。

二、任务要求

（1）掌握岩性、地层水与钻井液滤液矿化度比值的影响；
（2）理解地层厚度、井径对自然电位的影响。

任务考核

一、名词解释

半幅点　静自然电动势

二、简答题

1. 简述层厚度、井径对自然电位的影响。
2. 简述侵入带对自然电位的影响。
3. 影响异常幅度的因素有哪些？
4. 在砂泥岩剖面中，如何用自然电位曲线判断地层渗透层的好坏？

三、填空题

1. 利用自然电位曲线能确定：_____。
2. 自然电位质量控制标准：_____。
3. 在砂泥岩剖面的井中，_____是主要的。
4. 自然电位曲线主要用于_____。

四、选择题

自然电位测井是以（　　）岩石性质为基础的测井方法。
A. 导电　　　　B. 电化学　　　　C. 弹性　　　　D. 原子物理

任务四　自然电位曲线的应用

📋 任务描述

自然电位曲线作为油田测井最为常用的曲线之一，其应用范围比较广泛（富媒体1-6），在砂泥岩剖面中，以泥岩的自然电位为基线，如果砂岩地层的岩性由粗变细，泥质含量增加，表现为自然电位幅度值降低。根据自然电位曲线可以清楚地划出泥岩、砂岩、泥质砂岩。自然电位曲线异常幅度的大小，可以反映渗透性好坏，通常砂岩的渗透性与泥质含量有关，泥质含量越小，其渗透性越好，自然电位异常幅度值越大。

富媒体1-6
自然电位测井曲线的应用

👥 任务分析

自然电位曲线可以用于判断岩性，确定渗透性地层，确定储层界面，判断水淹层位，地层对比，本任务将详细探讨自然电位曲线的应用。

📚 学习材料

一、定性解释自然电位曲线

1. 判断岩性

在砂泥岩剖面中，以泥岩的自然电位为基线，如果砂岩地层的岩性由粗变细，泥质含量增加，则表现为自然电位幅度值降低。根据自然电位曲线可以清楚地划分泥岩、砂岩、泥质砂岩。

2. 确定渗透性地层

自然电位曲线异常幅度的大小可以反映渗透性好坏，通常砂岩的渗透性与泥质含量有关，泥质含量越小，地层渗透性越好，自然电位异常幅度值越大。

3. 确定储层界面

对于岩性均匀、厚度较大、界面清楚的储层，通常用 SP 异常幅度的半幅点确定储层界面；如果储层厚度较小，则不能用半幅点确定储层界面。

4. 判断水淹层位

水淹层在自然电位曲线上显示的特点较多，要根据每个地区的实际情况进行分析。注入淡水的水淹层（油层底部或顶部见水）在自然电位曲线上显示的基本特点是自然电位基线在该层上、下界面处发生偏移，如图 1-31 所示。

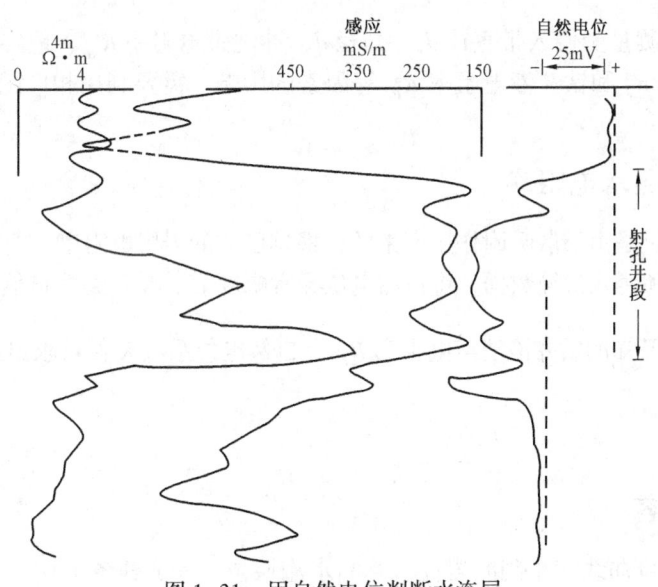

图 1-31 用自然电位判断水淹层

5. 地层对比

地层是某一特定沉积环境的沉积作用的产物，具有该环境特有的沉积特征，其 SP 曲线常常表现出来，因此 SP 曲线可作为单层划相、井间对比的依据之一。

二、估计地层的泥质含量

在一个地区，根据具体条件，利用实验和数理统计方法，可以直接建立起自然电位和泥质含量之间的关系，或者建立起含泥质地层与纯砂岩层的自然电位比值同泥质含量之间的关系。找出这种关系式或关系曲线，就可直接根据自然电位曲线确定地层的泥质含量。

1. 基线对比法

随着泥质含量的增加，碎屑岩的自然电动势减小，SP 曲线幅度减小。以完全含水、厚度足够大的水层的静自然电位 SSP 为标准，画出一条直线平行于泥岩基线，各层的 SP 异常与 SSP 直线差距越大，则泥质含量越大。

这种方法的优点是地层完全含水、厚度很大或在淡水钻井液的砂泥岩剖面，估算的值与实际值比较接近。这种方法的缺点是地层含油（气）、厚度变薄、钻井液侵入等原因会引起 SP 减小，估计的泥质含量值都大于实际值。

2. 计算法

地层的 SP 与 SSP 的差别与泥质含量有关，通常把泥质含量表示为

$$V_{sh} = 1 - \frac{SP}{SSP} \quad (1-34)$$

式中　V_{sh}——地层泥质含量，小数；
　　　SP——解释层的自然电位，mV；
　　　SSP——解释井段的静自然电位，mV。

为了求取地层的泥质含量，必须取得 SP/SSP 值。该值可用斯伦贝谢制作的校正图版进行查取。

由于自然电位测量受侵入带直径 d_i、井径 d、冲洗带电阻率 R_{xo}、地层厚度 h、地层电阻率 R_t、围岩电阻率 R_s 和钻井液电阻率 R_m 等因素的影响，需要利用相应图版对其进行校正，这里不予详述。

三、计算地层水电阻率

假定自然电位只是由扩散吸附作用产生的，根据已知的岩层电阻率、地层厚度、钻井液电阻率、围岩电阻率和侵入带等数据，将自然电位异常幅度 U_{SP} 校正到静自然电位 SSP，利用关系式 $E_s = K \lg \dfrac{R_{mf}}{R}$ 和已知的钻井液滤液电阻率 R_{mf}、自然电位系数 K 便可求出地层水电阻率。

✱ 任务实施

一、任务内容

能应用自然电位曲线初步判断岩性，判断水淹层位，完成任务考核。

二、任务要求

（1）掌握自然电位测井曲线的应用；
（2）任务完成时间：10 分钟。

✱ 任务考核

一、名词解释

泥岩基线　半幅点

二、选择题

1. 自然电位测井曲线中，泥岩基线是（　　）。
　　A. 弧线　　　　　　B. 直线　　　　　　C. 曲线　　　　　　D. 尖峰
2. 自然电位测井曲线中，渗透性砂岩地层自然电位曲线与泥岩基线（　　）。
　　A. 不一定都有偏离　B. 接近　　　　　　C. 相交　　　　　　D. 重合
3. 利用自然电位曲线不能够（　　）。
　　A. 判断岩性　　　　　　　　　　　　　B. 计算地层水电阻率
　　C. 估计地层的泥质含量　　　　　　　　D. 计算含油饱和度

4. 应用自然电位曲线可求得较准确的 R_w 值的前提条件是（　　）。
   A. 盐水钻井液　　　　　　　　B. 选择厚度较大的含水纯砂岩层
   C. 水基钻井液　　　　　　　　D. 浅部地层
5. 岩性、厚度、围岩等因素相同的渗透层自然电位曲线异常值油层与水层相比（　　）。
   A. 油层大于水层　　B. 油层小于水层　　C. 油层等于水层　　D. 不确定
6. 当地层自然电位异常值减小时，可能是地层的（　　）。
   A. 泥质含量增加　　　　　　　　B. 泥质含量减少
   C. 含有放射性物质　　　　　　　D. 密度增大

三、简答题

1. 在砂泥岩剖面，用自然电位曲线如何判断地层渗透性好坏？
2. 用自然电位曲线如何判断水淹层？
3. 自然电位曲线的应用有哪些？

项目三　侧向测井

任务一　三电极侧向测井

任务描述

侧向测井也称屏蔽测井或直流聚焦测井（富媒体 1-7），它是油田常规测井方法之一，属于电法测井的范畴。侧向测井是在普通电阻率测井的基础上发展起来的、测量精度相对较高的电阻率测井方法。侧向测井根据不同岩石导电能力以及油气和地层水之间电阻率差异，通过准确测量地层电阻率的大小，可以判断岩性、划分高阻层、判断油水层及水淹层等。

富媒体 1-7　侧向测井原理

任务分析

三电极侧向测井是侧向测井中使用最早的侧向测井方法，它采用在主电极两侧增加两个同极性的屏蔽电极的方法，使主电极发出的电流聚焦成一定厚度的平板状电流束径向流入地层，大大减少了井眼中钻井液的分流作用和围岩的影响，从而比较准确测量地层的电阻率，划分地层的能力也大大加强。通过分析电极系结构、主电流的流通路径以及主电极接地电阻的组成，从而明白三电极侧向测井是如何实现直流聚焦的，进而掌握三电极侧向测井曲线的应用。

学习材料

一、三电极侧向测井基本原理

三电极侧向测井（简称三侧向测井）的电极系结构如图 1-32 所示，包括主电极 A_0、

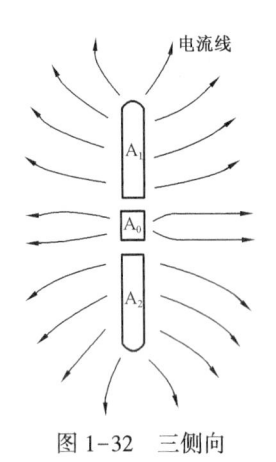

屏蔽电极 A_1 和 A_2。在测井过程中，给主电极 A_0 和屏蔽电极 A_1、A_2 通以相同极性的电流，通过自动调节装置，使 A_1、A_2 的电位始终保持和 A_0 的电位相等。这样，由于 A_1 和 A_2 的屏蔽作用，主电极 A_0 发出的主电流 I_0 被聚焦，呈水平层状进入地层，大大减小了井和围岩的影响，测量结果主要取决于目的层的电阻率，有利于研究薄层。

在主电极电流 I_0 恒定的条件下，测量主电极与远电极 N 之间的电位差 ΔV，则视电阻率可由下式表示：

$$R_a = K \frac{\Delta V}{I_0} \tag{1-35}$$

图 1-32 三侧向测井原理图

式中 I_0——主电极的电流强度；
ΔV——主电极与远电极之间的电位差；
K——电极系数。

由于远电极 N 距主电极 A_0 较远，可以认为其电位为零，所以 ΔV 可写成主电极电位 V，则式(1-35) 可写成

$$R_a = K \frac{V}{I_0} \tag{1-36}$$

式中 V/I_0——主电极的接地电阻（用 r_0 表示），它表示水平层状的主电极电流从电极表面到无限远之间介质的电阻。

因此有

$$R_a = K r_0 \tag{1-37}$$

所以，三侧向测井测出的视电阻率实际上反映了主电极的接地电阻的大小。

由于主电极电流成层状水平进入地层，它的接地电阻可以认为是电流水平流动时先后遇到钻井液、侵入带和原状地层部分径向电阻 r_m、r_i、r_t 的串联，其等效电路如图 1-33 所示：

$$r_0 = r_m + r_i + r_t \tag{1-38}$$

式中 r_0——主电极的接地电阻，Ω；
r_m——钻井液的电阻，Ω；
r_i——钻井液侵入带的电阻，Ω；
r_t——地层的电阻，Ω。

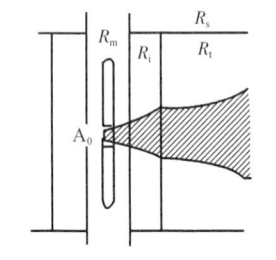

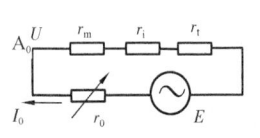

图 1-33 主电流流过的介质及等效电路

当电极系聚焦能力较强时，r_m、r_i 的影响就相对减小，接地电阻 r_0 的大小主要受地层电阻 r_t 的影响；反之，当聚焦能力较差时，r_t 对 r_0 的影响就比较小，对 r_m、r_i 的影响就相对增加。

目前中国一些油田采用两种不同探测深度（深浅三侧向）的组合测井仪。电极系的结构如图 1-34 所示。这种测井仪下一次井可以同时测出两条视电阻率曲线，可以采用重叠比较的方法来判断油层、水层。深三侧向屏蔽电极长，探测深度大，主要反映原状地层的电阻率；浅三侧向屏蔽电极短，探测深度小，主要反映井眼附近介质的电阻率。

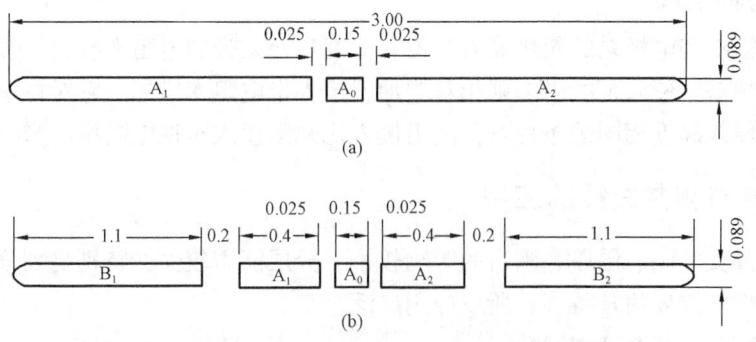

图 1-34 三侧向测井电极系结构（图中数据的单位是米）
(a) 深三侧向测井电极系；(b) 浅三侧向测井电极系

二、影响三侧向测井视电阻率的因素

三侧向测井视电阻率主要受电极系系数和地层参数的影响。电极系系数的影响是固定值，一般选用井径的 10 倍左右作为三侧向测井电极的总长，用井径的 0.4 倍左右作为三侧向测井电极系的直径，即可测得较理想的曲线。

地层参数对三侧向测井视电阻率的影响主要有以下三个方面。

1. 层厚及围岩的影响

当岩层厚度大于 4 倍主电极的长度 L_0 时，围岩对测量的视电阻率基本上没有影响；对岩层厚度小于和接近 L_0 的地层，视电阻率受围岩影响比较明显，地层越薄，影响越大。如果围岩是高阻层，由于目的层对电流的吸引作用，可以使视电阻率增大；如果围岩是低阻层，使主电极电流发散，测得高阻层的视电阻率值减小。目的层电阻率越高于（或越低于）围岩的电阻率，视电阻率减小（或增大）也就越明显，如图 1-35 所示。

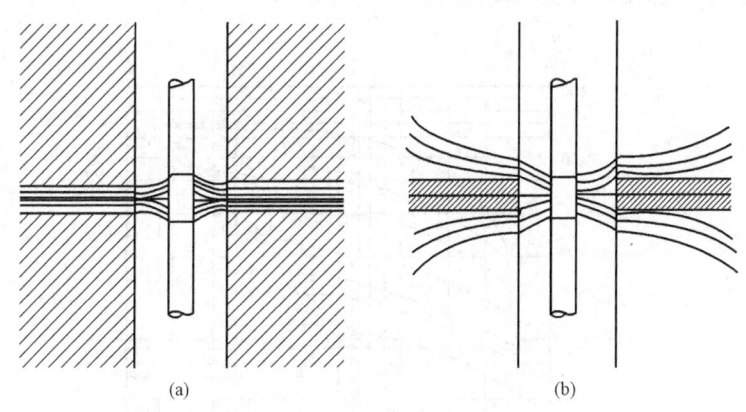

图 1-35 三侧向测井围岩的影响
(a) 在低电阻率薄层中；(b) 在高电阻率薄层中

2. 井径的影响

在高矿化度钻井液条件下，当井径扩大时，钻井液分流作用明显，电流层的截面积增大，使接地电阻减小，测得的视电阻率值下降。所以，在井径变化较大的情况下，要进行井眼校正。

3. 侵入带的影响

侵入带的影响和电极系的聚焦能力、侵入深度和侵入带的电阻率有关。侵入越深或电极系的聚焦能力越差，侵入带的影响则相对增加；侵入带电阻率增加，它对视电阻率的影响也相对增加。在侵入深度相同的条件下，增阻侵入比减阻侵入对视电阻率的影响要大。

三、三侧向测井曲线的应用

三侧向测井受井眼、层厚、围岩的影响较小，分层能力较强，特别是划分高阻薄层比普通电极系电阻率曲线要清楚得多，所以应用广泛。

1. 判断岩性，划分地层

在砂泥岩地层剖面中，泥岩的视电阻率较低，砂岩的视电阻率较高。对应泥岩处，深、浅三侧向曲线基本重合；对应砂岩处，由于钻井液滤液的渗透作用，深、浅三侧向曲线出现幅度差。深侧向视电阻率值大于浅侧向视电阻率值时，为正差异（深侧向曲线的电阻率值大于浅侧向曲线的电阻率值）；若相反，则为负差异（深侧向曲线的电阻率值小于浅侧向曲线的电阻率值）。

在碳酸盐岩地层剖面中，随着岩层中泥质含量的增多，三侧向测井的视电阻率值降低。在孔隙或裂缝带，深、浅三侧向曲线也出现正或负幅度差。

根据岩性及曲线上的界面特征，可以划分出不同的地层。

2. 划分油（气）、水层

油气层多为减阻侵入，深、浅三侧向曲线出现正差异；而水层多为增阻侵入，深、浅三侧向曲线出现负差异。利用深、浅三侧向曲线的重叠情况，可以直接划分出油（气）、水层。

3. 确定地层电阻率

利用三侧向的视电阻率确定地层电阻率时和普通电极系一样，仍然遇到三个未知数，如果侵入带的电阻率已知（用微侧向测井求得），可以利用深、浅三侧向的侵入校正图版（图1-36）求地层真电阻率和侵入带直径。

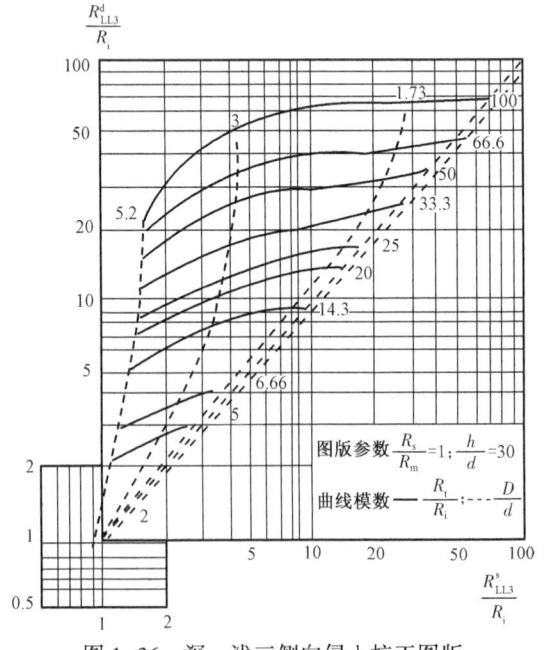

图1-36 深、浅三侧向侵入校正图版

任务实施

一、任务内容

通过本任务的学习，了解什么是侧向测井，了解三电极侧向测井的基本原理，完成任务考核内容。

二、任务要求

(1) 掌握影响三侧向视电阻率的因素；
(2) 掌握三侧向测井曲线的应用；
(3) 任务完成时间：20分钟。

任务考核

一、判断题

1. 侧向测井和普通电阻率测井都是测量储层电阻率的测井方法。（　　）
2. 主电极越长，侧向测井仪器的分辨率越高。（　　）
3. 回路电极离屏蔽电极（聚焦电极）越近，仪器的径向探测深度越大。（　　）
4. 深、浅三侧向电阻率曲线重叠能定性判断油水层。当出现负幅度差时为油层，反之为水层。（　　）
5. 油层水淹后，侧向测井的正幅度差变大。（　　）

二、选择题

1. 侧向测井是一种（　　）测井。
    A. 感应　　　　　B. 聚焦　　　　　C. 声波　　　　　D. 核
2. 三侧向测井仪器电极为（　　）。
    A. 环状　　　　　B. 柱状　　　　　C. 条状　　　　　D. 板状
3. 侧向测井适合于（　　）。
    A. 盐水钻井液　　　　　　　　B. 淡水钻井液
    C. 油基钻井液　　　　　　　　D. 空气钻井
4. 水层在三侧向测井曲线上呈现（　　）。
    A. 正幅度差　　　　　　　　　B. 负幅度差
    C. 无幅度差　　　　　　　　　D. 较小幅度差

三、简答题

1. 三侧向测井采用什么方法聚集主电流？
2. 三侧向测井曲线有哪些主要应用？
3. 为什么可用深、浅三侧向测井曲线重叠法判断油水层？
4. 侧向测井与普通电阻率测井相比有什么优点？

任务二 七电极侧向测井和双侧向测井

📋 任务描述

双侧向测井仪适合在盐水钻井液、高电阻率、薄地层中应用,具有分层能力强、受盐水钻井液影响小的特点,并可通过两种不同探测深度的电阻率曲线资料,利用曲线重叠法判断侵入性质,求解地层电阻率,判断油水层。通过本任务的学习,主要要求学生理解双侧向测井原理、双侧向测井曲线影响因素及资料解释应用,使学生具备双侧向测井曲线分析解释应用能力。

👥 任务分析

七电极侧向测井和双侧向测井是在三侧向测井基础上发展而来的,七电极侧向测井增加了四个监督电极,增强了电极系参数调节范围。双侧向测井采用了三侧向的柱状屏蔽电极和七侧向的监督电极,加强了对主电流的聚焦,增强了分辨能力,目前认为是一种最好的侧向测井法。通过电极系结构和主电流的流通路径分析,掌握双侧向测井是如何实现深浅两个电阻率测量,进而根据油水层侵入特征的不同,掌握曲线重叠法,快速、直观地判断油水层等应用。

💼 学习材料

一、七电极侧向测井

七电极侧向测井简称七侧向测井。它由七个体积较小的环状电极组成,把柱状电极改变为环状电极,同时增加了两对(四个)监督电极,使聚焦作用更强,探测深度更大,如图1-37所示。

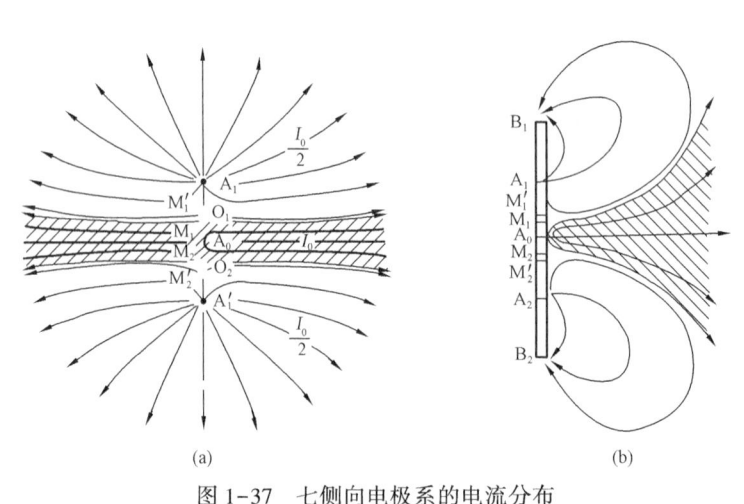

图1-37 七侧向电极系的电流分布
(a) 深七侧向;(b) 浅七侧向

1. 基本原理

1) 使电流纵向聚焦

中心电极 A_0 称为主电极,与普通电极系的供电电极类似。在主电极的上下对称放置屏

蔽电极 A_1 和 A_2，A_1 和 A_2 用导线相连。三个电极流出的电流极性相同，A_0 流出主电流 I_0；A_1 和 A_2 流出屏蔽电流，各为 $I_0/2$。因电流同性相斥，主电流被纵向聚焦成薄板状流向地层，从而减小了井眼及围岩的影响，提高了纵向分辨能力。

2) 在主电流附近井眼内造成绝缘层

在主电极与屏蔽电极之间放置两对监督电极 M_1 与 M_1' 或 M_2 与 M_2'，用导线分别将 M_1 和 M_2、M_1' 和 M_2' 相连。用监督电极间的电位差 $\Delta U_{M_1M_1'}$ 及 $\Delta U_{M_2M_2'}$ 调节屏蔽电流的大小，使 $\Delta U_{M_1M_1'}=0$，即 M_1、M_1'、M_2、M_2' 四个电极的电位相同。因等电位点之间不可能有电流流动，使 M_1 与 M_1' 之间和 M_2 与 M_2' 之间形成两个绝缘层，主电流和屏蔽电流都不能穿过它们，而只能在其附近流向地层，从而使井眼和围岩的影响大大减小。

3) 在远处或近处设置电流回路电极控制主电流发散

深七侧向的回路电极 B 在屏蔽电极 A_1 的上方，相距约 15m，这使主电流呈薄板状深入地层相当远以后才发散，能探测到地层原状电阻率 R_t；而浅七侧向的回路电极 B_1 和 B_2 分别设在屏蔽电极 A_1 和 A_2 两侧，相距约 0.5m，使主电流在井眼附近就开始发散，只能探测侵入带电阻率 R_{xo}。

七侧向的视电阻率公式为

$$R_a = K \frac{U_{A_0}}{I_0} \tag{1-39}$$

式中　K——电极系数，可通过理论计算或由实验求得。

2. 七电极侧向测井曲线的特点与应用

七侧向视电阻率曲线与三侧向视电阻率曲线相似。图 1-38 是利用电模型试验对不同厚度的单一高电阻率地层测得的视电阻率曲线。图 1-38(a) 是在上下围岩电阻率相同时测出的，图 1-38(b) 是在上下围岩电阻率不同时测出的。从曲线上可看出：

(1) 当上下围岩电阻率相同时，单一地层曲线形状对地层中心对称；上下围岩电阻率不同时，曲线不对称。

(2) 曲线的宽度比地层厚度小一个电极距。确定界面时，先定曲线的拐点（大约在曲线半幅点处），然后由拐点向上、下各定出半个电极距便是地层顶底界面的位置。如果地层变薄，地层界面移向曲线的顶端。层厚小于电极距时，用侧向测井曲线不能准确地划分地层界面。

根据七侧向测井曲线的特点，应用它可以判断岩性剖面和划分油（气）、水层，估算地层电阻率。与三侧向大致相同，也可采用对比深、浅七侧向曲线幅度的方法。

图 1-39 为某井砂泥岩剖面的实测综合测井曲线。该井为钻井取心井，在该井段处 $R_w = 0.04\Omega \cdot m$，右侧为解释结果，涂黑表示油层（2 号层），斜线表示水层（9 号层）。该井在深、浅三侧向和深、浅七侧向曲线上，油水层显示清楚，曲线解释和取心证实相符。

二、双侧向测井

双侧向测井是在七侧向和三侧向的基础上发展起来的一种深、浅侧向的组合测井（富媒体 1-8），目前认为是一种最好的侧向测井法。

富媒体 1-8
双侧向测井

1. 双侧向测井原理

双侧向是深侧向与浅侧向的组合，如图 1-40 所示。深侧向（LLD）的

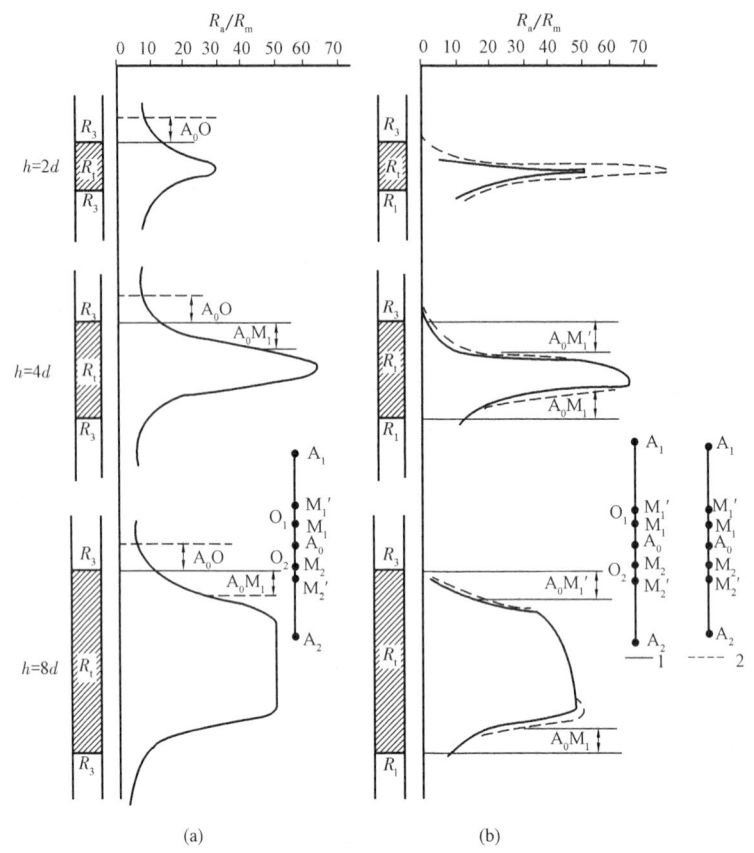

图 1-38 不同厚度地层的七侧向曲线
(a) 上下围岩电阻率相同；(b) 上下围岩电阻率不同

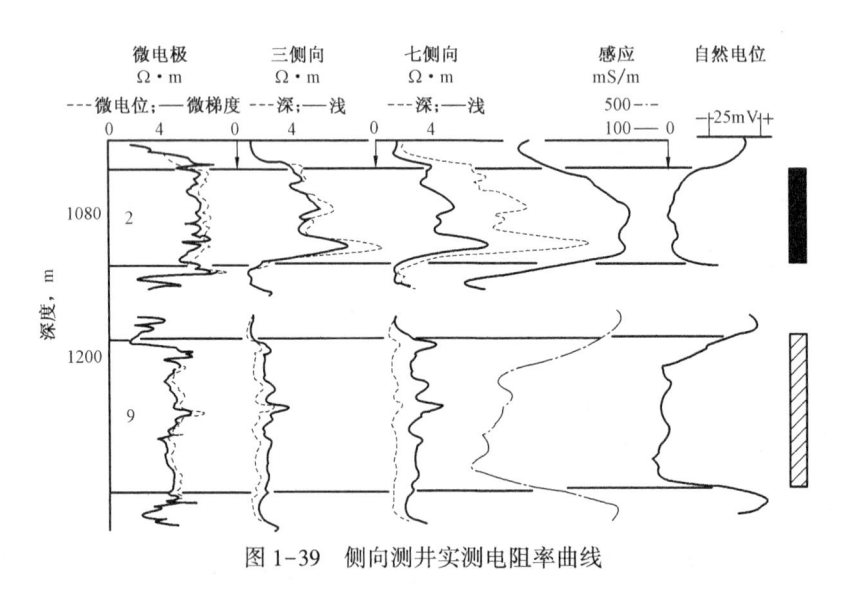

图 1-39 侧向测井实测电阻率曲线

电极系和浅侧向（LLS）的电极系结构相同：图左侧深侧向的屏蔽电极 $A_1 A_2$（$A_1' A_2'$）双屏蔽，它的探测深度比三、七侧向都大；图右侧浅侧向电极系的电极（$A_1' A_2'$）作为电流返回电极，使主电流扩散，探测深度变浅，比三、七侧向浅得多。

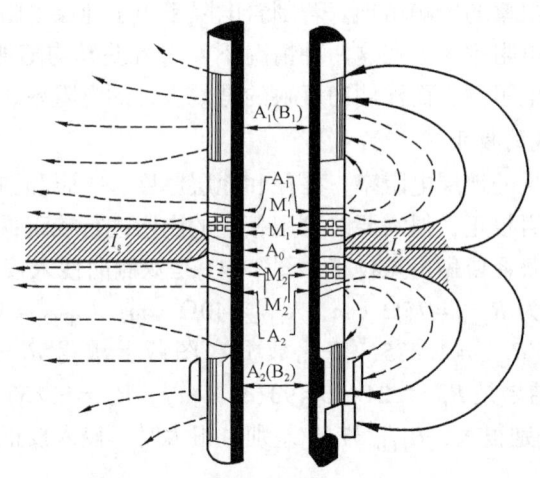

图 1-40 双侧向电极系的电流分布

双侧向测井的测量原理与七侧向类似。A_0 为主电极，M_1、M_2、M_1'、M_2' 为测量电极，A_1 与 A_2 电极合并为上屏蔽电极，A_1' 与 A_2' 电极合并为下屏蔽电极，由屏蔽电极发射屏蔽电流 I_s。测井时，调节屏蔽电流 I_s，使 $M_1 M_2$（$M_1' M_2'$）之间没有电流流动，两对监督电极的电位差为零，保证主电极 A_0 流出的主电流强度一定，测量任一监督电极 M_1（M_2）与地面电极 N 的电位差。双侧向视电阻率的计算公式如下：

$$R_{LLD} = K_D \frac{\Delta V}{I} \quad (1-40)$$

$$R_{LLS} = K_S \frac{\Delta V}{I} \quad (1-41)$$

式中　K_D——深侧向电极系系数；
　　　K_S——浅侧向电极系系数；
　　　R_{LLD}——深侧向视电阻率；
　　　R_{LLS}——浅侧向视电阻率。

2. 双侧向测井的特点

1）实现了深、浅侧向的组合

前面讲过的三侧向、七侧向测井各有优缺点。三侧向受围岩影响小，但探测深度浅；七侧向增大了探测范围，但围岩影响较大，给划分薄层带来困难。双侧向测井的电极系结构吸取了这两者的优点，测量条件完全相同，采用分频或分时的测量方式，使曲线可比性更强。

2）扩大了探测范围

由于深侧向两侧各有3m长的柱状电极作为辅助屏蔽电极，并将回流设在地面，这就大大增加了对主电流的聚焦作用，使主电流层水平径向流动的范围相当大，其探测深度明显大于其他侧向测井；而浅侧向将该柱状电极作为主电流和屏蔽电流的回流电极，使主电流在一定范围内保持水平层状，能迅速散开，在地层内流经的范围有限，低于其他侧向测井。

3）深、浅双侧向曲线特点

当上下围岩的电阻率相同时，双侧向测井曲线关于地层中心对称。随着地层厚度的减小，围岩电阻率对视电阻率的影响增加。若围岩电阻率小于地层电阻率，则视电阻率小于地层电阻率；反之，则视电阻率大。在这两种情况下，二者差异均随地层厚度的减小而增加。深侧向反映原状地层的电阻率，而浅侧向反映的是侵入带的电阻率。

4) 双侧向测井曲线的校正

研究表明，对于常见的地层电阻率、井径和地层厚度，井眼和围岩对双侧向的影响是很小的，可不做井眼和围岩校正，但需要时可用相应的图版进行校正；钻井液侵入的影响一般也可不校正，但严格的解释要做侵入校正。图 1-41 是双侧向侵入校正图版，某井在井深为 1774m 处的双侧向数据为 $R_{LLD}=75\Omega\cdot m$，$R_{LLS}=40\Omega\cdot m$，$R_{MSFL}=3\Omega\cdot m$。设 $R_{xo}=R_{MSFL}$，则 $R_{LLD}/R_{xo}=25$，$R_{LLD}/R_{LLS}=1.875$，按此数据在图版上求得 $d_i=24$in，$R_t/R_{LLD}=1.24$，$R_t/R_{xo}=33$。于是校正结果是 $R_t=1.24\times75=93(\Omega\cdot m)$，$R_{xo}=93/33=2.8(\Omega\cdot m)$。由此可见，当 R_{MSFL} 与 R_{LLD} 差别很大，R_{LLD} 与 R_t 差别也很大时，侵入校正是很必要的。

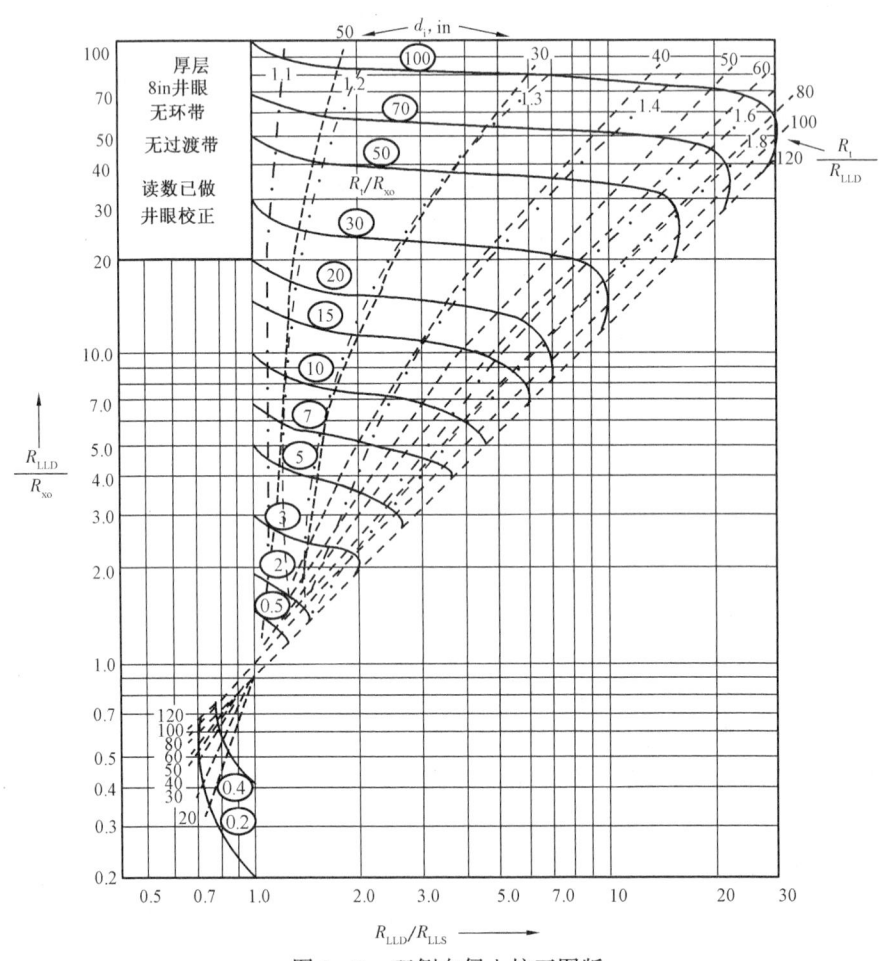

图 1-41 双侧向侵入校正图版

3. 双侧向测井曲线的应用

由于双侧向测井探测深度比三侧向深，同时，深、浅双侧向的纵向分层能力相同，因此，双侧向测井曲线便于对比，主要用于以下几方面：

1）划分岩性剖面

由于电极距较小，双侧向测井曲线的纵向分层能力强，适于划分薄层。

2）确定地层真电阻率及孔隙流体性质，定性判断油、水层

在实际测井曲线上，实线为深侧向，虚线为浅侧向。双侧向视电阻率曲线在地层界面内的变化反映地层性质差别或有变化。对应气层，电阻率很高；对应油层，电阻率中等；对应水层，电阻率很低；从油层到水层，电阻率逐渐降低（油水同层）。油气层和水层在侵入性质上也有差别：油气层为低侵，$R_{LLD}>R_{MSFL}$；水层为高侵，$R_{LLD}<R_{MSFL}$。

任务实施

一、任务内容

理解七电极侧向测井和双侧向测井的基本原理，掌握双侧向测井曲线的应用，完成任务考核内容。

二、任务要求

(1) 掌握七侧向测井曲线的应用；
(2) 掌握双侧向测井的原理；
(3) 完成任务考核时间：20分钟。

任务考核

一、判断题

1. 屏蔽电极长度影响双侧向的分层能力，电极距长度决定双侧向的探测深度。（   ）
2. 双侧向测井的深、浅视电阻率曲线重叠，可以快速直观判断油（气）、水层。（   ）

二、选择题

1. 双侧向测井的深侧向视电阻率主要反映（   ）。
   A. 原状地层电阻率　　　　　　B. 侵入带电阻率
   C. 冲洗带电阻率　　　　　　　D. 地层水电阻率
2. 双侧向测井的浅侧向视电阻率主要反映（   ）。
   A. 原状地层电阻率　　　　　　B. 侵入带电阻率
   C. 泥岩电阻率　　　　　　　　D. 地层水电阻率
3. 双侧向仪器一般与（   ）仪器组合使用。
   A. 微球　　　　　B. HDT　　　　　C. 感应　　　　　D. 声波

三、简答题

1. 在什么条件下应用双侧向测井？双侧向测井读数主要反映了什么？
2. 双侧向仪器，深浅侧向采用不同的测量频率，它们分别是多少？

项目四　微电阻率测井

任务一　微电极测井

📨 任务描述

微电极测井具有高分辨率的特征，主要用于划分薄层、计算地层有效厚度、确定冲洗带电阻率，本任务主要介绍微电极测井方法的原理、应用，对比微电极测井方法的优缺点。通过本任务的学习，主要要求学生理解掌握微电极测井的原理、微电极测井资料的应用。

富媒体 1-9　微电阻率测井原理

富媒体 1-10　微电阻率测井

任务分析

微电极测井是在普通电阻率测井的基础上发展来的一种测井方法，它采用特制的微电极测井井壁附近地层的电阻率。普通电阻率测井划分出高阻层，但它不能区分这个高阻层是致密层还是渗透层，另外，在含油气地区经常遇到砂泥岩的薄交互层，而由于普通电极系的电极距较长，尽管能增加探测深度，但难以划分薄层。因此，为解决上述实际问题。在普通电极系的基础上，采用了电极距很小的微电极测井。

学习材料

一、微电极测井原理

微电极测井是采用特制的微电极系沿井身贴靠井壁进行视电阻率测量的一种测井方法。

微电极系结构见图 1-42。在微电极系主体上装有三个弹簧片扶正器，相邻弹簧片之间的夹角为 120°（或用两个正对弹簧片）。在其中一个弹簧片上装有硬橡胶绝缘板。将供电电极 A 和测量电极 M_1、M_2 按排列嵌在绝缘板上（各电极间距为 0.025m）。弹簧片扶正器使电极紧贴在井壁上，以克服钻井液对测量结果的影响。

通过将 A、M_1、M_2 三个电极接入不同回路，可以组成两个不同类型的微电极系。其中，$A0.025M_10.025M_2$ 为微梯度电极系（A 极供电，M_1、M_2 测量），其电极距为 0.0375m；$A0.05M_2$ 组成微电位电极系（A 极供电，M_2 测量），其电极距为 0.05m（图 1-43），以保证微电位电极系和微梯度电极系在相同的接触条件下同时测量。由于两种微电极系的电极距不同，它们的探测深度也不同。微梯度电极系测井的探测深度约为 40mm，微电位电极系的探测深度约为 100mm。在非渗透层处，无论探测深度大小，都反映泥岩的电阻率；而在渗透层处，微梯度测量结果主要反映滤饼的电阻率，微电位测量结果主要反映冲洗带电阻率。一般来说，冲洗带的电阻率大于滤饼的电阻率（滤饼电阻率一般是钻井液电阻率的 2~3 倍，而冲洗带电阻率比滤饼电阻率要高出 5 倍以上），因此，微电极曲线在非渗透性地层处两曲线重合，在渗透性地层处有幅度差（微电位值大于微梯度值）。

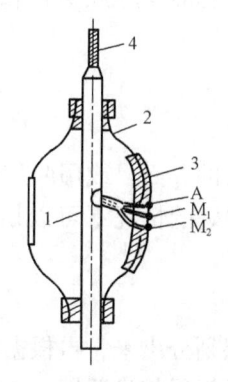

图 1-42 微电极系结构

1—仪器主体；2—弹簧片扶正器；
3—绝缘极板；4—电缆

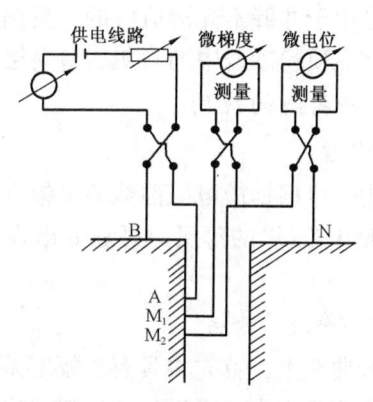

图 1-43 微电极测量原理

微电极系测量的结果虽然受钻井液影响小了，但它受滤饼、侵入带和原状地层的影响，此外还与极板的形状和大小有关，所以测量的结果仍是视电阻率 R_a，其表达式为

$$R_a = K \frac{\Delta U}{I} \tag{1-42}$$

式中　ΔU——电位差，微梯度电极系测井时 $\Delta U = \Delta U_{M_1 M_2}$，微电位电极系测井时 $\Delta U = \Delta U_{M_2 N}$（一般用微电极系主体作 N 电极）；

K——微电极系数，与电极距和极板的形状、大小有关；

I——测量电流。

二、微电极测井曲线及其应用

1. 微电极测井曲线

通常采用重叠法将微电位和微梯度两条视电阻率测井曲线绘制在测井成果图上，见图 1-44。

渗透性地层在微电极测井曲线上有幅度差，如在图 1-44 中 1537～1547m 井段上微电极测井曲线上的显示。

非渗透性地层处的微电极测井曲线无幅度差或者有正负不定的较小的幅度差，见图 1-44 中的 1525～1531m 井段。

泥质粉砂岩渗透性很差，但其电阻率值比泥岩要高，见图 1-44 中 1555～1560m 井段。随着泥质含量的增多，微电极测井曲线幅度降低，且幅度差减小。

非渗透性的石灰岩和白云岩的薄夹层在微电极测井曲线上视电阻率读数最高（呈现尖峰状），且两条曲线重合或者可见到正负不

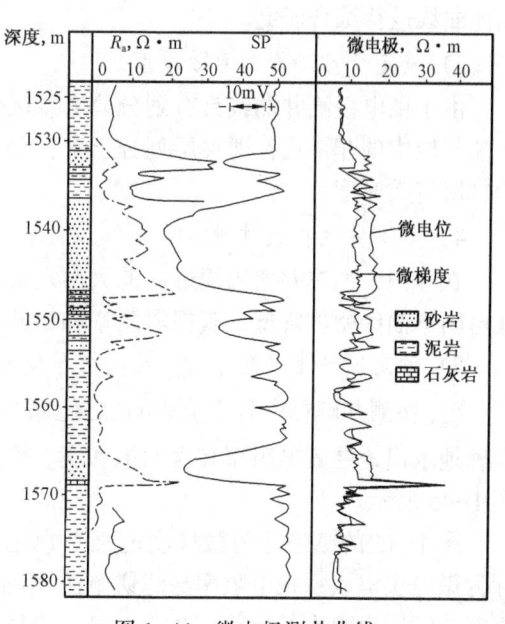

图 1-44 微电极测井曲线

定的幅度差，这是由于井壁不光滑造成的，见图1-44中1568~1568.7m井段曲线特点，此井段是夹在砂岩和泥质粉砂岩中的石灰岩薄夹层。

2. 微电极测井曲线的应用

1）确定岩层界面

在生产实践中，可根据微电极曲线的半幅点确定地层的界面，或用两条曲线的转折点划分岩层界面。一般0.2m厚的薄层均可划分出来，在条件好的情况下可以划分出0.1m厚的薄层。

2）划分岩性和渗透性地层

在微电极测井曲线上，首先将具有正幅度差的渗透层划分出来，再根据微电极测井曲线的幅度大小和幅度差的大小，可以详细地划分岩性和判断岩层的渗透性。几种常见的岩层在微电极测井曲线上的特征如下：

（1）含油砂岩和含水砂岩，一般都有明显的幅度差。如果岩性相同，则含水砂岩的幅度和幅度差都略低于含油砂岩，砂岩含油性越好，这种差别越明显，这是由于含油砂岩的冲洗带中有残余油存在。如果砂岩含泥质较多，含油性较差，则微电极测井曲线幅度和幅度差均要降低。

（2）泥岩，微电极测井曲线幅度低，没有幅度差或有很小的正负不定的幅度差。当泥岩很致密时，曲线幅度升高。

（3）致密石灰岩，微电极测井曲线幅度特别高，常呈锯齿状，有幅度不大的正幅度差或负幅度差。

（4）灰质砂岩，微电极测井曲线幅度比普通砂岩的高，但幅度差比普通砂岩的小。

（5）生物灰岩，微电极测井曲线幅度很高，正幅度差特别大。

（6）孔隙性、裂缝型石灰岩，微电极测井曲线幅度比致密石灰岩的低得多，一般有明显的正幅度差。

根据上述特征，可以估计剖面岩层的岩性，但为了更准确地划分岩性剖面，还需要参考其他曲线进行综合研究。

3）确定含油砂岩的有效厚度

由于微电极测井曲线具有划分薄层、区分渗透性和非渗透性地层两大特点，所以利用它将油气层中的非渗透性薄夹层划分出来，并将其厚度从含油气井段的总厚度中扣除，就得到油气层有效厚度。

4）确定井径扩大井段

在井内，如有井壁坍塌形成的大洞穴或石灰岩的大溶洞，微电极系的极板悬空，所测的视电阻率曲线幅度降低，其视电阻率和钻井液电阻率基本相同。

5）确定冲洗带电阻率R_{xo}及滤饼厚度h_{mc}

R_{xo}在测井解释中是个重要的过渡参数。在侵入较深的地层中，得到了R_{xo}值就可以较准确地求出地层真电阻率和含油饱和度。确定R_{xo}和h_{mc}的值常用微电极曲线解释图版，如图1-45所示。

图1-45的纵坐标为微梯度电极系视电阻率与滤饼电阻率的比值（$R_{微梯度}/R_{mc}$），横坐标为微电位电极系视电阻率与滤饼电阻率的比值（$R_{微电位}/R_{mc}$）。实线曲线数字为冲洗带电阻率与滤饼电阻率的比值（R_{xo}/R_{mc}）；虚线曲线数字是滤饼厚度h_{mc}（单位为mm）。

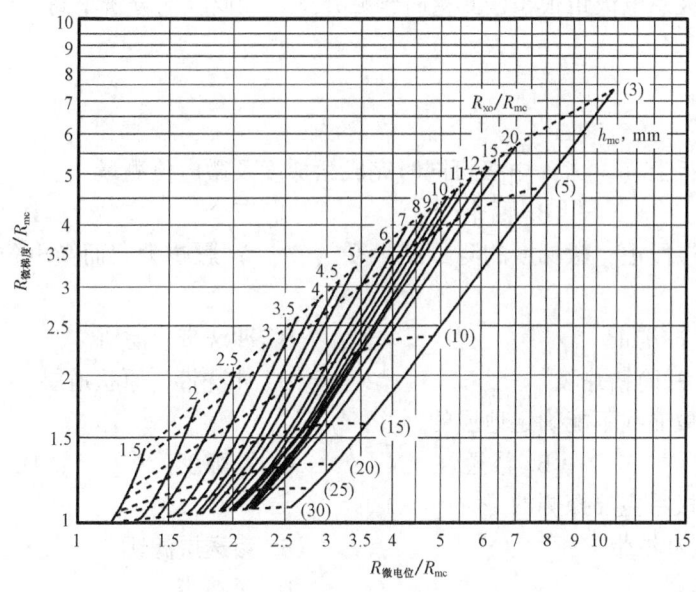

图 1-45 微电极曲线解释图版
井径为 9¾in（24.765cm）

确定 R_{xo} 及 h_{mc} 的步骤如下：
(1) 在微电极测井曲线上读出目的层处的 $R_{微梯度}$ 及 $R_{微电位}$（读平均值）。
(2) 滤饼电阻率 R_{mc} 可以用图版确定。
(3) 算出 $R_{微梯度}/R_{mc}$ 和 $R_{微电位}/R_{mc}$。
(4) 根据井径大小选取微电极测井曲线解释图版。在图版上以 $R_{微电位}/R_{mc}$ 为横坐标，以 $R_{微梯度}/R_{mc}$ 为纵坐标投点，然后读出通过该点的实线曲线数字 μ 值（或用内插法求出 μ 值），则冲洗带电阻率 R_{xo} 可用下式计算：

$$R_{xo}=\mu R_{mc}$$

(5) 读出通过该点虚线的曲线数字，即滤饼厚度 h_{mc}。

任务实施

一、任务内容

理解微电极测井的基本原理，能用微电极测井曲线初步判断岩性，划分地层，完成任务考核内容。

二、任务要求

(1) 掌握微电极测井曲线的应用；
(2) 任务完成时间：20 分钟。

任务考核

一、判断题

1. 在微电阻率测井方法中，微电极测井的测量精度最高。　　　　　　　　（　　）

2. 由于微电极系电极距很小，测量时紧贴井壁，因此纵向分辨率高、探测深度浅。
　　　　　　　　　　　　　　　　　　　　　　　　　　　　　　　　（　　）

二、选择题

1. 微电极极板上（　　）电极可同时完成微梯度及微电位测量。
   A. 一个　　　　　　B. 两个　　　　　　C. 三个　　　　　　D. 四个
2. 在渗透性层段上，微梯度的测量结果受（　　）影响大，而微电位主要受（　　）的影响。
   A. 滤饼、冲洗带　　　　　　　　　　B. 冲洗带、滤饼
   C. 滤饼、井筒钻井液　　　　　　　　D. 冲洗带、原状地层
3. 利用微电极曲线不能确定地层的（　　）。
   A. 岩性　　　　　B. 渗透性　　　　　C. 孔隙度　　　　　D. 地层界面
4. 微电位电极系主要探测的是（　　）。
   A. 渗透层冲洗带　　　　　　　　　　B. 渗透层滤饼
   C. 原状地层　　　　　　　　　　　　D. 过渡带
5. 微电极曲线探测范围（　　），纵向分辨能力（　　）。
   A. 小　强　　　　　　　　　　　　　B. 小　弱
   C. 大　强　　　　　　　　　　　　　D. 大　弱

任务二　微侧向测井和邻近侧向测井

📝 任务描述

微侧向测井是在普通电极系的基础上加上聚焦装置而得出的，它降低了井眼、围岩的影响。由于探测深度较浅，所测得视电阻率，可用来确定钻井液滤液冲洗带电阻率 R。它与双侧向组合可确定地层岩性、划分薄层、确定油或水饱和度等。邻近侧向测井由三个电极构成，电极装在绝缘极板上，借助推靠器压向井壁。邻近侧向测井的探测范围明显大于微侧向测井，滤饼影响小。

👥 任务分析

微侧向测井可测得微侧向和井径两条曲线，其中井径曲线是辅助曲线，用来定性判断极板贴井壁情况。目前我们面临的形势是：一方面是井况变差，随着油田勘探开发工作的不断深入，勘探层位也逐步地向较深地层发展；另一方面，对测井资料质量、测井时效的要求不断提高。

💼 学习材料

一、微侧向测井

1. 微侧向测井的原理

微侧向测井电极系是在微电极系的基础上加上聚焦装置而得出的，由中心电极（主电

极)A_0、与主电极同心的环状测量电极(M_1、M_2)、屏蔽电极A_1组成。通常,它们之间的距离是$A_0 0.016M_1 0.012M_2 0.012A_1$。这些电极都装在绝缘极板上,极板靠弹簧压在井壁上,如图1-46所示。在测量过程中,主电极A_0的电流保持恒定,由屏蔽电极A_1流出的电流极性和A_0的一样,其大小可自动调节,使M_1与M_2之间的电位差为零。由于N电极在无穷远处,所以测量电极M_1(或M_2)和参考电极N之间的电位差就等于M_1的电位U_{M_1}。测得的电位U_{M_1}和地层的电阻率成正比,其视电阻率用下式表示:

$$R_{MLL} = K \frac{U_{M_1}}{I_0} \tag{1-43}$$

式中 K——微侧向电极系数;
　　U_{M_1}——测量电位;
　　I_0——主电流。

由于主电流I_0受屏蔽电极A_1电流的屏蔽作用,所以被约束成束状沿垂直于井轴的方向流入井壁附近地层。该电流束的直径等于M_1和M_2两环状电极的平均直径,即大约44mm。离开井壁越远,电流束就越分散。根据实验证明,由主电极A_0产生的电压降主要分布在离电极系80mm的范围内,所以,微侧向测井探测深度较浅,所测量的视电阻率可用来确定冲洗带电阻率R_{xo}。

图1-47说明微侧向和普通微电极测井受到滤饼的影响截然不同。普通微电极系受滤饼影响较大。而微侧向电极系有聚焦装置,主电流被聚焦成束状沿垂直于井壁的方向流入地层,电流流经滤饼的距离比流经冲洗带的距离小得多,并且滤饼的电阻率又比冲洗带电阻小很多,所以滤饼对测量的视电阻率影响较小。另外,极板和井壁接触不良的影响也明显减小。

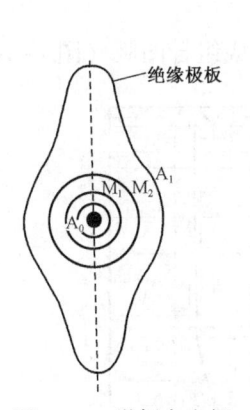

图1-46 微侧向电极

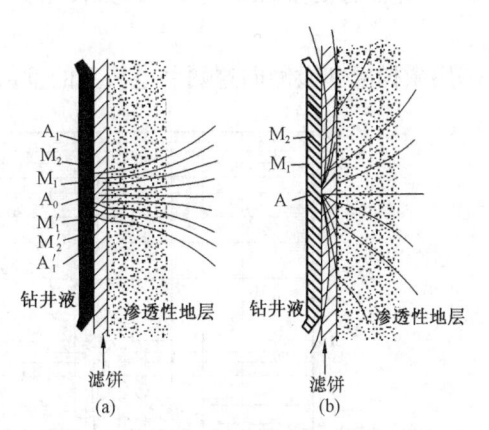

图1-47 微侧向测井和普通微电极电流分布
(a)微侧向测井电流分布;
(b)普通微电极测井电流分布

2. 微侧向测井曲线的应用

1)划分薄层

由于微侧向测井主电流层厚度很小,约44mm,所以它的纵向分层能力强,可以划分出厚度约50mm的薄层。

2) 利用微侧向测井测出的视电阻率 R_{MLL} 确定 R_{xo}

已知微侧向测井曲线在渗透层处的读数 R_{MLL}、地层温度下的滤饼电阻率 R_{mc}、滤饼厚度 h_{mc}（可由井径曲线确定），利用图 1-48 可以确定 R_{xo}，步骤如下：

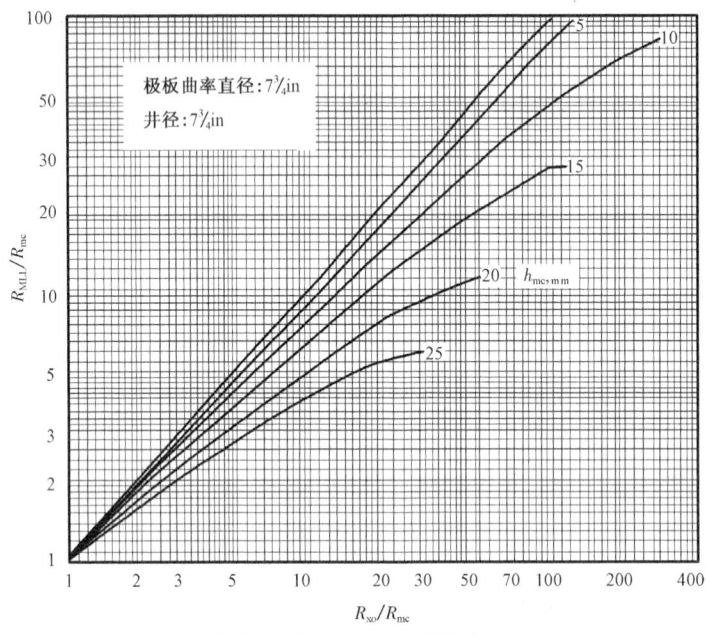

图 1-48 微侧向解释图版

在图版左边纵轴上找出比值 R_{MLL}/R_{mc} 的点，过此点作直线与估计滤饼厚度为 h_{mc} 的曲线相交，读出交点的横坐标值 δ（δ 称为校正系数，$\delta = R_{xo}/R_{mc}$），就可得到 $R_{xo} = \delta R_{mc}$ 的值。

另外，利用微梯度和微侧向这两种电极系的读数可绘制成组合图版（图 1-49）。

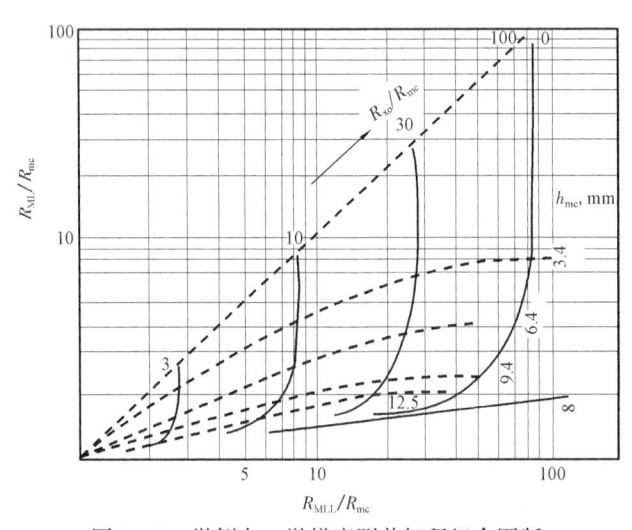

图 1-49 微侧向—微梯度测井解释组合图版

图 1-49 的横坐标轴是微侧向测井测的视电阻率 R_{MLL} 和滤饼电阻率 R_{mc} 的比值，纵坐标

是微梯度测井的视电阻率 R_{ML} 和滤饼电阻率 R_{mc} 的比值。实线数字是 R_{xo}/R_{mc}；虚线数字是滤饼厚度 h_{mc}（以 mm 为单位）。根据该图版可以同时确定出 R_{xo} 及 h_{mc}。

从图 1-49 可以看出，当滤饼厚度 h_{mc}<10mm 时，微侧向测得的视电阻率受滤饼的影响很小；当 h_{mc}>15mm 时，曲线密集，解释精度降低，所求的 R_{xo} 误差较大。因此，为了减少滤饼的影响，求准 R_{xo} 还必须从仪器结构上采取措施。邻近侧向测井就是为了解决这个问题而提出来的。

二、邻近侧向测井

邻近侧向测井电极系在测量方法上与微侧向类似。如图 1-50 所示，它装在较微侧向极板稍大的绝缘极板上，主电极 A_0 呈长方形，屏蔽电极 A_1 为长方形框状，其面积比主电极大很多，以便增加对主电流的聚焦作用。在 A_0 和 A_1 之间，设置长方形环状监督电极 M。由于聚焦面积增大，所以其探测深度比微侧向要稍微深些，能探测到径向深度 150~250mm 范围内的地层电阻率。

实验表明，在侵入较深，即侵入带直径 d_i>1m 时，邻近侧向测井的视电阻率 $R_{PL}=R_{xo}$；如果侵入带直径 d_i<1m，则测量结果将受 R_t 的影响。由此看来，用邻近侧向测井来确定 R_{xo} 也不是最理想的。

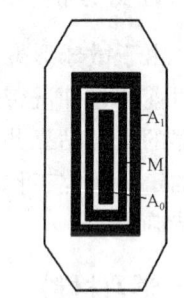

图 1-50　邻近侧向测井电极系

任务实施

一、任务内容

了解微侧向测井的原理，了解邻近侧向测井的基本原理，完成任务考核内容。

二、任务要求

（1）掌握微侧向测井的应用；
（2）掌握邻近侧向测井的应用；
（3）完成任务时间：15 分钟。

任务考核

一、判断题

1. 邻近侧向测井和微侧向测井原理相似。（　　）
2. 所有的微电阻率测井都能参加组合测井。（　　）
3. 用微电极测出的微电位和微梯度曲线均受滤饼影响较大。（　　）
4. 邻近侧向测井视电阻率主要反映原状地层电阻率变化。（　　）

二、选择题

邻近侧向测井测出的视电阻率基本上就是（　　）。
　　A. 钻井液电阻率　　　　　　　　B. 滤饼电阻率
　　C. 冲洗带电阻率　　　　　　　　D. 原状地层电阻率

任务三　微球形聚焦测井

任务描述

微球形聚焦测井是微电阻率测井方法之一，它通过改变电极系的排列和供电方式，使测量的冲洗带电阻率既不受低阻滤饼的影响，又不受原地层电阻率的影响，能更准确地测量出地层冲洗带电阻率。

任务分析

由于微球形聚焦测井特殊的聚焦方式，一般其测量值受滤饼和过渡带影响均较小，是目前测量冲洗带电阻率最有效的测井方法，因而得到广泛应用。由于微球形聚焦测井仪器的极板贴靠井壁，对其测量值的正演计算是典型的三维问题，计算量较大，测井相应的定量研究工作较少，致使薄层情况下的测井响应、特殊侵入条件下的曲线特征等均有待确定。

学习材料

微侧向测井探测深度较浅，受滤饼影响大。当滤饼厚度大于10mm时，带来的误差很大。邻近侧向测井由于探测深度较大，在一定范围内又受地层电阻率 R_t 的影响，它只适用于侵入较深的地层。

理论研究和实践证明，微球形聚焦测井既具备微侧向和邻近侧向测井的优点，也能在较大程度上克服微侧向及邻近侧向测井的缺点。另外，微球形聚焦测井的适用范围宽，在电阻率测井系列中又便于和双侧向测井组合，探明径向电阻率变化，了解钻井液滤液侵入特性。因此，微球形聚焦测井在国内外得到广泛的应用。

一、微球形聚焦测井原理

图1-51是微球形聚焦测井电极系。主电极 A_0 是长方形，依次向外矩形框状电极是测量电极 M_0、辅助电极 A_1、监督电极 M_1 和 M_2，各电极均镶嵌在极板上。极板的金属护套和支撑板作为回流电极 B。主电流 I_0 和辅助电流 I_a 都通过主电极 A_0 发出。I_a 返回到较近的电极 A_1，主电流 I_0 返回到较远的电极 B。所以，I_a 沿滤饼流动，影响它的主要因素是滤饼厚度、滤饼电阻率等。I_0 主要在冲洗带中流动。由于 R_{xo} 在冲洗带范围内是不变的（相当于均匀介质），所以 I_0 的电流线呈辐射状，等位面呈球形，微球形聚焦测井由此得名。这样，I_0 的变化主要反映 R_{xo} 的变化，受滤饼影响很小。测井时，由于微球形聚焦极板紧贴在井壁上，所以，此项测井方法是确定冲洗带电阻率 R_{xo} 较好的方法。

微球形聚焦测井采用恒压法测量，记录的是主电流随井深的变化曲线，电流的变化与介质的电阻率呈反比关系，可求出介质的电阻率。测得的视电阻率 R_{MSFL} 用下式表示：

$$R_{MSFL} = K \frac{\Delta U_{M_0 M_1}}{I_0} \tag{1-44}$$

式中　I_0——主电流；

$\Delta U_{M_0M_1}$——M_0 M_1电极之间的电位差；

K——微球形聚焦测井电极系数。

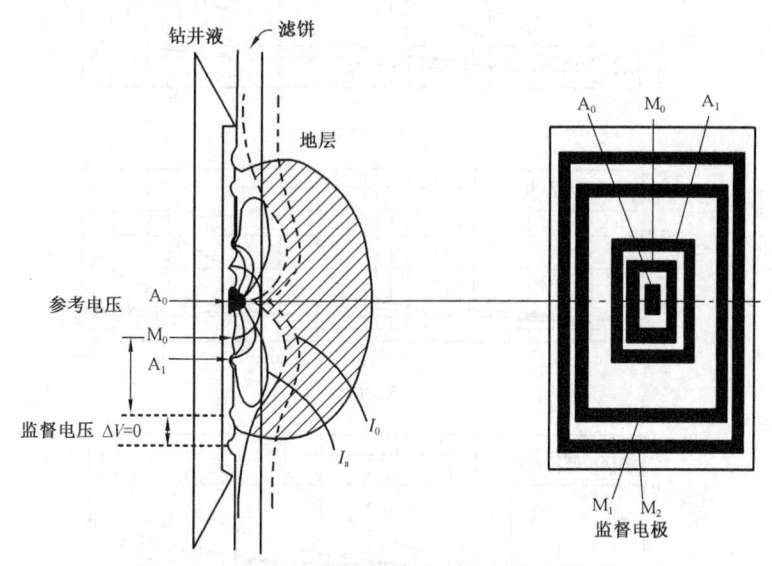

图1-51 微球形聚焦测井电极系及其电场分布

二、微球形聚焦测井资料的应用

1. 确定R_{xo}

从图1-52可看出，微球形聚焦测井受滤饼影响的大小介于微侧向测井和邻近侧向测井。该图由微侧向测井、邻近侧向测井及微球形聚焦测井三张图版组成。微侧向测井只有在滤饼厚度$h_{mc}<6.4mm$时，校正系数$\delta=(R_{MLL})_c/R_{MLL}=1$，这时测出的视电阻率$R_{MLL}\approx R_{xo}$（渗透层处）；若$h_{mc}>6.4mm$，则$\delta>1$，即$R_{MLL}\neq R_{xo}$，必须利用该图版进行滤饼校正。邻近侧向测井$h_{mc}$在6.4~19.1mm范围内时，校正系数$\delta=(R_{PL})_c/R_{PL}=1$，测出的$R_{PL}\approx R_{xo}$；当$h_{mc}>19mm$（例如25.4mm）时，$\delta>1$，则$R_{PL}\neq R_{xo}$，需要利用图版对$R_{PL}$进行滤饼校正。在微球形聚焦测井滤饼校正图版上可看到，h_{mc}在3.18~19.1mm范围内，且比值R_{MSFL}/R_{mc}（R_{mc}为滤饼电阻率）不超过20，则$\delta=1$，即$R_{MSFL}\approx R_{xo}$；只有当滤饼厚度h_{mc}很厚或比值R_{MSFL}/R_{mc}很高时，才用微球形聚焦测井图版对滤饼进行校正。

2. 划分薄层

由于微球形聚焦测井受滤饼影响小，在确定冲洗带电阻率时起着重要作用。另外，由于主电极A_0发出的I_0开始时以很细的电流束穿过滤饼进入地层，这样不仅能减少滤饼的影响，而且也具备了很好的纵向分层能力。在区分渗透层岩性和划分夹层方面，微球形聚焦测井显示出比微电极测井有较大的优越性。

3. 参加组合测井

在组合测井中，微球形聚焦测井与双侧向测井组成浅、中、深三种探测深度，深侧向视电阻率R_{LLD}主要反映地层电阻率的变化，浅侧向视电阻率R_{LLS}主要反映侵入带的电阻率的变化，微球形聚焦测井视电阻率R_{MSFL}主要反映冲洗带的电阻率。利用它们测出的三条视电阻率曲线，可以快速、直观地判断油、气、水层。

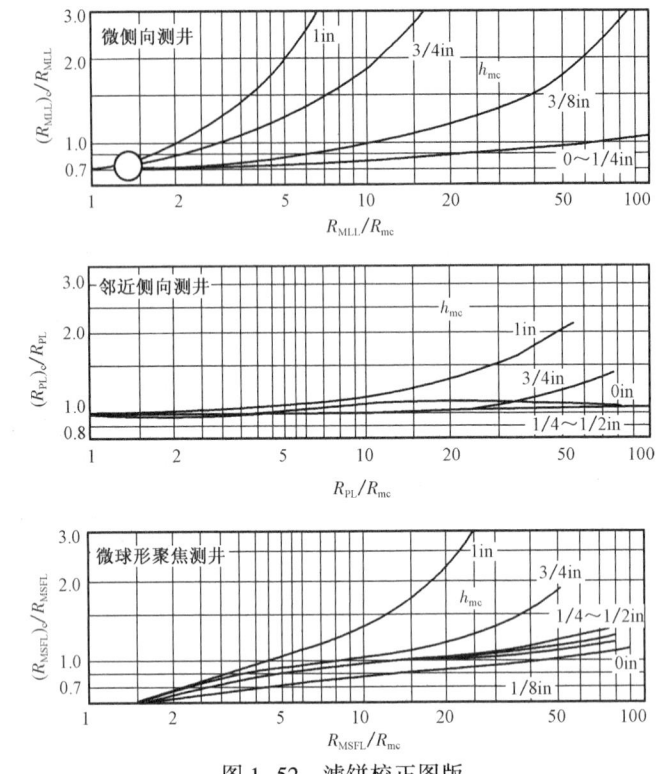

图 1-52　滤饼校正图版

❋ 任务实施

一、任务内容

了解微球形聚焦测井的基本原理，完成任务考核。

二、任务要求

（1）掌握微球形聚焦测井的应用；
（2）完成任务时间：15 分钟。

任务考核

一、判断题

1. 微球形聚焦测井受滤饼影响最大。　　　　　　　　　　　　　　　　　　（　　）
2. 微球形聚焦测井可用于确定冲洗带电阻率。　　　　　　　　　　　　　　（　　）

二、选择题

1. 微球形聚焦测井是一种（　　）测井。
   A. 普通电极系　　　B. 侧向　　　　　　　C. 感应　　　　　　　D. 微电极
2. 微球形聚焦测井测量的视电阻率，主要反映（　　）。

A. 原状地层电阻率　　　　　　B. 冲洗带电阻率
C. 钻井液电阻率　　　　　　　D. 钻井液滤液电阻率

三、简答题

对比四种微电阻率测井的优缺点。

项目五　感应测井

任务一　感应测井原理

📧 任务描述

普通电阻率测井和侧向测井的共同特点是把电极系放在井中，通以直流电（实际是频率不高的交流电），在井中形成电场，通过记录两个电极间的电位差来反映地层视电阻率的变化。这些方法只能在井内钻井液有导电性能时应用，实际条件下，采用油基钻井液和空气钻井以直流电场为基础的测井法便无法进行，为了适应生产需要，产生了利用电磁感应的原理来了解地层导电性的感应测井法（富媒体1-11）。

富媒体 1-11
感应测井

任务分析

感应测井是油田常规测井方法之一，属于电法测井的范畴。感应测井是利用电磁感应原理研究地层导电性的一种测井方法，适用于油基钻井液和淡水钻井液井内测量、低阻油层及砂泥岩交互层的测量，是确定岩层的电导率、对地层流体饱和度定量评价的主要依据之一。

学习材料

一、感应测井原理介绍

图1-53是感应测井的原理图。发射线圈为T，接收线圈为R。Φ_1为发射线圈T在地层中产生的交变磁场的磁通量。线圈周围的导电地层在交变电磁场的作用下，产生感应电流i，它是以井轴为中心的环流，称为涡流。Φ_2为交变电流i在地层中产生的二次磁场的磁通量。感应测井记录的信号就是由于Φ_2的作用在接收线圈R内产生的感应电动势。接收线圈中的感应电动势的大小与环流大小有关，而环流电流的强度又取决于地层的电导率。所以，通过测量接收线圈中的感应电动势便可了解地层的导电性。

由图1-53中可以看出，接收线圈接收到的信号有两种：由地层中感应电流产生的感应电动势（和地层导电性有关），称为有用信号，用E_R表示。还有发射线圈直接在接收线圈产生的感应电动势（和地层的导电性无关），称为无用信号，用E_0表示。感应测井仪只记录有用信号，无用信号可直接过滤掉。

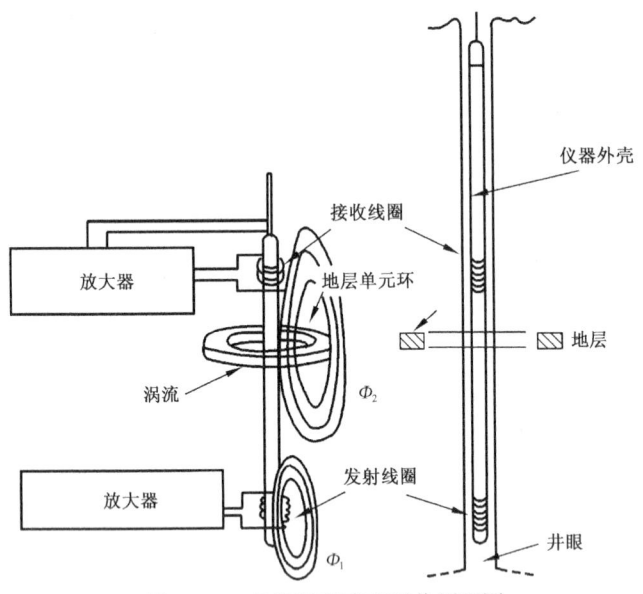

图 1-53 双线圈系感应测井原理图

根据理论计算，当发射电流强度固定不变时，接收线圈中的有用信号 E_R 与介质的电导率 σ 之间的关系可用下式表示：

$$E_R = K\sigma \tag{1-45}$$

$$K = \frac{\omega^2 \mu^2 S_T S_R N_T N_R i}{4\pi L}$$

$$\omega = 2\pi f$$

式中 K——线圈系数或仪器常数；
ω——发射电流的角频率；
σ——介质的电导率；
S_T，N_T——发射线圈的横截面积和圈数；
S_R，N_R——接收线圈的横截面积和圈数；
i——发射线圈的电流强度，mA；
L——发射线圈到接收线圈的距离，m；
f——电流的频率；
μ——介质的磁导率，对沉积岩 $\mu = 4\pi \times 10^{-7}$ H/m。

由上述可知，当仪器结构一定时，电流强度 i 保持不变，则 K 值为常数，所以地层的电导率可以用下式得出：

$$\sigma = \frac{E_R}{K} \tag{1-46}$$

对于非均匀介质，如果它在接收线圈中产生的有用信号与电导率为 σ_a 的均匀介质产生的有用信号相同，就将 σ_a 称为该非均匀内介质的视电导率，即

$$\sigma_a = \frac{E_R}{K} \tag{1-47}$$

感应测井和普通电阻率测井相似，记录的是一条随深度变化的视电导率曲线。因为电导率与电阻率互为倒数关系，所以也可以同时记录视电阻率 R_a 的变化曲线。

二、感应测井的几何因子理论

几何因子理论认为，在发射电流频率较低、地层电导率较小的条件下，可忽略电磁波的传播效应，不考虑涡流损耗和相位移动。在计算接收线圈的有用信号 E_R 时，可将介质中的感应涡流分割成许多的单元环电流，先计算出每个单元环电流在接收线圈中产生的电动势，然后将所有单元环产生的电动势叠加起来，就可得到总的有用信号 E_R。

如图 1-54 所示，单元环的交变电流在接收线圈中产生的信号 e 可用下式表示：

$$e = K\sigma g \tag{1-48}$$
$$g = Lr^3/2l_T^3 l_R^3$$

式中 K——线圈系数；
σ——单元环地层电导率，mS/m；
g——单元环的几何因子，只与单元环和线圈系的相对位置有关；
L——线圈距；
r——单元环半径；
l_T——发射线圈到单元环的距离；
l_R——接收线圈到单元环的距离。

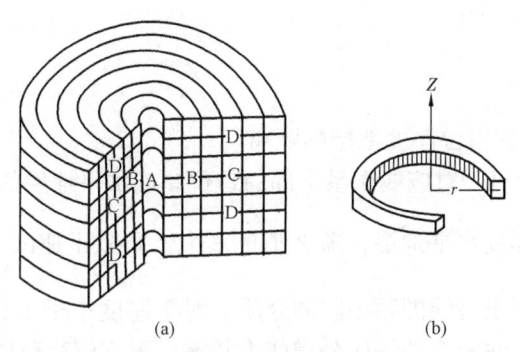

图 1-54 井剖面单元环断面图
(a) 单元环的剖面图；(b) 单元环
A—井眼；B—侵入带；C—测量地层；D—上下围岩

由式 (1-48) 可知

$$g = \frac{e}{K\sigma} = \frac{e}{E_R} \tag{1-49}$$

单元环的几何因子 g 是由单元环的几何位置所决定的，所以不同位置上的单元环对总信号贡献的大小不同。所有单元环的几何因子总和应为 100%，即为 1。

实际介质是非均质的，感应测井有用信号可用下式表达：

$$E_R = K(\sigma_m G_m + \sigma_i G_i + \sigma_t G_t + \sigma_s G_s) \tag{1-50}$$

即测得视电导率为

$$\sigma_a = \frac{E_R}{K} = \sigma_m G_m + \sigma_i G_i + \sigma_t G_t + \sigma_s G_s \tag{1-51}$$

式中 G_m, G_i, G_t, G_s——井眼、侵入带、地层、围岩的几何因子；
σ_m, σ_i, σ_t, σ_s——井眼、侵入带、地层、围岩的电导率。

式(1-51)说明,视电导率是各区域电导率的加权值,其权系数是个区域的几何因子,可以通过改进线圈系使 G_m 趋于 0,则井眼的影响可认为对测量 σ_a 结果无贡献。

三、双线圈系的特征

双线圈系是感应测井中最基本的线圈系,它包括一个发射线圈和一个接收线圈。

1. 纵向探测特性

为了研究地层厚度、围岩对视电导率 σ_a 的影响,将双线圈系轴线方向不同位置的介质分割成无限多个垂直于线圈轴的单位厚度的水平地层。研究不同轴向位置单位厚度的水平地层对感应测井有用信号所做的贡献,称为纵向微分几何因子 G_Z,其数学表达式为

$$G_Z = \int_0^\infty g\mathrm{d}r \tag{1-52}$$

运算结果为

$$G_Z = \begin{cases} \dfrac{1}{2L} & \text{当}\ |Z| \leq \dfrac{L}{2}\ \text{时} \\ \dfrac{L}{8Z^2} & \text{当}\ |Z| > \dfrac{L}{2}\ \text{时} \end{cases} \tag{1-53}$$

式中　g——单元环几何因子;

　　　r——单元环半径;

　　　L——线圈距;

　　　Z——线圈距中点到单位厚度地层的距离。

由式(1-53)可以看出,对应线圈系中部的单位厚度水平地层的几何因子最大,其值是 $\dfrac{1}{2L}$。在线圈系外的单位厚度水平地层,随 Z 值的增大,贡献迅速减小,其值是 $\dfrac{L}{8Z^2}$。这说明双线圈系的有用信号主要来自线圈系中间的介质。对于厚度小于 1m 的地层,围岩的影响是较大的。因此可以说,双线圈系的纵向分辨能力较差,不宜解决薄层问题。

为了研究厚度为 h 的水平地层的几何因子 G_h,将地层上、下界面内单位厚度水平地层的几何因子对 Z 积分,可得到厚度 h 的水平地层对感应测井有用信号所做的贡献 G_h 的大小。G_h 称为纵向积分几何因子,可用下式表达:

$$G_h = \int_{-\frac{h}{2}}^{\frac{h}{2}} G_Z \mathrm{d}Z \tag{1-54}$$

运算结果为

$$G_h = \begin{cases} \dfrac{h}{2L} & \text{当}\ h \leq L\ \text{时} \\ 1 - \dfrac{L}{2h} & \text{当}\ h > L\ \text{时} \end{cases} \tag{1-55}$$

由式(1-55)可看出,当 $h=L(h=L=1\mathrm{m})$ 时,$G_h = \dfrac{1}{2}$,这表明在均匀介质中正对线圈系厚度等于线圈距的地层提供的有用信号占总信号的一半,而有用信号的另一半来自线圈系以外的地层。图 1-55 为双线圈系的纵向特性曲线。当 $h>2\mathrm{m}$ 时,G_h 才会大于 70%,即地层足够厚时,围岩的影响才可以忽略。上述结果表明,双线圈系的纵向探测特性不理想,分辨率低。

2. 径向探测特性

在垂直于井轴方向的不同距离处，介质对测量结果的贡献大小可以通过研究径向微分、积分几何因子而得到解释。

将半径为 r 的单元环的几何因子 Z 积分，则

$$G_r = \int_{-\infty}^{\infty} g \mathrm{d}Z \tag{1-56}$$

式中　G_r——径向微分几何因子。

G_r 表示厚度为一个单位、半径为 r 的无限延伸筒状介质对测量结果的贡献，计算结果如图 1-56 中的曲线 1 所示，距井 $0.45r$ 处的介质对感应测井读数影响最大，远离井轴的介质影响逐渐减小。

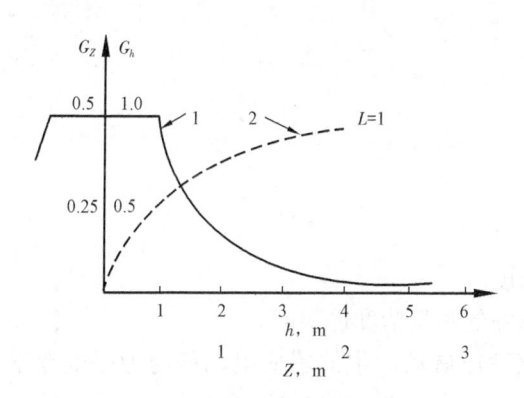

图 1-55　双线圈系的纵向特性
1—纵向微分几何因子特性曲线；
2—纵向积分几何因子特性曲线；
L—1m 线圈距

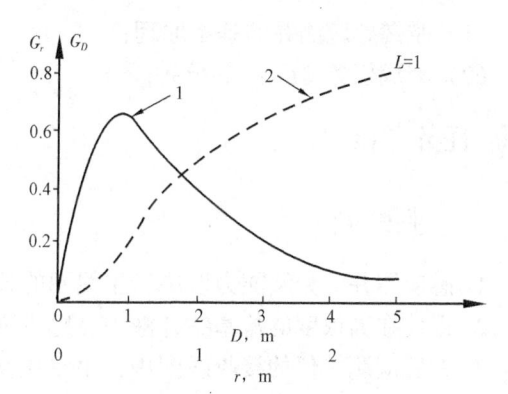

图 1-56　双线圈系的径向特性
1—径向微分几何因子特性曲线；
2—径向积分几何因子特性曲线；
L—1m 线圈距

为了研究直径为 D 的无限长圆柱状介质对有用信号 E_a 的贡献大小，可以求径向积分几何因子 G_D，有

$$G_D = \int_0^{\frac{D}{2}} G_r \mathrm{d}r \tag{1-57}$$

由图 1-56 中的曲线 2 可以看出，如果线圈距为 1m，当 $r = 0.5$m 时，圆柱状介质对测量结果的贡献约为 22.5%；当 $r = 2.5$m 时，圆柱状介质对测量结果的贡献约为 77%。由此可知，1m 双线圈系的测量结果主要取决于 $r = 2.5$m 以内的圆柱形介质，即双线圈系的径向探测特性是：井的影响较大，探测深度较浅。

3. 双线圈系存在的问题

从前文的讨论中可以发现，双线圈系的纵向特性和径向特性都不够理想。分析纵向特性时已经看到，在研究比较薄的地层时，上下围岩的影响比较大，同时地层界面在曲线上的反映也不够明显；讨论径向特性时看到，井内钻井液对测量结果影响很大。

另外，双线圈系的无用信号远大于有用信号（有时达到数十倍到数千倍），尽管它们之间有 90° 的相位差，可以用相敏检波器区别开。但是由于数值差别较大，要准确地消除无用信号，势必增加仪器设计上的困难。

为了克服上述的这些缺点，在实际生产中都采用多线圈系。多线圈系可以看成是几个双

线圈系组合而成的，每一个发射线圈与任意一个接收线圈都可以组成一个双线圈系。测量的信号是每一个双线圈系接收信号叠加的结果，可以大大减少围岩、井眼和侵入带的影响。在我国 0.8m 六线圈系应用较广。

任务实施

一、任务内容

了解感应测井的几何因子理论，掌握双线圈系的特征，完成任务考核内容。

二、任务要求

（1）掌握感应测井的基本原理；
（2）完成任务时间：15 分钟。

任务考核

一、判断题

1. 感应测井的分层能力取决于主线圈的长度。　　　　　　　　　　　　　　（　　）
2. 即使在高浓度的盐基钻井液中，感应测井的测量精度也很高。　　　　　　（　　）
3. 在感应测井仪的接收线圈中，由二次交变电磁场产生的感应电动势与地层电导率成正比。　　　　　　　　　　　　　　　　　　　　　　　　　　　　　　　　（　　）

二、选择题

1. 感应测井测量的是地层的（　　）。
   A. 电阻率　　　　　B. 电导率　　　　　C. 渗透率　　　　　D. 电阻
2. 电导率与电阻率成（　　）关系。
   A. 线性　　　　　　B. 指数　　　　　　C. 正比　　　　　　D. 反比
3. 油层电导率（　　）水层电导率。
   A. 小于　　　　　　B. 大于　　　　　　C. 等于　　　　　　D. 正比于
4. 油基钻井液采用（　　）方法最好。
   A. 普通电阻率测井　B. 侧向测井　　　　C. 感应测井　　　　D. 标准测井

任务二　感应测井曲线的应用

任务描述

感应测井是基于电磁感应原理测量地层介质电导率的一种方法，通常电导率（即电阻率的倒数）高的岩层对测量结果贡献大，亦即感应测井对低电阻率岩层反应灵敏，感应测井时电阻率测量范围一般会受到限制，在介质电阻率较小情况下明显受涡旋电流作用——趋肤效应的影响，在电阻率较大情况下信号较弱并且在不同场背景下是不同的。有利于感应测井的条件是低电阻率（低于 50Ω·m）岩层以及中等或弱矿化度的钻井液。感应测井对较低电阻率岩层（低于10Ω·m）的测量结果能够达到较高精度，当其超过200Ω·m时，该方法对岩层电阻率的变化不敏感。

任务分析

讨论感应测井曲线的目的是要了解岩层的感应测井曲线形状和特点，以便根据曲线划分地层，取得反映其电导率的读数及确定界面。从理论上研究感应测井曲线的方法有两种：几何因子理论和电磁波传播理论。前者简单、直观，但与实测曲线相比误差较大；后者理论严密且接近实际，但比较复杂。

学习材料

通过感应测井可得到一条介质电导率随深度的变化曲线，即感应测井曲线。

为了正确使用感应测井资料，提高解释质量，必须对视电导率曲线的形状、变化特点有全面了解。下面介绍感应测井视电导率曲线。

一、感应测井曲线的形状

1. 上下围岩相同，单一低电导率地层

图 1-57 是 $\sigma_1 = 100\text{mS/m}$，$\sigma_2 = 500\text{mS/m}$ 不同厚度的单一地层的视电导率曲线。

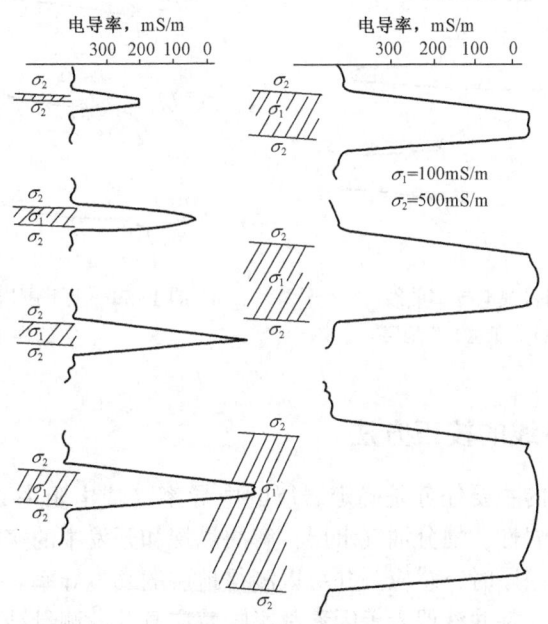

图 1-57　上下围岩对称低电导率地层视电导率曲线

下面分两种情况讨论：

（1）当地层厚度大于 1.7m 时，曲线上可以看到过聚焦产生的局部极值，其位置对称出现在界面以内 0.85m 左右的地方，在曲线上好像是一对"耳朵"；对于厚度大于 3m 的地层，曲线中部皆向外凸呈圆弧状；对于厚度等于 3m 的地层，曲线中部较平直；对于厚度等于 2m 的地层，曲线中部呈凹形。如果有井存在，"耳朵"变得不明显，当地层厚度大于 2m 时，可用视电导率曲线的半幅点划分地层界面。

(2) 当地层厚度小于 1.7m 时，视电导率曲线呈现一尖峰（视电导率极小值，即视电阻率的极大值），实际测井的条件下"耳朵"的现象并不明显。

"耳朵"现象不是地层电导率变化引起的，而是由过聚焦作用产生的。因此只有地层中部的视电导率才反映地层本身的特点，通常将地层中点的视电导率作为地层的视电导率值。

高电导率地层的视电导率曲线形状与上述的基本相同，只是曲线形状偏移的方向恰好相反，围岩对视电导率的影响较小。

2. 上下围岩不同，单一低电导率地层

上下围岩不同时，高电导率地层（$\sigma_2>\sigma_3>\sigma_1$）和低电导率地层（$\sigma_2<\sigma_3<\sigma_1$）的曲线特点如图 1-58 所示，因受不同围岩的影响，视电导率曲线呈不对称形状。对于厚度大于 2m 的地层，地层中部的曲线形状呈倾斜状，地层中点对应于倾斜段的中点；对于厚度小于 2m 的地层，视电导率曲线偏向与地层电导率差别小的围岩一侧。

中间电导率地层（$\sigma_3<\sigma_2<\sigma_1$）的曲线如图 1-59 所示，对于厚度大于 2m 的地层，曲线呈比较清楚的台阶状，用半幅点分层，视电导率取地层中点值或取倾斜台阶中间部分的平均值；而厚度小于 2m 的地层分层和读数都比较困难。

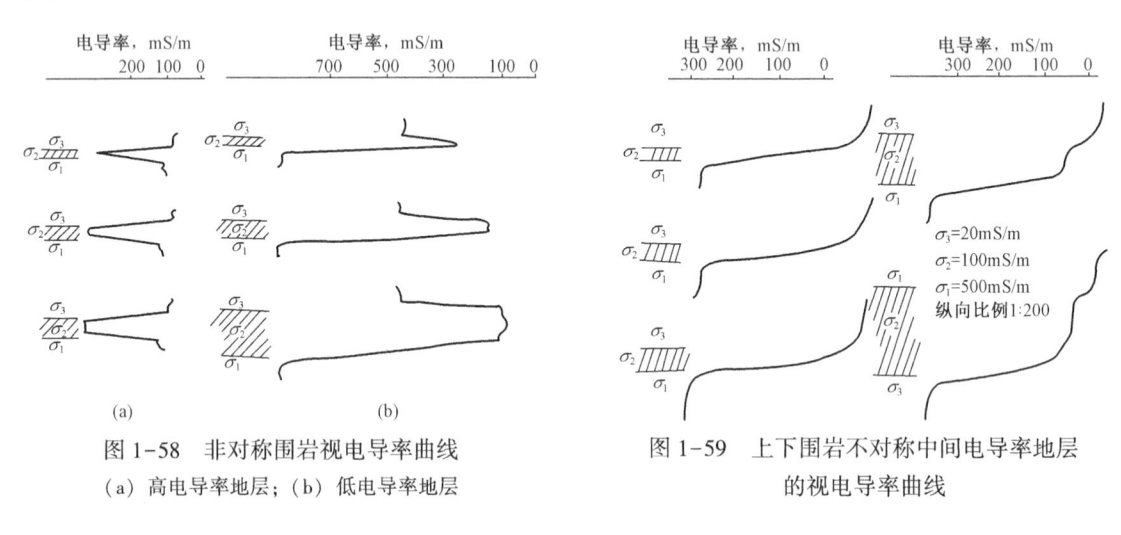

图 1-58 非对称围岩视电导率曲线
(a) 高电导率地层；(b) 低电导率地层

图 1-59 上下围岩不对称中间电导率地层的视电导率曲线

二、感应测井曲线的校正方法

感应测井曲线解释的主要任务是确定岩层的电导率（或电阻率）。有了岩层的电导率，就可以清楚地确定井下岩性，划分油气水层，解决勘探和开发中的实际问题。在没有井眼影响的条件下，当地层无限厚时，感应测井可以测得地层的真电导率。但在实际测井时，地层厚度有限，井眼、围岩、钻井液侵入等因素都影响感应测井的测量结果。因此，为了求得地层真电导率，必须对感应测井测得的视电导率进行各种必要的校正，以消除各种因素的影响。下面以 0.8m 六线圈系为例，讨论感应测井结果的校正方法。

1. 井眼校正

井眼校正是把实际井径大于标准井径的测井值校正到标准井眼情况下的数值。虽然使用了 0.8m 六线圈系使井眼影响减小，在一般情况下不需要进行井眼校正，但是当井径大于 0.5m 且在盐水钻井液条件下时，井眼影响绝对不可忽略，应该进行校正。

根据感应测井几何因子理论，井眼信号为

$$\sigma_{d_h} = \sigma_m G_{d_h} = \frac{G_{d_h}}{R_m} \tag{1-58}$$

式中 σ_m——钻井液电导率，mS/m；

R_m——钻井液电阻率，$\Omega \cdot m$；

G_{d_h}——井的几何因子，可以根据井径 d_h 从径向积分几何因子曲线上查出。

进行井眼校正时，只要从感应测井曲线的读数中减去井眼信号 σ_{d_h} 的值，就可以得到校正后的电导率值了。

2. 均匀介质传播效应校正

在低电导率地层中，用几何因子理论计算电导率时，不考虑传播效应的影响是允许的。但是，在高电导率地层中，应该进行均匀介质传播效应校正。

在传播效应影响下，均匀介质中的视电导率 σ_a 与真电导率 σ 有如下关系：

$$\frac{\sigma_a}{\sigma} = \frac{e^{-p}}{p^2}[(1+p)\sin p - p\cos p] \tag{1-59}$$

$$p = \sqrt{\frac{\mu\omega\sigma}{2}} L$$

式中 p——传播系数；

μ——介质磁导率；

ω——发射电流的角频率；

L——线圈距。

从传播系数 p 的计算式可以看出，电导率越高，p 越大。当 ω 和 L 一定，μ 为常数时，p 只与 σ 有关，因而 σ_a/σ 也只与 σ 有关。图 1-60 是传播效应的校正图版。从图版上可以看出，电导率为 100mS/m 的地层视电导率也为 100mS/m，说明没有传播效应的影响；但是当电导率大于 200mS/m 之后，传播效应就明显地显示出来。

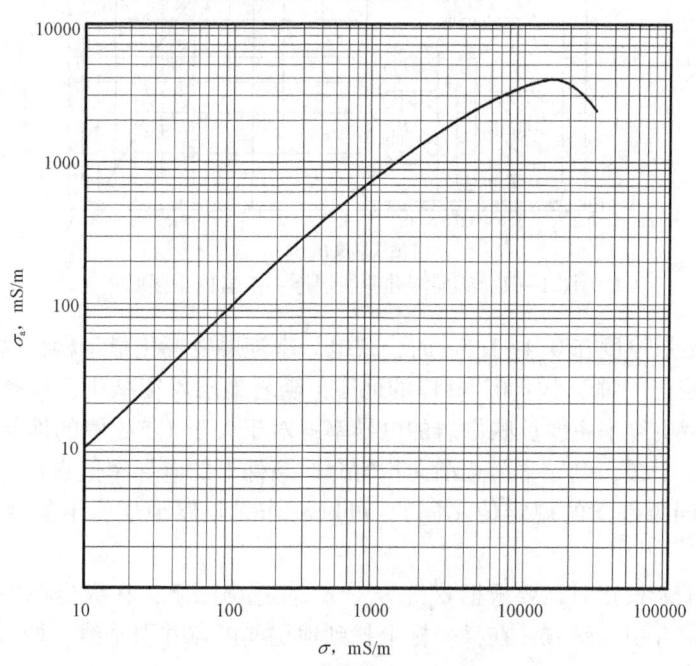

图 1-60　0.8m 六线圈系均匀介质校正图版

校正时，将经过井眼校正的感应测井读数为纵坐标引水平线，与图中关系曲线相交，交点的横坐标就是传播效应校正后的电导率。

3. 层厚—围岩校正

使用六线圈系可以减小围岩的影响，但围岩的影响仍然比较明显，而且地层越薄，围岩影响越大。层厚和围岩对感应测井的影响是相互联系的，必须同时考虑。

图 1-61 是层厚—围岩校正图版，以感应测井读数（地层视电导率 σ_a）为纵坐标，以地层厚度 H 为横坐标，地层电阻率 R_t 为曲线模数，井径 d_h、围岩电阻率 R_s 及钻井液电导率 σ_m 为图版参数。

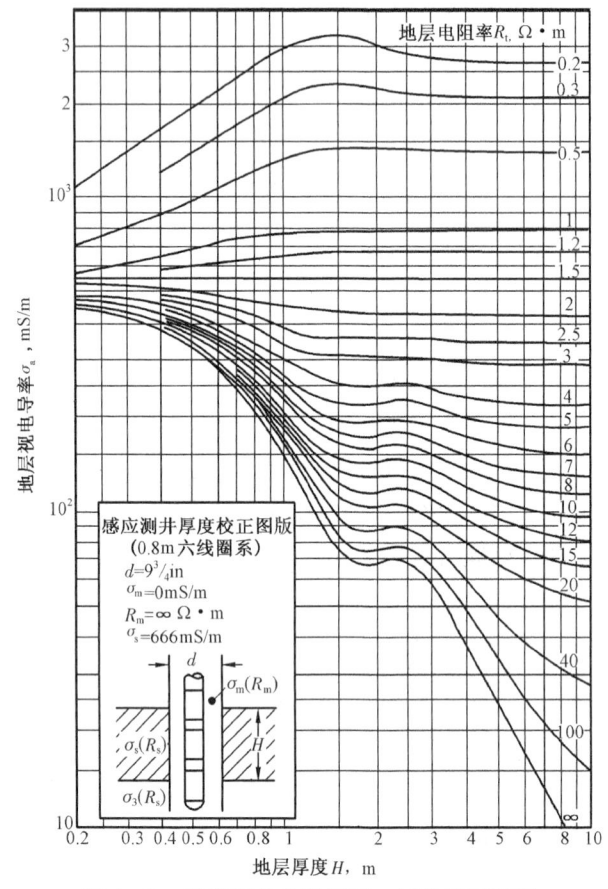

图 1-61 感应测井曲线层厚—围岩校正图版

一般来说，地层厚度在 0.4~1.5m 时，视电导率随厚度变化最急剧，这样的地层最需要进行层厚—围岩校正。对于小于 0.4m 厚的地层，随着地层厚度减小，各条曲线都趋向同一渐进线，这时的视电导率主要反映围岩的电导率；对于大于 1.5m 厚的地层，随地层厚度增加，各条曲线趋于平缓，电导率值逐渐向均匀介质条件下的电导率值靠近。当地层厚度达到一定程度时（不同条件下的规定值不同），可以看作无限厚地层，不需要进行层厚—围岩校正。

进行层厚—围岩校正时，要根据 σ_m、σ_s、d_h 值选出图版，在纵坐标中找到经井眼校正的地层视电导率值并引水平线，在横坐标上找到地层厚度点并引垂线，两线交点处的曲线模数即为地层电阻率 R_t。

4. 侵入带校正

线圈系径向特性分析结果证明,侵入带的柱状介质（半径在1m左右）对测量结果影响较大,而且地层渗透性越好,该柱状介质影响越大。所以,感应测井曲线必须进行侵入影响的校正。

图1-62是一张厚层侵入带校正图版。纵坐标为视电导率σ_a,横坐标为校正后的地层电导率σ_t,曲线模数为侵入带电导率σ_i,图版的参数是侵入带直径D_i。图版的左侧曲线较分散,随σ_i增大,曲线变得平缓。σ_t较小时,σ_i变化对σ_a影响较大。当σ_i较小时,σ_t的微小变化都引起σ_a明显变化,测井效果好;而σ_i较大时,σ_t的变化在σ_a值上反映不明显,测井效果不好。图版右侧曲线逐渐趋于无侵入曲线,说明σ_t较大时,σ_i的变化对σ_a影响不大,并接近一个确定值。因此,感应测井对高侵剖面反映清楚,而不适于低侵剖面,多用于油基钻井液或淡水钻井液井剖面。

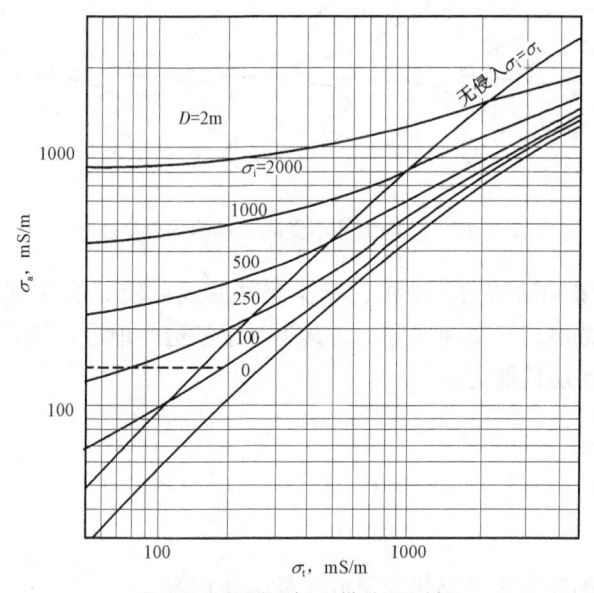

图1-62　厚层侵入带校正图版

使用厚层侵入带校正图版时,先由其他测井资料求得侵入带电导率σ_i及侵入带直径D_i;根据D_i选择适当的图版。然后,从图版纵坐标上找出地层视电导率σ_a值（从感应测井曲线上读出）引水平线,与侵入带厚度相应的曲线相交,交点的横坐标值就是地层的电导率值σ_t。

三、感应测井曲线的适用条件

(1) 感应测井曲线对高电导率（低电阻率）岩层特别敏感,在含泥质较多、地层水矿化度较大的中低阻砂泥岩剖面中,有较大的探测深度和较好的分层能力。但是对于低电导率（高电阻率）岩层,感应测井曲线反应不灵敏。因此,在碳酸盐岩等电阻率较高的地层剖面中,不宜使用感应测井。

(2) 感应测井曲线受围岩及邻层屏蔽作用小,在解释砂泥岩互层剖面中显示出较大优势。如图1-63所示,两个相邻的砂岩层,上层厚4.4m,下层厚3.8m,两层之间间隔1.2m厚的泥岩地层。长电极距4m、6m底部梯度电极系测井曲线因减阻屏蔽影响而畸变,不能反映地层真电阻率;而感应测井曲线则显示较为正常,能求出地层的真电阻率。定性地从曲线幅度比较,感应、微电极、0.45m底部梯度三条测井曲线相似,但上下两个砂层的电阻率差别并没有像视电阻率曲线所显示的那么大。试油结果证明,两个砂岩层均为油层。

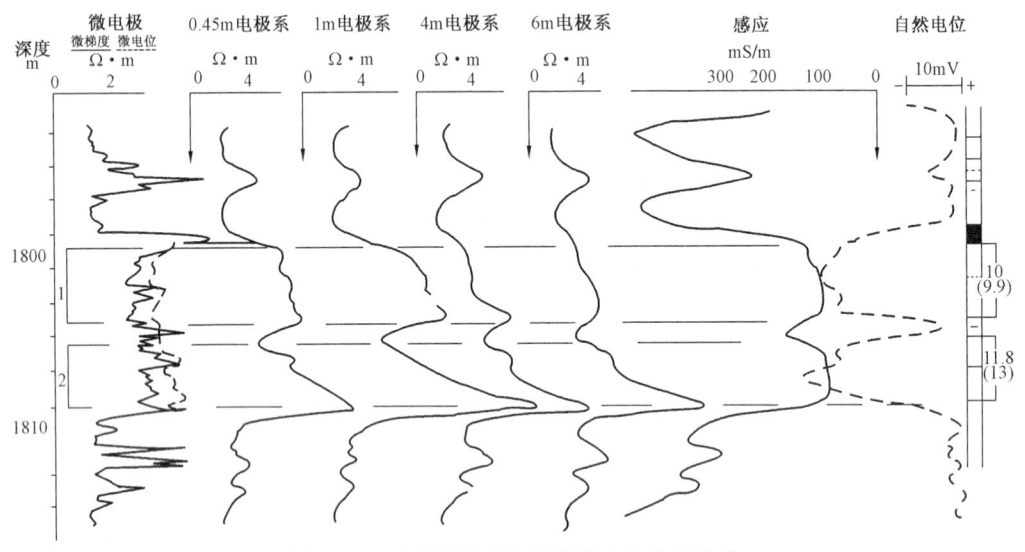

图 1-63 感应测井不受屏蔽影响的典型曲线

(3)在淡水钻井液和油基钻井液中,感应测井曲线可较好地反映地层的电导率。在盐水钻井液中,电导率数值高于实际地层,尤其是对于渗透性地层,钻井液滤液的侵入使感应测井曲线失去划分油水层的能力。

任务实施

一、任务内容

会观察分析感应测井曲线的形状,完成任务考核内容。

二、任务要求

(1)掌握测井曲线的应用;
(2)完成任务时间:20分钟。

任务考核

一、判断题

1. 当侵入区电阻率较低时,传播效应使感应测井的径向探测深度增加。（　　）
2. 当厚层减阻侵入较深时,在感应测井和侧向测井两种方法中,应选用感应测井方法。
（　　）

二、选择题

1. 下列地层对感应测井值影响最大的是(　　)。

A. 油层　　　　　B. 气层　　　　　C. 油水同层　　　　D. 水层
2. 在盐水钻井液条件下，用感应测井比侧向测井求解的电阻率（　　）。
　　A. 偏高　　　　　B. 相同　　　　　C. 偏低　　　　　　D. 不可比

三、简答题

1. 感应测井的基本原理是什么？双线圈系有什么缺点？
2. 感应测井参数是什么？需要做哪些校正？
3. 当井孔充油基钻井液或空气时，侧向测井不能应用，而感应测井能用，为什么？

模块二　声波测井

声波测井是油田常规测井方法之一，包括声波速度测井和声波幅度测井两种。声波速度测井根据声波速度与岩石密度的关系，通过测量声波在岩石中的传播速度，确定岩层的岩性和孔隙度。声波幅度测井通过声波幅度与测量介质密度的关系，了解岩层的特点或检查固井质量等。

知识目标

（1）理解声波时差测井、声波幅度测井、声波变密度测井、自然声波测井原理；
（2）掌握声波时差测井、声波幅度测井、声波变密度测井、自然声波测井仪器结构组成；
（3）掌握声波时差测井、声波幅度测井、声波变密度测井、自然声波测井曲线的应用。

能力目标

（1）声波时差测井曲线的识读与分析解释；
（2）声波幅度测井曲线的识读与分析解释；
（3）声波变密度测井曲线的识读与分析解释；
（4）自然声波测井曲线的识读与分析解释。

项目一　声波速度测井

任务一　声波测井准备

任务描述

物质在外力作用下可产生机械振动发出声音，这种振动以波的形式在各种介质中传播，称为声波。声波在不同介质中传播时的速度、幅度等声学特征不同（富媒体2-1）。岩石力学特性控制声波在岩石中的传播速度和幅度，而岩石的力学特性取决于所含流体类型和含量、岩石颗粒构成及颗粒间的胶结程度。

富媒体2-1　声学基础知识

声波测井是一种井下声波测量技术，根据声波在介质中的传播原理，在井中测量声波传播速度、幅度等参数，以确定地层及相关介质特性的测井方法。声波测井主要分为两大类，即研究声波速度的测井方法和研究声波幅度的测井方法。声波测井资料，可确定地层孔隙度、判断岩层面的岩性、研究岩层的力学参数，还可检查测井质量、射孔质量及套管质量。到目前，声波测井已形成自己的独立体系，得到了广泛的应用。

任务分析

声波测井的声源，可视为点源向周围的介质发射声波，声波测井仪在井中发出的声波经井中钻井液在岩层中传播时，由于岩层剖面中各岩层的声学特性不同，探测到的声波速度，幅度和频率也不同。因此，在研究声波测井之前，首先要讨论岩石的声波特性。

学习材料

一、声波的定义和分类

1. 声波的定义

声波是由机械振动产生的振动波（机械波）。描述声波的常用参数有周期、频率、波长、幅度等。（1）周期（T）：声波在一周的持续时间，它相当于同一方向两个相邻波峰或波谷之间的传播时间。（2）频率（f）：每秒的周期数，是周期的倒数，1Hz＝1周/s，根据频率大小可将声波分为次声波（20Hz以下）、可闻声波（20Hz～20kHz）、超声波（20kHz以上）。声波测井使用的波频率是1～20kHz。（3）波长（λ）：声波在一周内传播的距离，$\lambda = v/f$（v为传播速度）。（4）幅度（V）：声波振动的幅度大小（振幅），数值上为波峰和波谷之间的电压大小，$A = A_0 \sin(\omega t + \varphi_0)$。

2. 声波的分类

（1）介质中声波的分类。按质点振动方向与波的传播方向划分声波：①纵波，质点的振动方向与波的传播方向平行；②横波，质点的振动方向与波的传播方向垂直。流体只能传播纵波而不能传播横波。在固体介质中可以存在纵波和横波，纵波速度总是大于横波速度。

（2）井眼中的声波类型及特点。①体波（纵波和横波）主要特点是在地层中传播，幅度存在几何扩散，而速度频散可忽略。②面波（伪瑞利波和斯通利波）主要特点是沿井壁传播，幅度不存在几何扩散，而速度有频散。

二、岩石的弹性

受外力作用发生形变，取消外力后能恢复其原来状态的物体称为弹性体；而当外力取消后不能恢复其原来状态的物体称为塑性体。一个物体是弹性体还是塑性体，除与物体本身的性质有关外，还与作用于其上的外力大小、作用时间的长短以及作用方式等因素有关。一般来说，外力小，作用时间短，物体表现为弹性体。单位截面积上的弹性力称为应力（F/A）。应变是弹性体在单位长度内的形变（$\Delta L/L$）。弹性体的应力和应变的关系满足胡克定律。

声波测井中声源发射的声波能量较小，作用在岩石上的时间也很短，所以对声波速度测井来讲，岩石可以看作弹性体。因此，可以用弹性波在介质中的传播规律来研究声波在岩石中的传播特性。

在均匀无限的岩石中，声波速度主要取决于岩石的弹性和密度。作为弹性介质的岩石，其弹性可用下述几个参数来描述。

1. 杨氏模量 E

设外力 F 作用在长度 L、横截面积 A 的均匀弹性体的两端（弹性体被压缩或拉伸）时，弹性体的长度发生 ΔL 的变化，并且弹性体内部产生恢复其原状的弹性力。弹性体单位长度的形变 $\Delta L/L$ 称为应变，单位截面积上的弹性力称为应力，它的大小等于 F/A。由胡克定律

可知，杨氏模量就是应力 F/A 与应变 $\Delta L/L$ 之比，以 E 表示，即

$$E=\frac{F/A}{\Delta L/L}=\frac{FL}{A\Delta L} \tag{2-1}$$

杨氏模量的单位是 N/m^2。杨氏模量物理意义：弹性体发生单位线应变时弹性体产生的应力大小，说明弹性体在外力作用下发生变形的难易程度，与样品尺寸无关。

2. 泊松比 σ

弹性体在外力作用下纵向上产生伸长的同时，横向上便产生压缩。设一圆柱形弹性体原来的直径和长度分别为 D 和 L，在外力作用下，直径和长度的变化分别为 ΔD 和 ΔL，那么横向相对减缩和纵向相对伸长之比为泊松比，用 σ 表示，即

$$\sigma=\frac{\Delta D/D}{\Delta L/L}=\frac{L\Delta D}{D\Delta L} \tag{2-2}$$

泊松比只是表示物体的几何形变的系数。岩石及矿物的泊松比（任何材料）的值都在 0~0.5 之间，常见岩石的平均值约为 0.25。

3. 切变模量 μ

岩石切变模量 μ 定义：岩石在发生剪切形变时，剪切应力 τ_j 与剪切应变 ε_j 的比值：

$$\mu_j=\tau_j/\varepsilon_j \quad (j=1,2,3) \tag{2-3}$$

对于地球上的岩石及矿物来说，切变模量的数值都小于杨氏模量；对于流体 $\mu=0$，横波速度为零，即流体中不能传播横波。

4. 体变模量 K (bulk modulus)

岩石体变模量是岩石受均匀静压力作用时，所加静压力的变化 Δp 与体应变 θ 的比值：

$$K=-\Delta p/\theta \tag{2-4}$$

体变模量的单位为 N/m^2。

杨氏模量 E、泊松比 σ、切变模量 μ 仅对固体有意义，对流体只能用体变模量 K 表示其弹性力学性质。

三、岩石的声波速度

声波在介质中传播，传播方向和质点震动方向一致的称为纵波，而传播方向与质点震动方向相互垂直的称为横波。纵波和横波的传播速度与物质的杨氏模量、泊松比、密度分别有如下的关系：

$$v_P=\sqrt{\frac{E(1-\sigma)}{\rho(1+\sigma)(1-2\sigma)}} \tag{2-5}$$

$$v_S=\sqrt{\frac{E}{2\rho(1+\sigma)}} \tag{2-6}$$

式中 v_P——纵波速度，$10^6 m/s$；

v_S——横波速度，$10^6 m/s$；

E——杨氏模量，$10^{11} N/cm^2$；

σ——泊松比；

ρ——岩石和固体物质的密度，g/cm^3。

在同一介质中，纵波和横波的速度比为

$$\frac{v_P}{v_S}=\sqrt{\frac{2(1-\sigma)}{1-2\sigma}} \tag{2-7}$$

由于大部分岩石的泊松比约等于 0.25，故纵横波速度之比约为 1.732。由于纵波速度大于横波速度，且横波不能在液体中传播，故在岩石中传播时，纵波总是早于横波被接收到，所以目前声波测井主要研究纵波的传播规律。

从式(2-5)可知，岩石的纵波速度将随岩石弹性的加大而增大，但却不能随着岩石密度的加大而减小。这是因为随着岩石密度的增大，杨氏模量有更高级次的增大，所以随着岩石密度增大，岩石纵波速度增大。

对于沉积岩来说，声波速度除了与上述基本因素有关外，还和下列地质因素有关。

1. 岩性

岩石的声波速度取决于杨氏模量、密度等因素。纵波速度和横波速度随杨氏模量的增大而增大。岩性不同，弹性模量和密度也不同，因此不同岩石其声波速度是不相同的，声波速度一般随岩石密度的增大而增大。一些常见的介质和沉积岩纵波速度见表2-1。

表2-1 介质和沉积岩的纵波速度

介质和沉积岩	声速，m/s	介质和沉积岩	声速，m/s
空气（0℃，1atm）	330	泥质砂岩	5638
甲烷（0℃，1atm）	442	泥质灰岩	3050~6400
石油（0℃，1atm）	1070~1320	盐岩	4600~5200
水、一般钻井液、滤饼	1530~1620	无水石膏	6100~6250
疏松黏土	1830~2440	致密石灰岩	7000
泥岩	1830~3962	致密白云岩	7900
渗透性砂岩	2500~4500	套管（钢）	5340

2. 孔隙度

孔隙和孔隙流体对岩石的声波速度有显著的影响。孔隙度和流体改变岩石的弹性模量和密度。孔隙流体相对岩石骨架来说是低速介质，所以岩性相同、孔隙流体不变的岩石孔隙度越大，岩石的声速越小。

3. 岩层的地质时代

当深度相同、成分相似的岩石的地质时代不同时，声速也不同。老地层比新地层具有较高的声速。

4. 岩层埋藏的深度

在岩性和地质年代相同的条件下，声速随岩层埋藏深度加深而增大。这种变化是由于受上覆地层压力增大，岩石的杨氏模量增大。当岩层埋藏较浅的地层埋藏深度增加时，其声速变化剧烈；深部地层埋藏深度增加时，其声速变化不明显。

从上述分析可知，可以根据岩石声速来研究地层，确定岩层的岩性和孔隙度。

四、岩石的声波幅度

声波在岩石介质中传播的过程中，由于内摩擦，总有部分声波能量转变为热能，从而造成声波能量的衰减，使声波幅度（声波能量与幅度的平方成正比）逐渐减小。这种声波幅度衰减的大小和岩石的密度以及声波的频率有关。岩石密度小，声速低，幅度衰减大，声波幅度低。

声波由一种介质向另一种介质传播，在两种介质形成的界面上将发生声波的反射和折射，声波反射和折射满足声波反射和折射定理，如图 2-1 所示。反射定理：入射角＝反射角；折射定理：入射角与折射角正弦函数的比值等于声波在两个介质中声速的比值。入射波的能量一部分被界面反射，另一部分透过界面在第二介质中传播。反射波的幅度取决于两种介质的声阻抗。所谓声阻抗（以符号 Z 表示），就是介质密度和声波在该介质中传播的速度的乘积，即

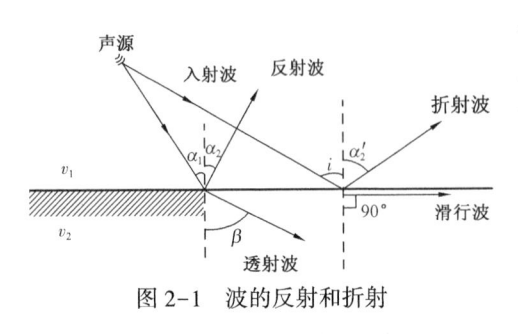

$$Z = \rho v \tag{2-8}$$

图 2-1 波的反射和折射

两种介质的声阻抗之比 Z_I/Z_II 叫声耦合率。介质 I 和介质 II 的声阻抗差越大，则声耦合越差，声波能量就越不易从介质 I 传到介质 II 中去，通过界面在介质 II 中传播的折射波的能量就越小，而在介质 I 中传播的反射波的能量就越大。如果介质 I 和介质 II 的声阻抗相近，声波耦合得好，声波几乎都形成折射波通过界面在介质 II 中传播，这时反射波的能量就非常小。

通过声波幅度的测量，可以了解地下岩层的特点或检查固井质量及相关问题。

❖ 任务实施

一、任务内容

了解岩石的声学特性，完成任务考核内容。

二、任务要求

（1）掌握岩石的声波幅度特性；
（2）掌握岩石的声波速度特性；
（3）完成任务时间：20 分钟。

📜 任务考核

一、名词解释

弹性体　杨氏模量　周波跳跃

二、判断题

1. 纵波和横波都能在任何介质中传播。　　　　　　　　　　　　　　　　　（　　）
2. 根据声波速度公式可以看出，声波的传播速度随介质密度增大而减小。（　　）

三、简答题

简述沉积岩中纵波的传播特性。

任务二　声波速度测井资料的应用

任务描述

地球物理测井中声波速度测井简称为声速测井，是研究声波在岩石中传播速度的一种测井方法（富媒体2-2）。通过实际勘查工作得出岩性中声波的传播速度同岩性的孔隙度有密切关系，从而得出声波测井是对勘查中钻探工作有验证效果的地球物理测井方法。应用声波测井、电阻率法及其他地球物理测井方法对比岩层岩性的孔隙度、岩层岩性的导电性能划分不同地层岩性和含水层位置。

富媒体 2-2　声波速度测井

任务分析

应用声波测井、电阻率法及其他地球物理测井方法对比岩层岩性的孔隙度、岩层岩性的导电性能划分不同地层岩性和含水层位置。岩层岩性的传播声速度与岩层岩性的致密程度有关，岩层岩性、孔隙度以及孔隙中所充填的流体性质有关。因此，研究声波在岩层中传播速度或单位时间，在已知岩性和所含孔隙流体情况下，可以确定岩层岩性孔隙度。

学习材料

声波在通过不同的两种介质的界面上时将产生折射和反射现象，如图2-1所示。根据折射定律：

$$\frac{\sin\alpha}{\sin\beta}=\frac{v_1}{v_2} \tag{2-9}$$

式中　α——入射角；
　　　β——折射角；
　　　v_1，v_2——介质Ⅰ和介质Ⅱ的声波速度。

由于 v_1 和 v_2 为固定值，因此当 $v_1<v_2$ 时，随着入射角 α 的增大，折射角 β 也将增大，当入射角增大到某一定值时，折射角可以达到90°。这时的折射波将沿界面在介质Ⅱ中滑行，称为"滑行波"。此时的入射角称为临界角 i，其数值为

$$\sin i=\frac{v_1}{v_2} \tag{2-10}$$

声波速度测井简称声速测井，是测量声波在岩石中传播速度的变化与岩石密度之间关系的一种测井方法。

图2-2为井内各种波的传播情况。T为声波发射器，R为声波接收器，从发射探头到达接收探头的声波有：通过仪器表面的直达波、通过井内钻井液的直达波TR、在钻井液和井壁界面形成的反射波TO+OR、通过地层传播的滑行波TA+AB+BR。这几种波只有滑行波在岩石中传播，可以反映岩石的声波速度。因而声波速度测井主要研究滑行波的传播特性。

声波速度测井的基本方法有单发射单接收、单发射双接收、双发射双接收、高分辨率声波等。由于井径对单发射双接收影响大，目前，中国主要用双发射双接收的声速测井方法。

一、单发射双接收声速测井仪的测量原理

单发射双接收（简称为单发双收）声速测井仪由一个发射器、两个接收器、隔声体和

电子线路组成，如图 2-3、富媒体 2-3 所示。

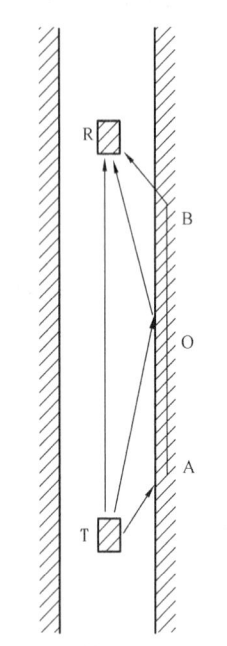

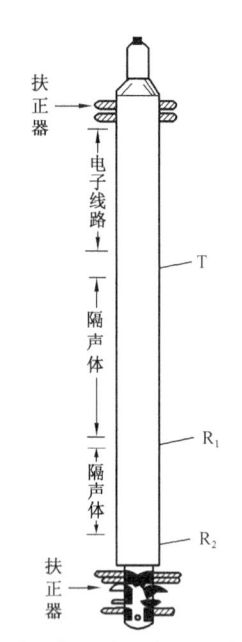

富媒体 2-3 声波测井　　图 2-2 井内声波的接收　　图 2-3 单发射双接收声速测井仪示意图

发射器把电脉冲转换成声波射向地层，声束的方向入射角大于 60°，保证在任何地层都可以产生滑行波。

两个接收器把接收到的声波转换成电信号，经过电子线路传输到地面仪记录。两个接收器的间距 L 的大小决定了仪器对地层的分辨能力。间距越小，分辨能力越强，一般要求间距小于最薄地层厚度，但间距太小不利于反映地层的真实声波速度，所以，目前常用的间距为 0.5m。

为了防止仪器表面的直达波的干扰，把仪器外壳上刻上很多空槽，使声波在仪器表面传播时，在相邻槽孔间发生多次反射和波的转换，不断损耗能量，这些空槽称为隔声体。同时刻槽延长了波的旅程，因此也延长了声波在仪器外壳上的旅行时间，从而消除了仪器表面直达波对测量值的影响。

对于钻井液波（包括直达波和反射波）的干扰，可以根据钻井液波传播速度慢的特点，通过采用大源距（发射器到两个接收器中点的距离）的方法，保证滑行波作为首至波到达仪器。一般采用源距为 1m。

测井时，设在 t_0 时刻由发射器发出一个声脉冲，首波到达第一个接收器的时间为 t_1，到达第二个接收器的时间为 t_2，如图 2-4 所示，那么，到达两个接收器的时差

$$\Delta t = t_2 - t_1 = \frac{\overline{CD}}{v_2} + \left(\frac{\overline{DF}}{v_1} - \frac{\overline{CE}}{v_1}\right) \tag{2-11}$$

当井径没有明显变化且仪器居中时，则可以认为 $\overline{CE} = \overline{DF}$，因此

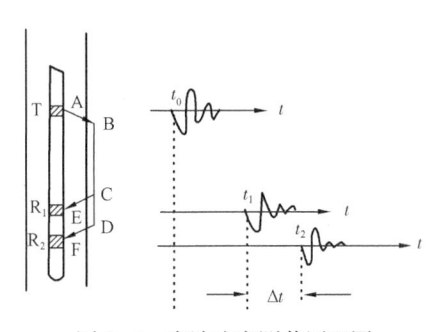

图 2-4 声波速度测井原理图

$$\Delta t = \frac{\overline{CD}}{v_2} = \frac{1}{2v_2} \tag{2-12}$$

时差 Δt 的大小只与地层声速 v_2 有关,直接反映了两个接收器间地层声速的高低。在井中由下而上连续测量,便得到一条随深度变化的声波时差曲线。曲线幅度的单位是 $\mu s/m$,它的变化反映了岩石性质的变化。对于厚度大的地层,可用曲线的半幅点进行分层,记录点位于两个接收探头的中点。

二、声波速度测井的影响因素

在实际测井中,声波时差曲线会受到一些因素的影响,使曲线发生畸变。这些影响主要有以下几种。

1. 井径的影响

当井径规则时,井径对单发双收系统的声速测量结果没有影响。但是,在井径扩大的底部出现时差减小的假异常,井径扩大的顶部出现时差增大的假异常。

如图 2-5 所示,当第一接收探头进入井径扩大段、第二接收探头在井径正常段时,由于声波到达 R_1 经过的钻井液路径加长,t_1 增大,t_2 不变,故在井径扩大段下界面出现低于岩层真时差的假异常。当 R_1 和 R_2 都进入井径扩大段时,t_1 和 t_2 所受的影响相同,Δt 没有变化。当 R_1 又进入正常井段,R_2 仍在井径扩大段时,由于声波到达 R_2 经过的钻井液路径比 R_1 经过的钻井液路径长,使 Δt 增大,故在井径扩大段的上界面出现高于岩层真时差的假异常。同理可解释井径缩小时,在井径缩小井段的下界面出现声波时差 Δt 偏高,在井径缩小井段的上界面出现声波时差 Δt 偏低的现象。图 2-6 是井径变化对声波时差曲线影响的一个实例。图中,声波时差曲线上有斜线的部分即为井径变化造成的假异常。由此可以看出,在解释声波速度测井曲线时,最好要配合井径曲线,以便判断 Δt 曲线异常的性质。

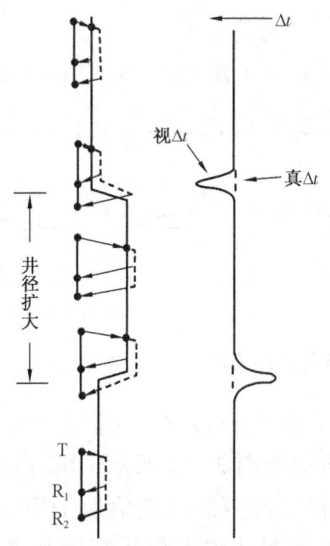

图 2-5 井径对声波时差值的影响示意图 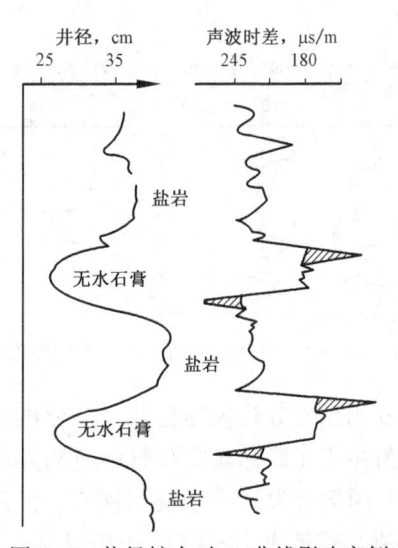   图 2-6 井径扩大对 Δt 曲线影响实例

2. 周波跳跃的影响

声波速度测井仪在正常情况下，两个接收探头都为同一脉冲的首波触发。但是，在某些情况下，例如在含气的疏松地层或地层破碎带中，首波能量衰减很大，有时只能触发路径较短的第一接收探头 R_1，不能触发第二接收探头 R_2。这样，第二接收探头 R_2 被续至波触发，造成了所测的时差 Δt 增大，表现为时差曲线急剧偏转突然增大的异常，这种现象称为"周波跳跃"，如图 2-7 所示。"周波跳跃"是疏松砂岩、气层和裂缝发育地层的典型特征，配合其他测井曲线，可以较准确地判断井下的气层和岩石裂隙带。

3. 岩层厚度的影响

岩层厚度对声速测井有一定影响。地层厚度大于间距 L 时，曲线幅度峰值可以反映地层声波时差值。但当地层厚度小于间距 L 时，由于围岩影响，时差增大，特别是对于厚度小于间距 L 的薄交互层，时差曲线的分辨能力将大大降低，严重影响分层和正确读取地层的真正声波时差。

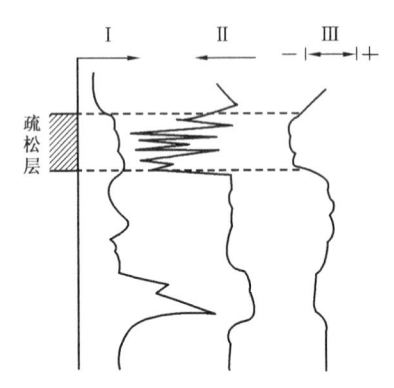

图 2-7 "周波跳跃"对 Δt 的影响
Ⅰ—视电阻率曲线；Ⅱ—声波时差曲线；
Ⅲ—自然电位曲线

三、双发射双接收声速测井仪的测量原理

井径的变化会引起声波时差曲线的变化，形成假异常。对于厚地层来说，参考井径曲线可以辨认出井径变化造成的假异常，地层中部曲线平均值能较好地反映地层性质，如图 2-8(a) 所示；在较薄地层中，在两个假异常中间，曲线尚有一个明显的拐点可以读出地层的声波时差，如图 2-8(b) 所示；而对于很薄的地层，曲线的两个假异常相距很近，在薄层处声波时差是一条斜线，如图 2-8(c) 所示，此时不能利用声波时差曲线判断岩性和确定地层孔隙度。

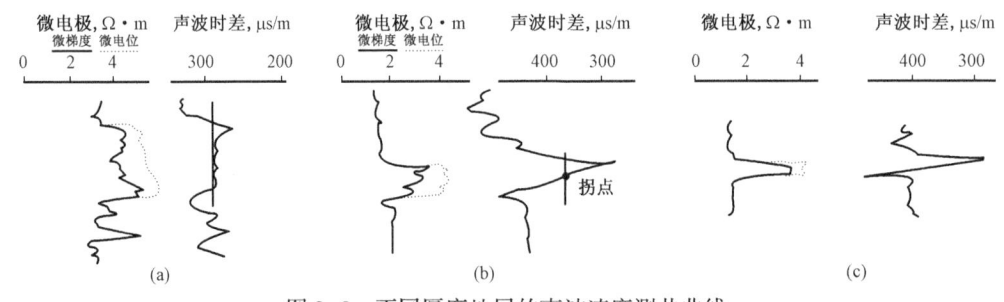

图 2-8 不同厚度地层的声波速度测井曲线

图 2-9 为单发双收仪器受井径变化的影响。为了克服这一影响，人们设计了双发射双接收声速测井仪（简称双发双收声速测井仪），仪器结构如图 2-10 所示，即在两个接收探头的上、下两侧各设计一个发射探头，然后对接收探头的声波时差值取平均值，就可以正好消除掉井径扩大影响造成的假异常。双发双收声速测井仪不仅可以克服井径扩大的影响，还可以克服仪器倾斜造成的影响。

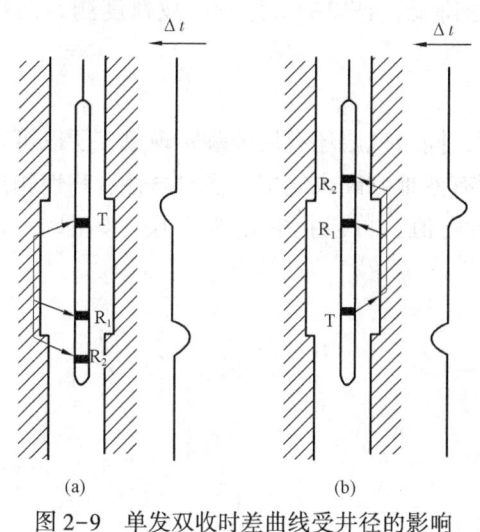

图 2-9　单发双收时差曲线受井径的影响　　　图 2-10　双发双收声速测井仪的测量原理图

四、高分辨率声波测井

1. 仪器结构及测量原理

高分辨率声波速度测井和普通声波速度测井的测量原理相同，都是测量滑行波在地层中的传播速度的。在缩短探头间距的基础上，采取同时测量三个声波时差值的措施，保证了提高分辨率的同时确保测量精度。该仪器由一个发射探头 F 和四个接收探头 J_1、J_2、J_3、J_4 组成，发射探头 F 到第一个接收探头的距离是 124.8cm，四个接收探头之间的间距均为 15.6cm。接收探头 F 发出声波，四个接收探头接收。当四个接收探头 J_1、J_2、J_3、J_4 依次经过同一测量井段（$h=15.6$cm）时，可以取得三个高分辨率声波时差 Δt_1、Δt_2、Δt_3，然后再取平均值作为该测量段的时差值，即

$$\Delta t = (\Delta t_1 + \Delta t_2 + \Delta t_3)/3$$

2. 高分辨率声波测井特点

高分辨率声波测井仪通过探头间距的减小（由原来的 50cm 减小到 15.6cm），使其具有较强的分层能力，对 0.1m 以上的薄层有明显的反应。当地层厚度大于 0.2m 时，用该仪器所测资料可以准确求取地层的孔隙度。这样不仅能解决薄层的划分、岩性的判别、孔隙度的计算等问题，还能对厚储层中的泥质和钙质夹层的厚度进行测量，为薄油层开发和厚油层的精细描述提供可靠的依据。

五、声波速度测井曲线的应用

1. 划分地层

在不同岩性地层中，声波的传播速度是不同的，可以根据声波时差区分岩性，划分各种不同岩性的地层。

在致密性地层（如岩浆岩、碳酸盐岩）中，声波速度较大，时差小，在声波速度测井曲线上显示为低值；在泥岩中，声波速度小，时差大，在声波速度测井曲线上显示为高值；砂岩的声波速度介于二者之间，时差曲线显示中等幅度。当砂岩中含泥增多时，时差幅度升

高；当砂岩中钙质胶结物含量增多时，时差幅度值降低。图2-11为一声波速度测井曲线实例。

2. 判断气层

天然气的声波速度远远小于油、水的声波速度，同时气层还有周波跳跃现象，所以可以根据气层在声波时差曲线上的高值和周波跳跃特征有效地判断出气层。当对岩性、物性相近的渗透层进行比较时，如果声波时差曲线显示出高值，可以把它定为气层，如图2-12所示。

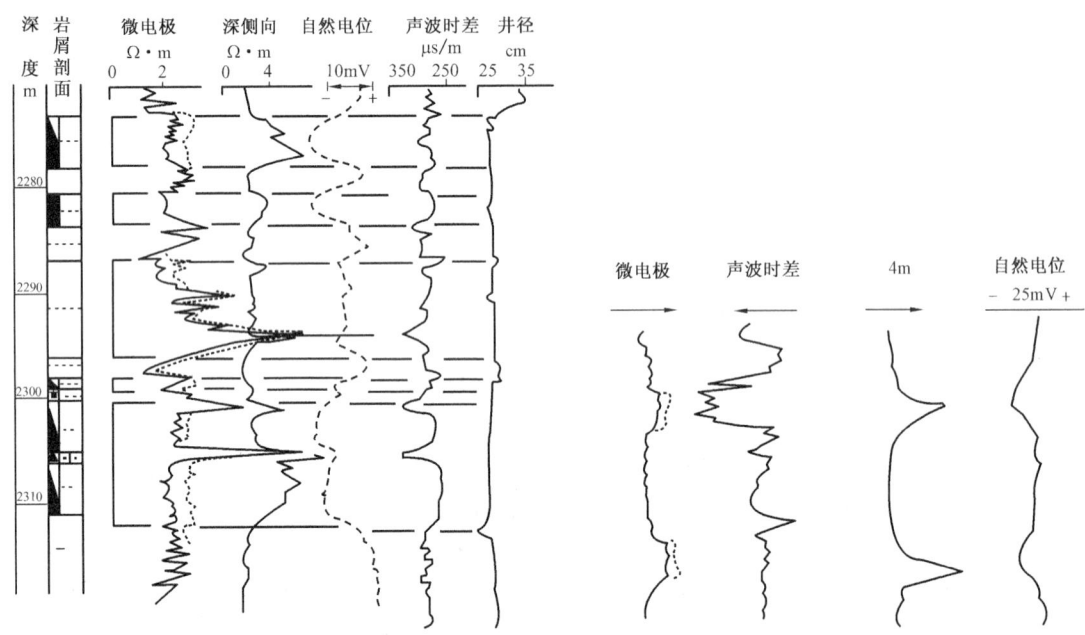

图2-11 实测砂泥岩剖面声波速度测井曲线实例

图2-12 气层在声波速度测井曲线上的显示

3. 确定岩层的孔隙度

岩层的孔隙度越大，岩石的密度越小，声波速度也越低。所以，可以根据声波速度测井资料来确定岩石的孔隙度。

对于岩石骨架成分不变、胶结均匀、粒间孔隙分布均匀的地层，其声波速度与孔隙度之间有下述关系：

$$\frac{1}{v} = \frac{\phi}{v_f} + \frac{1-\phi}{v_{ma}} \tag{2-13}$$

式中 v——岩石的声波速度，m/s；

ϕ——岩石的孔隙度，%；

v_f，v_{ma}——岩石孔隙中流体及岩石骨架的声波速度，m/s。

由于实际测量的声波时差 Δt 是声波速度 v 的倒数，故式（2-13）可以写成

$$\Delta t = \phi \Delta t_f + (1-\phi) \Delta t_{ma} \tag{2-14}$$

即

$$\phi = \frac{\Delta t - \Delta t_{ma}}{\Delta t_f - \Delta t_{ma}} \tag{2-15}$$

式中 Δt_f，Δt_{ma}——孔隙流体和岩石骨架的声波时差。

一个地区的同类岩石骨架成分和孔隙流体性质变化不大，Δt_f 和 Δt_{ma} 可认为是常数。岩层的声波时差可以直接反映岩层的孔隙度的大小，即孔隙度和声波时差保持线性关系，可以写成直线方程：

$$\Delta t = A\phi + B \tag{2-16}$$

其中 $\quad A = \Delta t_f - \Delta t_{ma}；\quad B = \Delta t_{ma}$

为了使用方便，目前普遍采用经验公式或经验图版来表示 Δt 和 ϕ 之间的关系。图 2-13 是一个地区根据实验室岩心分析孔隙度和声波时差建立的关系曲线。只要从声波时差曲线上查到目的层的时差值，用该值在横坐标上找到相应的点，引垂线与关系曲线相交，交点的纵坐标值即为所求层的孔隙度。

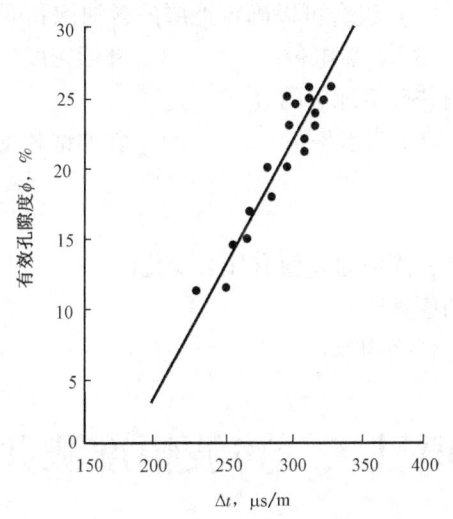

图 2-13　孔隙度与声波时差的关系

任务实施

一、任务内容

了解单发射双接收声速测井仪的测量原理、双发射双接收声速测井仪的测量原理，完成任务考核。

二、任务要求

（1）掌握声速测井的基本原理；
（2）掌握声速测井曲线的应用。

任务考核

一、判断题

1. 地层埋藏越深，声波时差值越大。　　　　　　　　　　　　　　　　　　（　　）
2. 在声波时差曲线上，读数越大，表明地层孔隙度越小。　　　　　　　　　（　　）
3. 声波速度测井采用单发双收声速测井仪。　　　　　　　　　　　　　　　（　　）

4. 气层在声波时差曲线上数值高。   （   ）

二、选择题

1. 当发射器发射声波时，在井壁上有反射波、折射波和滑行波产生，声波仪器接收器先接收（   ）。
   A. 滑行波   B. 发射波   C. 反射波   D. 折射波
2. 当声波速度曲线出现周波跳跃时，应用测得的 Δt 值（   ）求得岩层真实的孔隙度。
   A. 不能   B. 可以   C. 近似   D. 准确
3. 声波速度测井与（   ）组合可以确定地层的含油饱和度。
   A. 补偿中子   B. 自然电位   C. 补偿密度   D. 感应测井
4. 主要利用声波速度测井确定地层的（   ）。
   A. 孔隙度   B. 产水率   C. 含油饱和度   D. 含水饱和度

三、简答题

1. 在井径扩大的界面处，声波时差值有什么变化？
2. 试述声波速度测井的原理。
3. 声波时差测井资料有什么用途？

项目二　声波幅度测井

任务　声波幅度测井资料的应用

任务描述

声波在介质中传播，其幅度会逐渐衰减，声波幅度的衰减在声波频率一定的情况下，是和介质的密度、弹性等因素有关的。测量井下声波信号的幅度的声幅测井，目前主要用于检查固井后水泥和套管的胶结情况。它是通过测量声波幅度的衰减变化来认识地层特点以及水泥胶结情况的一种测井方法（富媒体2-4）。

富媒体 2-4
声幅测井

任务分析

声波在地层中传播，能量和幅度有两种衰减形式，一是因为地层吸收声波能量而使幅度衰减，另一种是存在声阻抗不同的两种介质的界面反射，使声波幅度发生变化。这两种变化往往同时存在，究竟哪种变化为主，要根据具体情况分析。如在裂缝发育及疏松岩石井段，声波的衰减主要是由于地层的吸收能量所致；在下套管井中，各种波的幅度变化主要和套管、水泥环、地层之间界面所引起的声波能量分布有关。因此，在裸眼井测量声波幅度可以划分裂缝带和疏松岩石地层，在套管井中测量声波幅度变化，可以检查固井质量。

学习材料

声波幅度测井（简称声幅测井）测量井下声波幅度的大小，主要用于检查固井质量，确定水泥返高。此外，声幅测井配合其他测井方法可以判断地层裂隙，研究岩石的孔隙度，还可以判断地下出气层位等。

一、固井声幅测井

1. 固井声幅测井原理

声波在介质中传播时，引起质点振动，能量逐渐被消耗，声幅逐渐衰减，其衰减的大小与介质的密度、声耦合率等因素有关。

声幅测井使用单发单收井下仪器进行测量，如图 2-14 所示，从发射探头发出的声脉冲经过各种途径到达接收探头。其中，沿套管传播的滑行波（套管波）首先到达接收探头，然后是地层波和钻井液波，固井声幅测井只记录首至波（套管波）的波幅。

套管波幅度的大小与套管及周围介质之间的声耦合情况有密切关系。当套管外无水泥或水泥与套管胶结不好时，套管与水泥之间的声耦合较差，套管波的能量仅有很少一部分传到水泥或管外的钻井液中，大部分到达接收探头，这使接收探头收到的套管波很强。相反，在固井胶结良好情况下，套管与水泥环的声耦合较好，大部分声波能量进入水泥环，这时接收探头收到的套管波很弱。因此，通过测量套管波的幅度变化可以了解套管与水泥的胶结情况。

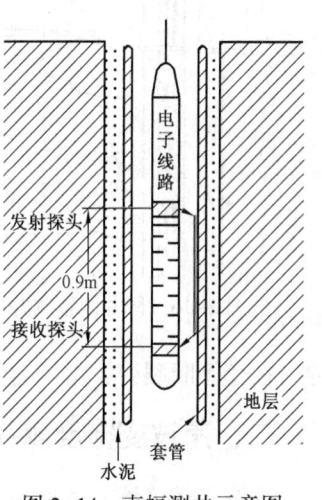

图 2-14 声幅测井示意图

2. 固井声幅测井曲线的影响因素

1）测井时间的影响

一口井固井后，在不同时间测量出的声幅曲线的形状与幅度是不同的。若测井时间过早，水泥尚未固结，这使沿套管滑行的套管波能量衰减小，测井曲线会出现高幅度值的假象；若测井时间过晚，由于水泥沉淀固结及井壁坍塌等现象可造成无水泥井段低幅度值的假象。因此，应根据现场实际情况确定测井时间，一般情况下，在固井后 24~48h 之间进行声幅测井效果最好。

2）水泥环厚度的影响

水泥环厚度增加可以使套管中声波能量分散，因而减小了套管波的幅度。水泥环越厚，声幅值越低，当水泥环厚度足够大时，水泥环的厚度对套管波幅度的影响不明显，因此，在应用声幅测井曲线检查固井质量时，常参考井径曲线。

3）井筒内钻井液气侵的影响

井筒内钻井液气侵可以使钻井液的吸收能力提高，造成声幅测井曲线出现低值现象。在这种情况下，容易把没有胶结好的井段误认为是胶结良好，应特别注意。

3. 固井声幅曲线及其应用

固井声幅测井曲线如图 2-15 所示，仪器记录点定在发射探头和接收探头的中点，其测量结果反映在发射探头和接收探头间的套管中传播时套管波首波幅度的平均值中。测量结果以 mV 为单位。

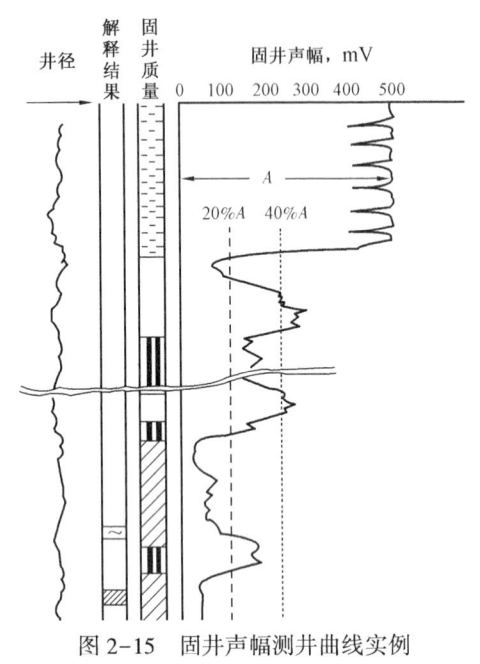

因为每口井的钻井液性能、套管尺寸与质量、水泥标号等可能不同，在不同的井内测得的声幅曲线无法对比。所以，一般用相对幅度值表示固井质量的好坏，有

$$相对幅度 = \frac{目的层井段声波幅度}{无水泥井段声波幅度} \times 100\%$$

（2-17）

一般情况下，如果相对幅度小于 20%，表明套管与水泥胶结良好；当相对幅度大于 40% 以上时，则表明套管与水泥胶结不好；当相对幅度介于 20% 和 40% 之间的，表明套管与水泥胶结中等。

利用声波幅度测井可以确定水泥帽和水泥面的位置。水泥帽以下为无水泥段，相对幅度介于 20% 和 40% 之间；水泥面以下为固井质量段，水泥面以上为混浆段。

声波幅度测井也可以用于查找套管断裂位置，在套管断裂处，由于套管波严重衰减，所以有一个明显的低值尖峰。

图 2-15 固井声幅测井曲线实例

二、声波变密度测井

声波变密度测井也称为全波列测井，是一种检查固井质量的测井方法。这种方法不仅能反映套管与水泥环之间（第一界面）的胶结情况，还能反映出水泥环与地层之间（第二界面）的胶结情况，比固井声幅测井更能全面反映固井质量。

声波变密度测井先后记录套管波、水泥环波、地层波和钻井液波。地面仪器根据接收到的整个波列的每个波的幅度将其变换成示波器上光点的亮度或宽度，然后用"同步摄像仪"进行照相记录。这样就得到一张连续变化的声波变密度测井图，如图 2-16 所示。在声波变密度测井图上，黑条带表示声波正半周，白条带表示声波负半周。黑条带颜色深浅程度的变

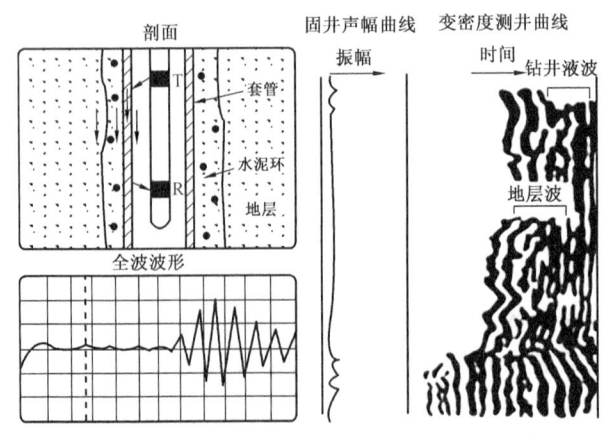

图 2-16 声波变密度测井（套管与水泥胶结良好）

化表示声波幅度的变化，颜色深表示幅度大，颜色浅表示幅度小。条带的宽度与声波信号的频率有关。

当套管与水泥环胶结良好且水泥环与地层胶结也好时，套管波变得很弱，而地层波较强。地层声波速度的变化造成了条带弯曲（速度快时向左弯，慢时向右弯）。由于套管和钻井液介质均匀，套管波和钻井液波表现为直线状黑白条带。

当套管和水泥胶结不好但水泥环与地层胶结良好时，声波能量大部分留在套管中，同时也有相当大的能量进入地层。这时，在声波变密度测井图上，套管波和地层波都有较明显的显示。

当套管与水泥环胶结不好且水泥环与地层胶结不好时，套管波较强，地层波很弱。当有钻井液气侵时，钻井液波变得很弱。

声波变密度测井除可用于检查固井质量外，还可以用于检查地层压裂效果和判断出砂层位等。

三、自然声波测井

用只有一个接收探头的自然声波测井仪记录井内自然声波幅度大小的测井方法称为自然声波测井。它测量的是井下自然声波的幅度，可以连续进行测量，也可以单点测量。

在有流体流动的井段，流体会冲击套管或井壁产生自然声波，故可以用自然声波测井去寻找产层（井温升高，自然声幅曲线值增大）。当自然声波幅度异常部位对应层是非渗透层时，可以确定下方地层流体是向上窜流造成的。因此，结合固井声幅测井曲线，可以确定窜流层位、井段，结合其他测井资料可进一步确定产层的流体性质。图2-17为利用自然声波测井寻找产层的实例。

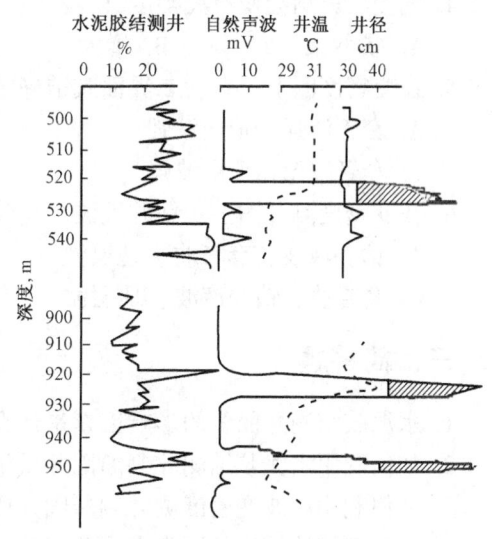

图2-17 利用自然声波测井寻找产层的实例

任务实施

一、任务内容

了解声幅测井的基本原理，了解声波变密度测井、自然声波测井，完成任务考核内容。

二、任务要求

（1）掌握声波幅度测井的应用；
（2）完成任务时间：20分钟。

任务考核

一、判断题

1. 在渗透性岩层处，声波速度值减小表明孔隙度增大。　　　　　　　　　　　　（　　）

2. 在岩石中，纵波传播的速度比横波传播速度快。   （   ）
3. 气层在声波时差曲线上数值高。   （   ）

二、选择题

1. 下面哪一个不是声波在套管井中传播的路径？（   ）
   A. 套管波   B. 横波   C. 地层波   D. 钻井液波
2. 声幅测井声波到达接收探头的时间顺序是（   ）。
   A. 套管波、地层波、钻井液波   B. 钻井液波、地层波、套管波
   C. 套管波、钻井液波、地层波   D. 地层波、钻井液波、套管波
3. 相对幅度法解释声幅测井，将（   ）的声幅作为100%。
   A. 混浆带处   B. 固井良好处   C. 固井中等处   D. 自由套管处
4. 气侵的影响会使声波幅度（   ）。
   A. 减小   B. 增大   C. 不变   D. 不确定
5. 在变密度图上，一、二界面胶结好的显示为（   ）。
   A. 套管波强，地层波强   B. 套管波无，地层波弱
   C. 套管波无，地层波强   D. 套管波强，地层波弱
6. 在变密度测井图上，钻井液波、套管波、地层波的排列顺序是（   ）。
   A. 钻井液波、套管波、地层波   B. 套管波、地层波、钻井液波
   C. 套管波、钻井液波、地层波   D. 钻井液波、地层波、套管波

三、简答题

1. 水泥胶结测井曲线的影响因素是什么？
2. 如何利用水泥胶结测井判断固井质量？
3. 如何利用声波变密度测井判断固井质量？
4. 影响套管波幅度的因素有哪些？

模块三　放射性测井

放射性测井，又称核测井（核辐射测井），是根据岩石及其孔隙流体和井内介质（套管、水泥等）的核物理性质，研究钻井地质剖面，寻找石油、天然气、煤以及铀等有用矿藏，研究石油地质、油井工程和油田开发的一类测井方法。

核辐射测井在整个测井中占有重要地位：（1）现有 40 多种测井方法，居各种测井方法之首；（2）能为石油勘探开发提供近 50 种物理参数，高于电法测井，居第一位；（3）测井作业量占整个测井作业量的 40% 左右，居第二位；（4）在套管井中或者说在开发测井中，核辐射测井居第一位，作业量也是第一的。

核辐射测井具有显著优势：（1）揭示的是岩石的核物理性质，即岩石中各种核素微观特性的宏观表现，深刻地反映了岩石的本质；（2）能在含有各种井内流体的裸眼井、套管井中，对不同类型的储层进行测量，这是其他测井方法所不具备的；（3）能提供大量物理参数，且大部分参数不可能用其他测井方法获得，具有不可替代性，如地层元素含量、含氢指数等；（4）是套管井测井和生产测井中最主要的测井方法，是油气藏剩余油挖潜和监测的主要测井手段。

放射性测井是油田常规测井方法，根据使用的放射性源或测量的放射性类型以及所研究的岩石核物理性质，可将放射性测井方法分为两大类：伽马测井和中子测井。本模块主要介绍自然伽马测井、自然伽马能谱测井、密度测井的原理、测量方法、测井资料的影响因素分析和资料解释应用等。

知识目标

（1）理解自然伽马测井、密度测井、中子测井的原理；
（2）了解自然伽马测井、密度测井、中子测井的仪器的结构组成；
（3）掌握自然伽马测井、密度测井、中子测井曲线的应用。

能力目标

（1）自然伽马测井曲线的识读与分析解释；
（2）密度测井曲线的识读与分析解释；
（3）中子测井曲线的识读与分析解释。

项目一　伽马测井

任务一　伽马测井准备

任务描述

伽马测井是放射性测井的一种（富媒体 3-1），以研究伽马射线与

富媒体 3-1　伽马测井基础知识

地层或流体相互作用为基础的测井方法。它通过测量井内岩层中自然存在的放射性元素核衰变过程中放射出来的γ射线的强度，进而研究地质问题的一种测井方法。这种测井方法可用于探测和评价放射性矿藏，在石油及天然气勘探与开发中也广为应用。

任务分析

本任务主要介绍自然伽马测井的原理、影响因素和测井资料的解释应用。通过本任务的学习，主要要求学生理解自然伽马测井原理、自然伽马测井曲线影响因素及自然伽马测井资料解释应用，使学生具备自然伽马测井曲线的分析解释能力。

学习材料

一、核衰变及其放射性

1. 原子的结构

物质由分子组成，分子是由两个或更多原子通过化学键连接在一起形成的。原子是由原子核和核外电子组成的，原子核位于原子的中心，由质子和中子组成。质子（Z）带正电荷，每个质子带有一个单位的正电荷。中子（N）不带电荷，即中性。原子核中的质子数决定了元素的种类，称为原子序数。原子核质量数（A）为质子数加中子数，$A = Z+N$，原子核的表示方法为$^A_Z X$。

2. 同位素与放射性核素

（1）核素：具有一定数目的质子和中子，并处在同一能态上的同类原子（或原子核）。同一核素的原子核中，质子数和中子数都分别相等。核素分为稳定核素和不稳定核素。稳定核素是核素的能量和结构不会发生变化，原子核不会自发地变为另一种核。不稳定核素是原子核能自发地改变结构，衰变成其他核素并发射出射线，由一种核变为另一种核，也称为放射性核素，其同位素称为放射性同位素。

（2）同位素：原子核中质子数相同而中子数不同的原子，它们具有相同的化学性质，在元素周期表中占同一位置，如氢的同位素——氘，氚。

（3）核素的丰度（%）：某种核素在其天然同位素混合物中所占的原子核数目的百分比。

3. 核衰变

放射性元素的原子核自发地释放出一种带电粒子（α或β），蜕变成另外某种原子核，并放出放射性射线的过程称为核衰变。能自发地释放α、β、γ射线的性质称为放射性，如$^{210}_{84}Po \longrightarrow ^{206}_{82}Pb + ^4_2He(α)$。

任何放射性元素衰变时，它的数量都按下列规律衰变而减少：

$$N = N_0 e^{-\lambda t} \tag{3-1}$$

式中　N_0——放射性元素的初始量；

　　　N——经过时间t后的放射性元素量；

　　　λ——衰变常数，是表征衰变速度的常数；

　　　t——衰变所经过的时间。

这个规律说明：随时间的增长，放射性元素的原子数量在减少，当$t \to \infty$时，$N \to 0$。除了用衰变常数λ以外，还常用半衰期T说明衰变的速度。半衰期就是从放射性元素原子核的初始量开始，到一半原子已发生衰变时所经历的时间。半衰期和衰变常数有如下关系：

$$T=\frac{0.693}{\lambda} \tag{3-2}$$

衰变常数越大，半衰期越短，放射性元素的衰变越快。

4. 放射性射线的性质

放射性物质可放出 α 射线、β 射线、γ 射线，它们具有不同的性质。

α 射线（He 流）是高速运动的氦原子核，带两个单位的正电荷，且质量大。穿透能力最低，但电离能力最强，在运动中容易引起物质的电离或激发而被物质吸收。所以其射程很短，在空气中约 2.5cm，在岩石中的穿透距离仅为 10^{-3}cm。所以，在井内探测不到 α 射线。

β 射线（电子流）是高速运动的电子流。它的穿透能力比 α 射线强，但电离能力比 α 射线弱。由于带电荷，其射程也很短，在空气中略大于 2.5cm。

γ 射线（光子流）是波长很短（频率很高）的电磁波或光子流。不带电，而且能量较高（0.5~5.3MeV）。电离能力最弱，但其穿透能力最强，一般能穿透几十厘米的地层、套管、仪器的外壳等。所以 γ 射线在放射性测井中能被探测到，因而得到利用。

除 α 射线、β 射线、γ 射线以外，放射性射线中还有中子射线。中子射线是人为产生的高速粒子流，不受核电场力的作用，具有很强的穿透能力，能够穿透几十厘米的岩石，并与岩石发生作用，是中子测井的放射性源。

5. 放射性强度的表示

放射性强度指放射性源单位时间内发生衰变的原子核数，也称放射性活度，单位是"居里"和"毫居里"。每秒有 3.7×10^{10} 次核衰变的放射性源的强度为 1 居里（Ci），通常用毫居里表示。在国际单位制中，放射性活度单位为贝可勒尔（Bq），$1Ci = 3.7\times10^{10}$Bq。在测井中，常以计数率（脉冲/min）作为强度单位。

二、γ 射线与物质的作用

γ 射线与物质相互作用时可产生以下三种效应。

1. 光电效应

γ 射线穿过物质与原子中的电子相碰撞，并将其能量交给电子，使电子脱离原子而运动，γ 光子本身则整个被吸收，被释放出来的电子称为光电子，这种现象称为光电效应，如图 3-1(a) 所示。

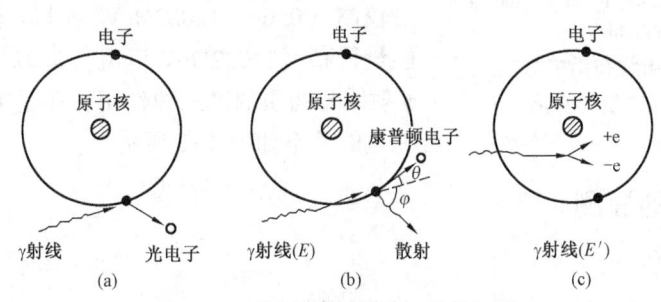

图 3-1　伽马射线与物质的三种作用
(a) 光电效应；(b) 康普顿效应；(c) 电子对效应

2. 康普顿效应

当 γ 射线的能量为中等数值，γ 射线与原子核外的电子发生作用时，把一部分能量传给电子，使电子从某一方向射出，此电子称为康普顿电子。损失了部分能量的射线向另一方向散射伽马射线，如图 3-1(b) 所示。这种效应称为康普顿效应。

γ 射线通过物质时，发生康普顿效应引起 γ 射线强度的减弱，减弱程度通常用康普顿吸收系数 Σ 表示。Σ 与吸收体的原子序数 Z 和吸收体单位体积内的电子数成正比，其公式为

$$\Sigma = \sigma_e \frac{Z N_A \rho}{A} \tag{3-3}$$

式中 σ_e——每个电子的康普顿散射截面，若 γ 光子的能量在 0.25~2.5MeV 的范围内，它可被看成常数；

N_A——阿伏伽德罗常数，为 $6.022045 \times 10^{23} \mathrm{mol}^{-1}$；

A——质量数；

ρ——密度，kg/m^3。

3. 电子对效应

当入射 γ 光子的能量大于 1.022MeV 时，它与物质作用就会使 γ 光子转化为电子对，即一个负电子和一个正电子，而其本身被吸收。这种过程称为电子对效应，如图 3-1(c) 所示。

三、γ 射线的吸收

由于 γ 射线通过物质时与物质产生三种作用，γ 光子被吸收，所以 γ 光子的数量随着穿过物质厚度加大而逐渐减小，γ 射线的强度也在逐渐减弱，并随着吸收物质的吸收系数增大而加剧，关系如下：

$$I = I_0 e^{-\mu L} \tag{3-4}$$

式中 I_0，I——未吸收物质和经过厚度为 L 吸收物质后的 γ 射线的强度；

μ——总吸收系数，与三种作用都有关。

γ 射线通过物质时，以上三种作用都可能发生，但能量低（0.66MeV 以下）时以光电效应为主，能量较高（0.66~1.022MeV）时以康普顿效应为主，能量很高（1.022MeV 以上）时以形成电子对为主。γ 射线与物质的这三种作用，在铅中产生的概率与 γ 能量的关系如图 3-2 所示。

图 3-2 γ 射线在铅中的吸收系数随能量的变化

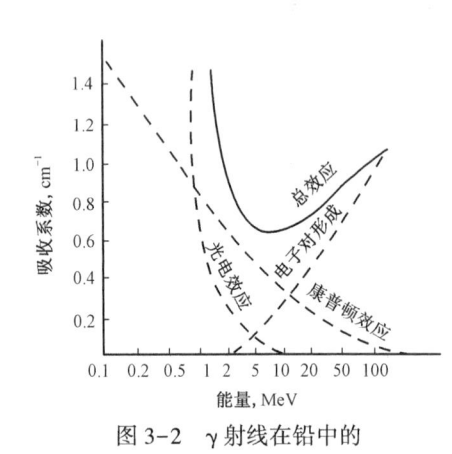

四、γ 射线的探测

1. 放电计数管

如图 3-3 所示，放电计数管是利用放射性辐射使气体电离的特性来探测 γ 射线的。密闭的玻璃管内充满惰性气体，装有两个电极，中间一条细钨丝是阳极，玻璃管内壁涂上一层

金属物质作为阴极，在阴阳极之间加高电压。当岩层中的γ射线进入管内时，它从管内壁的金属物质中打出电子来。这些具有一定动能的电子在管内运动引起管内气体电离，产生电子和正离子极，引起阳极放电。因而通过计数管，在高压电场作用下，电子被吸向阳极，有脉冲电流产生，使阳极电压降低形成一个负脉冲，被测量线路记录下来。再有γ射线进入计数管时，就又有新的脉冲被记录下来。这种计数管对γ射线的记录效率很低（1%~2%），仅供理论参考。

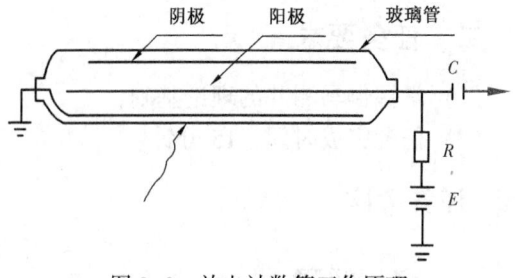

图3-3 放电计数管工作原理

2. 闪烁晶体计数管

闪烁晶体计数管由光电倍增管和碘化钠晶体组成，如图3-4所示。它是利用被γ射线激发的物质的发光现象来探测射线的。当γ射线进入NaI晶体时，就从它的原子中打出电子来，这些电子具有较高的能量，将与它们相碰撞的原子激发。被电子激发的原子回到稳定的基态时，就放出闪烁光子。光子传导到光阴极上，与光阴极发生光电效应，产生光电子。这些光电子在到达阳极的途中，要经过聚焦电极和若干个联极（又称打拿极）。聚焦电极把从光阴极放出来的光电子聚焦在联极 D_1 上。从 D_1 至 D_8 联极电压逐级增高，因而光电子逐级加速，这样，电子数量将逐级倍增。大量电子最后到达阳极，使阳极电压瞬时下降，产生电压负脉冲，输出的电压脉冲数目与荧光体闪光的次数一致。显然，伽马射线的强度越大，单位时间内打出的光电子数目越多，输出端产生的负脉冲数越多。因此可以用记录单位时间的电压脉冲数来描述伽马射线的强度。

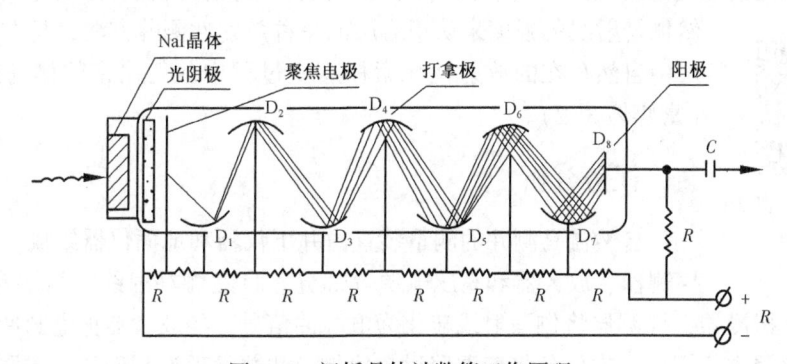

图3-4 闪烁晶体计数管工作原理

一般闪烁晶体计数管中光电倍增管联极的数目为9~11个，放大倍数为 10^5~10^6，由光电倍增管和NaI晶体构成的计数管具有计数效率高、分辨时间短的优点，在放射性测井中被广泛应用。

任务实施

一、任务内容

了解核衰变原理，了解γ射线与物质的作用，完成任务考核内容。

二、任务要求

（1）掌握伽马测井的理论基础；
（2）任务完成时间：15分钟。

任务考核

一、名词解释

核衰变　放射性　光电效应　康普顿效应

二、简答题

1. 伽马射线与物质发生哪些作用？
2. 简述γ射线的吸收原理。
3. 什么是放射性？
4. 为什么放射性测井仪器要经常标准化？

任务二　自然伽马测井

任务描述

岩石中所含的放射性元素的种类和数量不同，放射性强度也不同。岩石的自然伽马放射性水平主要决定于铀（U）、钍（Th）、钾（K）的含量。自然伽马测井是通过测量岩层的自然伽马射线的强度来认识岩层的一种放射性测井方法，是在井内测量岩层中自然存在的放射性元素核衰变过程中放射出来的伽马射线的强度（富媒体3-2）。

富媒体3-2　自然伽马测井

任务分析

自然伽马测井的测量装置由井下仪器和地面仪器组成，井下仪器有探测器、放大器和高压电源等部分。自然伽马射线由岩层穿过钻井液、仪器外壳进入探测器，探测器将伽马射线转化为电脉冲信号，经放大器把电脉冲放大后由电缆送到地面仪器进行记录。本任务将着重探讨自然伽马测井的理论基础和基本原理等。

学习材料

一、岩石的自然放射性

岩石的自然放射性决定于岩石所含的放射性元素的种类和数量。岩石中的自然放射性元素主要是铀（$^{238}_{92}U$）、钍（$^{232}_{90}Th$）、锕（$^{227}_{89}Ac$）及其衰变物和钾的放射性同位素（$^{40}_{19}K$）等，这些元素的原子核在衰变过程中能放出大量的α射线、β射线、γ射线，所以岩石具有自然放射性。

不同岩石放射性元素的种类和含量是不同的，它与岩性及其形成过程中的物理化学条件有关。

一般来说，火成岩在三大岩类中放射性最强，其次是变质岩，最弱的是沉积岩。沉积岩按其放射性元素含量的多少可分为五类：

(1) γ射线最低的岩石为硬石膏、石膏、不含钾盐的盐岩、煤和沥青。

(2) γ射线较低的是砂岩、砂层、石灰岩、白云岩。

(3) γ射线较高的是浅海相和陆相沉积的泥岩、泥灰岩、钙质泥岩及含砂泥岩。

(4) γ射线高的岩石为钾岩、深水泥岩。

(5) γ射线最高的岩石为膨润土岩、火山灰及放射性软泥。

一般情况下，沉积岩的放射性主要取决于岩层的泥质含量。

二、自然伽马测井的测量原理

自然伽马测井测量装置由井下仪器和地面仪器组成。自然伽马射线由岩层穿过钻井液、仪器外壳进入探测器，探测器将γ射线转化为电脉冲信号，地面仪器则可记录出每分钟形成的电脉冲数，以计数率（1/min）或标准化单位（如μR/h或API）刻度。所记录的曲线则称为自然伽马测井曲线（用GR表示）。

三、自然伽马测井曲线的特点及影响因素

1. 自然伽马测井曲线的特点

自然伽马测井曲线如图3-5所示。

(1) 当上下围岩的放射性物质含量相同时，曲线形状对称于地层中点。

(2) 若存在高放射性地层，对着地层中心曲线有一极大值，并且它随地层厚度h的增加而增大，当$h \geq 3d_0$时（d_0为井径值），GR_{max}值与岩石的自然放射性强度成正比。

(3) 当$h \geq 3d_0$时，由曲线的半幅点确定的地层厚度为真厚度；当$h < 3d_0$时，因受低放射性围岩的影响，自然伽马幅度值随层厚h减小而减小，地层越薄，曲线幅度值就越小。用半幅点确定的地层厚度大于地层的真实厚度，通常分层界线向自然伽马曲线尖端移动。

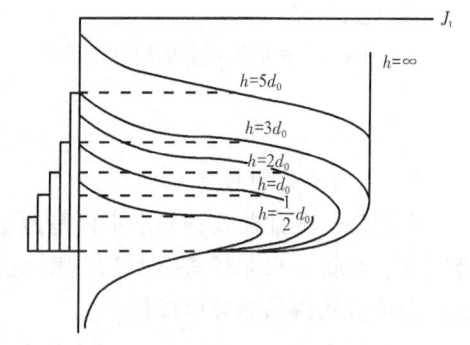

图3-5 自然伽马测井理论曲线

2. 自然伽马测井曲线的影响因素

1) v、t的影响（v为测井速度，t为时间常数）

当测井速度很小时，测得的曲线形状与理论曲线相似；当测井速度v增加时，曲线形状发生沿仪器移动方向偏移的畸变。地层厚度越小，v、t越大，曲线畸变越严重。为防止测井曲线畸变，必须限制测速及采用适当的积分时间常数。

2) 放射性涨落的影响

由于地层中放射性元素的衰变是随机的且彼此独立，在放射源和测量条件不变并在相等的时间间隔内进行多次γ射线强度测量时，每次记录的结果不同，其值总是在以平均值n为中心的某个范围内变化的现象称为放射性涨落。因而自然伽马测井曲线上具有许多"小锯齿"的独特形态，如图3-6所示。

放射性测井曲线上读数变化的原因有两种：一种是由于放射性涨落引起的；另一种是由地层放射性的变化引起的。正确地区分这两种变化，是对放射性测井曲线正确解释的前提。

3）地层厚度对曲线幅度的影响

如图3-7所示，剖面由放射性元素含量较低的三层砂岩和放射性元素含量较高的四层泥岩组成。可以看出，砂岩层变薄，自然伽马测井曲线值会受到周围泥岩的影响，读值增大；泥岩层变薄，自然伽马测井曲线值会受到周围砂岩的影响，读值减小。因此，对于 $h<3d_0$ 的地层，在应用自然伽马测井曲线时，应考虑层厚的影响。

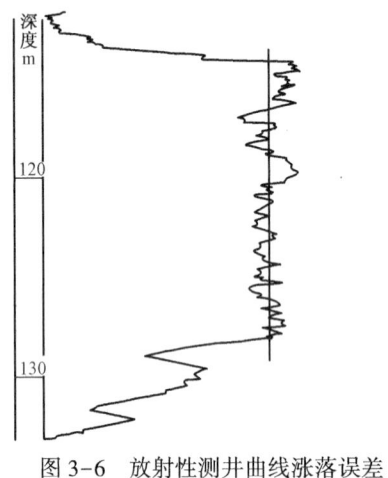

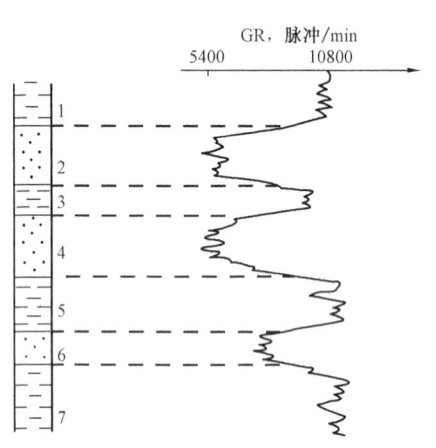

图3-6 放射性测井曲线涨落误差　　图3-7 地层厚度对自然伽马曲线的影响

1~7为层号

4）井的参数的影响

自然伽马测井曲线的幅度不仅是地层的放射性函数，而且还受井眼条件（井径、钻井液密度、套管、水泥环等参数）的影响。钻井液、套管、水泥环吸收伽马射线，所以这些物质会使自然伽马测井值降低。

四、自然伽马测井曲线的应用

1. 划分岩性

利用自然伽马测井曲线划分岩性，主要是根据岩层中泥质含量不同进行的。由于各地区岩石成分不一样，在砂泥岩剖面中，砂岩显示出最低值，黏土（泥岩、页岩）显示最高值，而粉砂岩、泥岩介于中间，随着岩层中泥质含量增加，曲线幅度增大，如图3-7所示。

在碳酸盐岩剖面中，随泥质含量增加，曲线的幅值增大，如图3-8所示。

在膏岩剖面中，用自然伽马测井曲线可以划分岩性，并划分出砂岩储层。在这种剖面中，岩盐、石膏层的曲线值最低，泥岩最高，砂岩介于上述二者之间。曲线靠近高值的砂岩层的泥质含量较多，是储集性较差的砂岩；而曲线靠近低值的砂岩层则是较好的储层。

2. 地层对比

与用自然电位和普通电阻率测井曲线比较，利用自然伽马测井曲线进行地层对比有以下几个优点：

（1）自然伽马测井曲线与地层水、钻井液的矿化度无关。

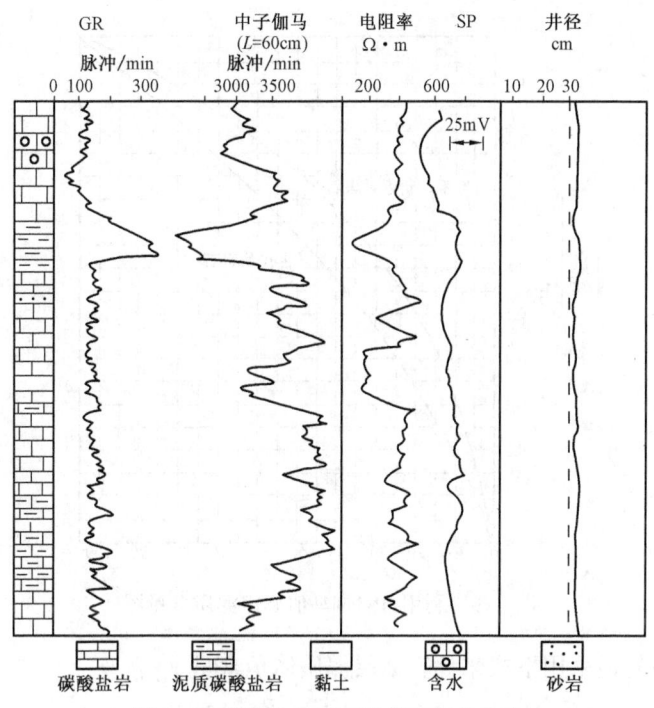

图 3-8 碳酸盐岩剖面放射性测井曲线

（2）自然伽马测井曲线值在一般条件下与地层中所含流体性质（油或水）无关。

（3）在自然伽马测井曲线上容易找到标准层，如海相沉积的泥岩在很大区域内显示明显的高幅度值。

在膏盐剖面地区，由于视电阻率和自然电位测井曲线显示不好，进行地层对比用自然伽马测井曲线更为必要。

3. 估算泥质含量

在不含放射性矿物的情况下，泥质含量的多少就决定了沉积岩石放射性的强弱。利用自然伽马测井资料来估算泥质含量，具体方法有以下两种。

（1）相对值法。地层中的泥质含量与自然伽马读数 GR 的关系往往是通过实验确定的。德莱赛测井公司在墨西哥湾采用下式求泥质的体积含量 V_{sh}，有

$$V_{sh} = \frac{2^{GCUR \cdot I_{GR}} - 1}{2^{GCUR} - 1} \tag{3-5}$$

$$I_{GR} = \frac{GR - GR_{min}}{GR_{max} - GR_{min}} \tag{3-6}$$

式中 GCUR——希尔奇（Hilchie）指数（与地层地质时代有关，可根据取心分析资料与自然伽马测井值进行统计确定，对北美古近系、新近系地层取 3.7，对老地层取 2）；

I_{GR}——自然伽马相对值，也称泥质含量指数；

GR，GR_{min}，GR_{max}——目的层、纯泥岩层和纯砂层的自然伽马读数值。

图 3-9 是利用 I_{GR} 确定泥质含量 V_{sh} 的图版。

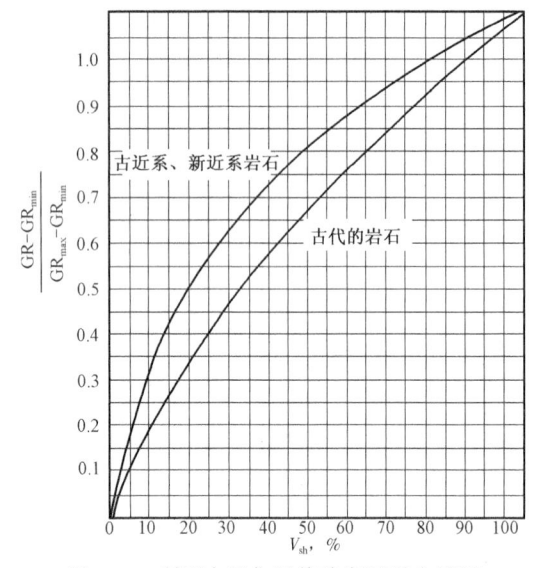

图 3-9 利用自然伽马值确定泥质含量图

（2）斯伦贝谢公司采用下式来计算地层泥质体积含量 V_{sh}：

$$V_{sh} = \frac{\rho_b GR - B_0}{\rho_{sh} GR_{sh} - B_0} \tag{3-7}$$

$$B_0 = \rho_{sd} \cdot GR_{sd} = \rho_{IS} \cdot GR_{IS}$$

式中　B_0——纯地层的背景值；

ρ_b，ρ_{sh}，ρ_{sd}，ρ_{IS}——目的层、泥岩层、纯砂岩、纯石灰岩的体积密度（由密度测井曲线读出）；

GR，GR_{sh}，GR_{sd}，GR_{IS}——目的层、泥岩层、纯砂岩、纯石灰岩的自然伽马测井值，API。

❖ 任务实施

一、任务内容

了解岩石的自然放射性特征，了解自然伽马测井的测量原理，完成任务考核内容。

二、任务要求

（1）掌握自然伽马测井曲线的特点；
（2）掌握自然伽马测井曲线的应用。
（3）完成任务时间：20 分钟。

❖ 任务考核

一、判断题

1. 伽马测井是根据测量参数是 γ 射线强度而命名的。　　　　　　　　　　　　（　　）
2. 泥质含量越多，自然伽马曲线幅度值越大。　　　　　　　　　　　　　　　（　　）

3. 一般来说，砂岩放射性元素含量比泥岩多。（　　）

二、选择题

1. γ射线（　　），是一种波长极短的电磁波。
   A. 带电　　　　　B. 不带电　　　　　C. 带正电　　　　　D. 带负电
2. γ射线的穿透能力（　　）。
   A. 很小　　　　　　　　　　　　　　　B. 比α射线小
   C. 比β射线小　　　　　　　　　　　　D. 比α、β射线强得多
3. 发生电子对效应的γ光子的能量要大于（　　）。
   A. 1.022eV　　　B. 1.022keV　　　C. 1.022MeV　　　D. 1.22MeV
4. 下面所列测井方法中属于伽马测井方法的是（　　）。
   A. 密度测井　　　B. 中子伽马测井　　C. 中子寿命测井　　D. 热中子测井
5. 富含有机质时，自然伽马放射性强度将（　　）。
   A. 增大　　　　　　　　　　　　　　　B. 减小
   C. 不变　　　　　　　　　　　　　　　D. 在某一点附近波动
6. 岩石的自然伽马测井值随泥质含量增加而（　　）。
   A. 增大　　　　　B. 减小　　　　　　C. 不变　　　　　　D. 变化很小

任务三　自然伽马能谱测井

📋 任务描述

传统的自然伽马（GR）测井仅能反映地层中所有放射性核素的总效应，而区分不出地层中所含放射性核素的种类和含量。自然伽马能谱测井采用能谱分析的办法，定量测量地层中铀（U）、钍（Th）、钾（K）的含量，并给出地层总的伽马放射性强度，利用其测量值可以研究地层特性，对地层进行综合分析。

👥 任务分析

自然伽马能谱测井采用能谱分析的办法，定量测量地层中铀（U）、钍（Th）、钾（K）的含量，并给出地层中总的伽马放射性强度。自然伽马能谱（NGS）测井提供的资料主要为地层中总自然伽马（GR）、无铀伽马（KTH）及地层中铀（U）、钍（Th）、钾（K）的含量，利用不同曲线测量值研究地层的特性，包括计算泥质含量、识别高放射性渗透性储层、识别岩性、分析黏土矿物类型、研究沉积环境及烃源岩的评价等。应用自然伽马能谱测井资料对储层进行综合分析，对油田的油气勘探开发具有重要意义。

📚 学习材料

一、自然伽马能谱测井原理

自然伽马能谱测井是根据铀、钍、钾三种放射性元素在衰变时放出的γ射线能谱不同，测定地层中铀、钍、钾含量的一种测井方法。

自然伽马测井，测量的是地层中能量大于100keV的所有自然伽马射线的计数率。其优点是仪器结构简单、成本低、统计误差小。其缺点是由于仪器记录的是总计数率，因而不能区分放射性核素的种类。此外，当地层中除骨架与泥质含放射性外，还存在放射性矿物（如云母、钾长石、有机质等）时，用自然伽马测井资料求的泥质含量偏高，因为把这些非泥质放射性矿物产生的放射性全当作泥质处理了。如图3-10所示，5583~5588m深度段就出现了高GR、铀泥质含量低的现象。

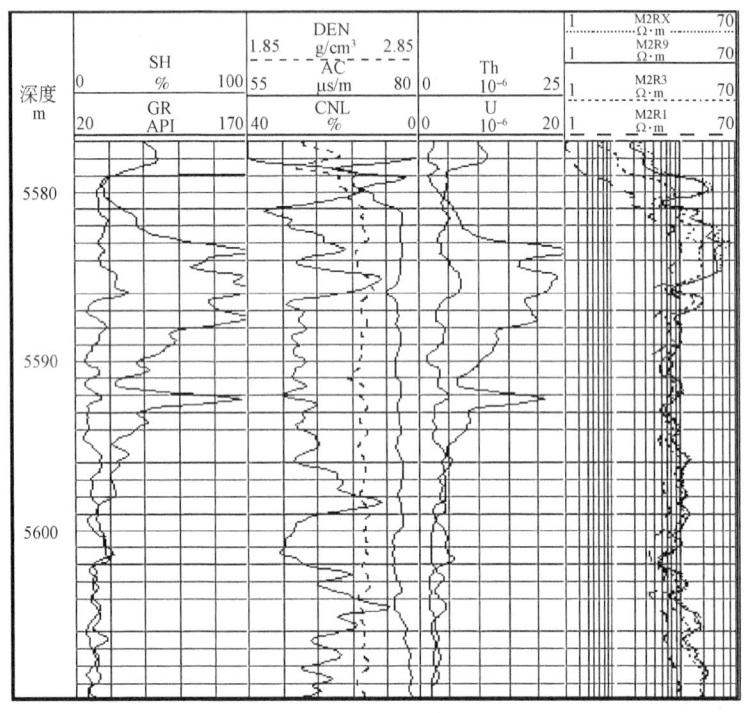

图3-10 某井测井曲线

通过对自然伽马射线能谱分析，不仅可以测定地层放射性总的水平，而且可以分别测出与泥质含量关系比较稳定的铀、钍、钾的含量，铀、钍、钾在地层中的分布与岩性、有机物的含量及地层水的活动有着密切关系，从而更好地来确定和划分地层岩性剖面，解决更多的地质和油田开发中的问题。

黏土岩中铀（^{238}U）、钍（^{232}Th）和钾（^{40}K）皆有分布，一般来说，在普通黏土岩中钾和钍的含量高，而铀相对钾和钍来说含量较低。统计表明黏土岩中平均含钾2%，铀6×10^{-6}，钍12×10^{-6}。在还原环境中，铀的含量会增高，如黑色海相页岩中铀含量可高达100×10^{-6}。还原环境下，若黏土中富含有机物或硫化物时，铀含量明显增高。一般情况，黏土岩中钍与铀含量之比（Th/U）在2.0~4.1。

纯的砂岩和碳酸盐岩放射性元素含量很低，但有些地层也可能具有很高的放射性，这些高放射性地层又可能是储层，此类储层用普通自然伽马测井是无法识别的，而用自然伽马能谱测井却往往能成功地将其和泥岩区别开。

渗透性地层中U含量的增高与地层水的活动有密切关系。有些储层还由于岩石骨架中含有放射性重矿物而显示为高放射性地层。

图3-11为放射性矿物伽马射线能谱，^{40}K只有能量为1.46MeV伽马射线，铀系和钍系

有各种能量伽马射线，但大部分分布在 1.3MeV 以下；钍系在 2.62MeV 处有一明显峰值，可作为钍系的特征谱；铀系在 1.76MeV 处也出现一个峰值，作为铀系的特征谱。

自然伽马能谱测井仪的下井仪器与自然伽马测井仪基本相同，使用 NaI 闪烁计数器，将入射的伽马射线能量的大小以脉冲的幅度大小输出，不同之处是地面仪器部分，其测量原理如图 3-12 所示。

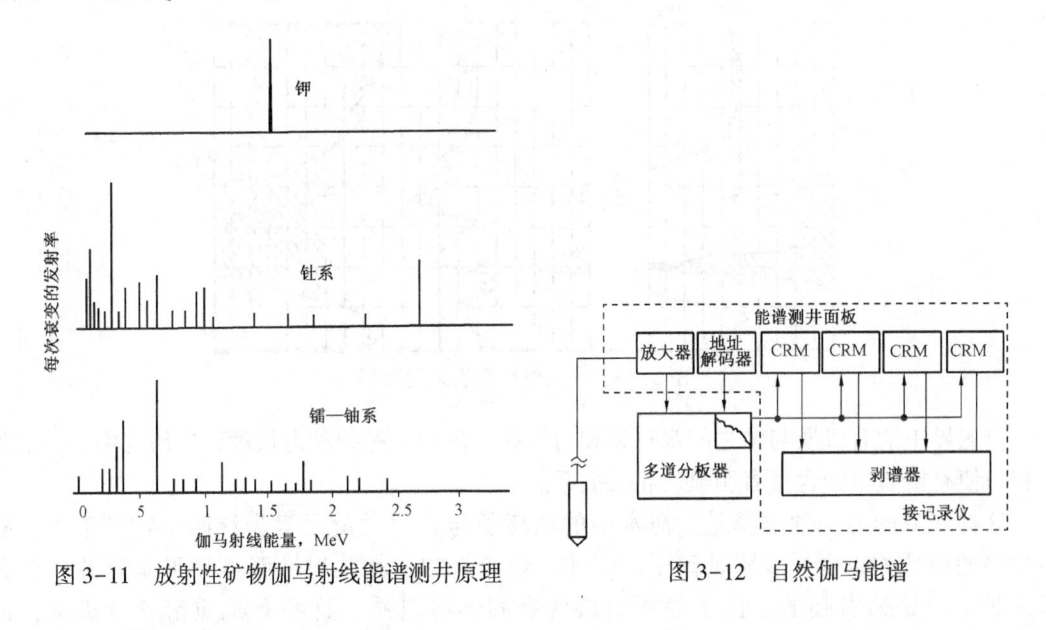

图 3-11　放射性矿物伽马射线能谱测井原理

图 3-12　自然伽马能谱

二、自然伽马能谱测井的应用

1. 寻找高放射性的储层

自然伽马能谱测井最见生产成效的应用是寻找和划分具有高自然伽马放射性的储层。因为人们传统的概念，储层是低放射性的、泥质含量较少的、比较纯的岩石，因而忽视了高放射性储层的生产价值。但随着生产的发展和勘探程度的提高以及自然伽马能谱测井的应用，虽然这种传统的储层仍居主导地位，但高放射性的储层也日益引起人们的重视。

这类高放射性储层可以出现在各类岩石中，包括泥岩。其基本特征是总自然放射性高和铀含量高，而钾和钍含量较低。对非泥岩，钾和钍含量低说明泥质少，岩性较纯，而铀含量高说明它对高放射性起了决定作用，但它是岩石有渗透性的标志。因为长期水流作用形成含铀沉淀物。如果泥岩是脆性的或含有脆性钙质、粉砂质和燧石薄互层，则有可能形成裂缝系统，使泥岩不但是生油层，而且在局部地方可成为储油层。美国依靠自然伽马能谱测井，已在一些地区的泥岩层段形成相当生产能力。但这些都是对岩石渗透性的判断，还要注意含油性。图 3-13 是美国科罗拉多州高放射性裂缝储层实例。该图全井段都是泥岩，铀、钍、钾含量都相当高，而其中部铀含量和总放射性异常高，已证明是泥岩裂缝储层，并追加了勘探部署。

2. 研究生油层

大量研究表明，岩石中的有机物对铀富集起着重要作用，因此应用自然伽马能谱测井，可在纵向和横向上追踪生油层和评价生油层生油能力。

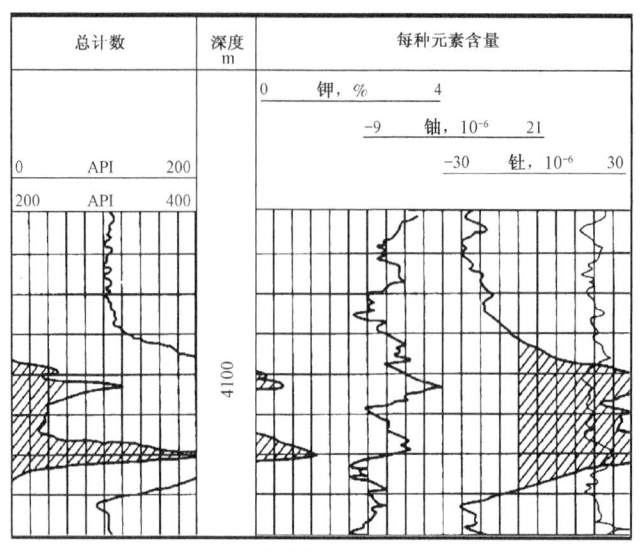

图 3-13 高放射性泥岩裂缝储层

自然界中的有机质与铀之间都有亲和力存在。虽然这种亲和力机理还在研究中，但这种亲和力使有机质与铀含量有明显的相关关系。

这种现象的另一种解释是，海水中的铀离子与其他微量元素为浮游生物所吸附；陆生植物的腐殖酸也容易吸附铀离子。因此，烃源岩的自然放射性明显高于非烃源岩，并且这种增加是铀引起的。由于烃源岩层含有固体有机质，这些有机质富含有机碳，而有机质具有密度低和吸附性强等特征。因此，烃源岩层在许多测井曲线上具有异常反应。

在正常情况下，含碳越高的烃源岩层，其测井曲线上的异常反应就越大。自然伽马曲线常表现为高异常。在还原环境和有机质富集的条件下，可以使泥质沉积吸附大量的铀离子，自然伽马能谱测井中铀曲线代表地层中铀的含量，可以用来评价生油岩。有关研究资料表明，在还原环境下，铀含量的高低与有机碳的含量有密切的关系，有机碳含量越高，铀的含量也越高，有机碳含量与铀含量是一种递增关系，因此铀值越高，评价生油岩就越有利。如图 3-14 中的曲线显示：上部的高放射性地层铀含量特别高，是富含有机物的生油层，而下部的高放射性地层钾、铀、钍含量都比较高，但铀并不特别高，是普通页岩。图中致密灰岩呈明显的低放射性。

3. 研究沉积环境

统计表明：陆相沉积、氧化环境、风化层，Th/U>7；海相沉积、灰色或绿色页岩，Th/U<7；海相黑色页岩、磷酸盐岩，Th/U<2。

用 Th/U、U/K 和 Th/K 比值还可研究许多其他地质问题，如从化学沉积物到碎屑沉积物 Th/U 比增加，随着沉积物的成熟度增加，Th/K 比增大。

4. 求泥质含量

一般不用铀曲线计算地层的泥质含量。用去铀的伽马曲线、钍含量、钾含量曲线计算地层的泥质含量，计算关系式与应用自然伽马曲线计算地层的泥质含量的关系式相同。

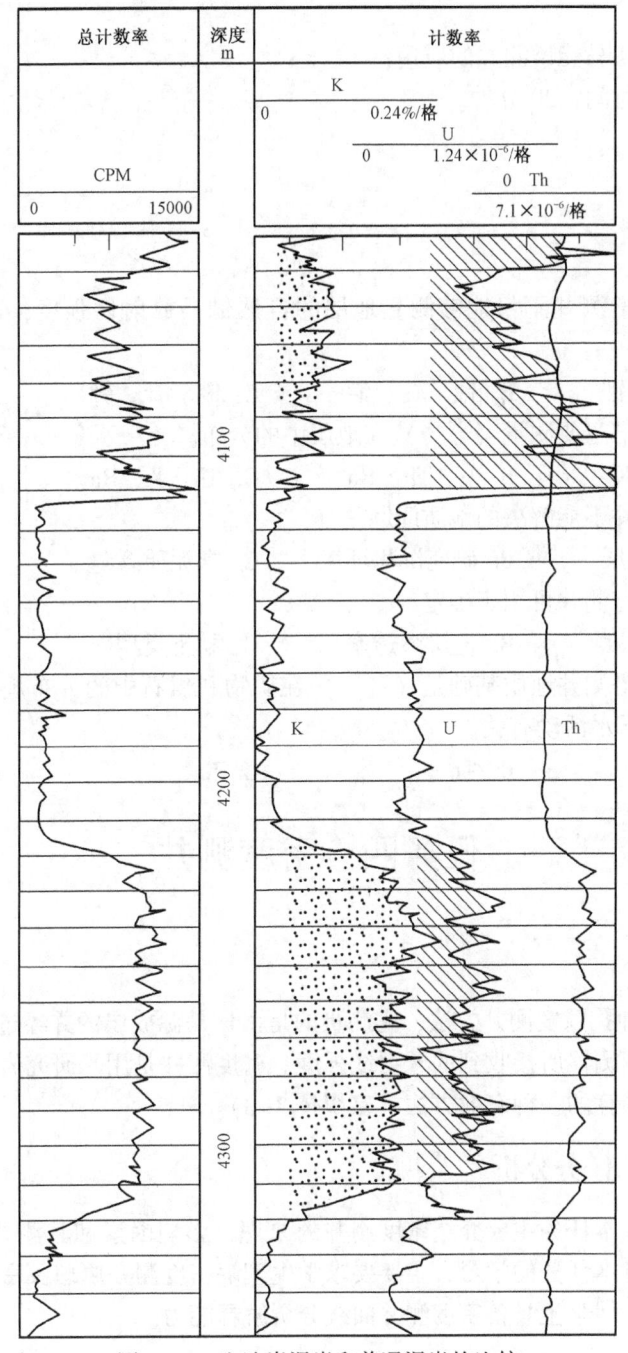

图 3-14 生油岩泥岩和普通泥岩的比较

❖ 任务实施

一、任务内容

了解自然伽马能谱测井的基本原理，完成任务考核。

二、任务要求

（1）掌握自然伽马能谱测井的应用；
（2）完成任务时间：20分钟。

任务考核

选择题

1. 自然伽马能谱测井不仅能够测量地层的自然伽马放射性强度，还可以测量地层中（　　）的含量。
   A. 铀、钍、钾　　B. 铀、钍、铜　　C. 铜、钍、钾　　D. 氕、氘、钾

2. 自然伽马能谱主要测量（　　）在地层中的分布。
   A. U、Th、K　　B. U、Th、Ra　　C. Th、K、Ra　　D. Ra、U、Po

3. 自然伽马测井不能解决的地质问题是（　　）。
   A. 研究生油层　　B. 研究沉积环境　　C. 求泥质含量　　D. 求孔隙度

4. 自然伽马能谱测井可用于确定（　　）。
   A. 地层孔隙度　　B. 地层渗透率　　C. 黏土类型　　D. 地层水电阻率

5. 自然伽马能谱测井地质基础是（　　）在矿物和岩石中的分布规律与岩石的矿物成分、成岩环境和地下水活动有关。
   A. U　　B. Th　　C. K　　D. U、Th、K

任务四　密度测井

任务描述

密度测井是一种孔隙度测井方法，它测量的是由伽马源放出的并经过地层散射和吸收而被探测器所接收到的γ射线强度。密度测井是用来研究岩层性质、进行孔隙度计算的一种有效方法（富媒体3-3）。

富媒体3-3 密度测井

任务分析

本任务主要介绍密度测井的原理、影响因素和其测井资料的解释应用。通过本任务的学习，主要要求学生理解密度测井原理及密度测井曲线解释应用，使学生具备密度测井曲线分析解释能力。

学习材料

一、密度测井的地质物理基础

1. 岩石的体积密度 ρ_b

每立方厘米体积岩石的质量称为岩石的体积密度，单位是 g/cm^3。孔隙中饱含淡水的纯石灰岩的体积密度与孔隙度的关系为

$$\rho_b = (1-\phi)\rho_{ma} + \phi\rho_f \tag{3-8}$$

式中 ρ_{ma}, ρ_f——骨架密度和孔隙流体密度；

ϕ——孔隙度。

2. 康普顿散射吸收系数 Σ

中等能量的 γ 射线和物质发生的是康普顿散射，散射的结果使 γ 射线的强度减小，用康普顿散射吸收系数 Σ 来表示，计算公式见式(3-3)。

对于沉积岩石中大多数元素来讲，Z/A 的比值均接近于 0.5，见表 3-1。

表 3-1 几种元素 Z/A 的值

元素	氢 H	碳 C	氧 O	钠 Na	硅 Si	氯 Cl	钙 Ca	镁 Mg
Z/A	0.492	0.499	0.500	0.479	0.498	0.479	0.499	0.495

因为已知入射 γ 射线的能量在一定范围内，σ_e 是个常数，所以康普顿散射吸收系数的大小只与岩石的体积密度有关。

3. 岩石的光电吸收截面

1) 岩石的光电吸收截面指数 P_e

光电吸收截面指数是描述发生光电效应时物质对 γ 光子吸收能力的一个参数，是 γ 光子与岩石中的电子发生的平均光电吸收截面，单位是 b/电子。它和原子序数有如下关系：

$$P_e = a \cdot Z^{3.6} \tag{3-9}$$

式中 a——常数。

由式(3-9)可见，地层岩性不同，P_e 有不同的值。P_e 对岩性敏感，可用来区分岩性。P_e 是岩性密度测井测量的一个参数。

2) 体积光电吸收截面 U

体积光电吸收截面是每立方厘米物质的光电吸收截面，以 U 表示，单位是 b/cm³。不同岩性地层的体积光电吸收截面不同。表 3-2 列出了常见矿物和流体的 P_e 和 U 值。

表 3-2 常见矿物和流体的 P_e、U 值

矿物和流体	石英	方解石	白云石	石膏	硬石膏	岩盐	淡水	盐水 12000mg/L	盐水 20000mg/L	油气 CH₂	油气 CH₄
P_e b/电子	1.806	5.084	3.142	3.420	5.055	4.169	0.358	0.807	1.2	0.119	0.125
U b/cm³	4.79	13.77	9.00	8.11	14.95	9.65	0.40	0.96	1.48	0.11	0.12

从表 3-2 中可以看出，U 和 P_e 一样，对地层岩性敏感，U 也是岩性密度测井所要确定的一个参数。体积光电吸收截面 U 与光电吸收截面指数 P_e 有下述关系：

$$P_e = U/\rho_b \tag{3-10}$$

所以可以由 P_e 求 U。

二、密度测井的基本原理

图 3-15 是常用的一种密度测井仪示意图。它包括一个伽马源、两个接收 γ 射线的探测器（即长源距探测器和短源距探测器）。它们安装在滑板上，测井时被推靠到井壁上。在下

井仪器的上方装有辅助电子线路。

通常用 ^{137}Cs 作伽马源,它发射的 γ 射线具有中等能量(0.661MeV),用它照射物质只能产生康普顿散射和光电效应。由于地层的密度不同,对 γ 光子的散射和吸收的能力不同,探测器接收到的 γ 光子的计数率也就不同。

在密度测井中,伽马源到探测器之间的距离称为源距。在密度大的地层中,计数率随源距的增长下降得快;而在密度小的地层中,计数率随源距的增大下降得慢。在不同密度的地层中,计数率与源距的关系曲线有一个交点,相应的源距称为零源距。当源距为零源距时,不同密度的地层中有相同的计数率,仪器对地层密度的灵敏度为零。小于零源距的源距称为负源距,大于零源距的源距称为正源距。密度测井均采用正源距。

已知通过距离为 L 的 γ 光子的计数率为

$$N = N_0 e^{-\mu L} \tag{3-11}$$

若只存在康普顿散射,则 μ 为康普顿散射吸收系数,所以

$$N = N_0 e^{-\frac{\sigma_e Z N_A}{A} \rho_b L} \tag{3-12}$$

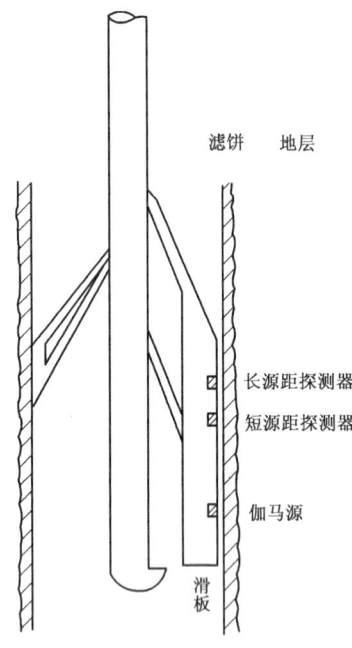

图 3-15 密度测井仪示意图

由于沉积岩的 $Z/A = 0.5$,故

$$N = N_0 e^{-\frac{\sigma_e N_A}{2} \rho_b L} \tag{3-13}$$

式(3-13)两边取对数,则得

$$\ln N = \ln N_0 - \frac{\sigma_e N_A}{2} \rho_b L = \ln N_0 - K \rho_b L \tag{3-14}$$

其中,$K = \sigma_e N_A / 2$ 为常数。由式(3-14)可见,探测器记录的计数率 N 在半对数坐标系上与 ρ_b 和 L 呈线性关系。

当井壁上有滤饼存在,且滤饼的密度与地层的密度不同时,滤饼对测量值有一定的影响。为了补偿滤饼的影响,密度测井采用两个探测器(长源距和短源距),得到两个计数率 N_{ls} 和 N_{ss},利用长源距计数率 N_{ls} 得到一个视地层密度 ρ'_b,再由 N_{ls} 和 N_{ss} 得到一个滤饼影响校正值 $\Delta\rho$,则地层密度 $\rho_b = \rho'_b + \Delta\rho$。密度测井同时输出 ρ_b 和 $\Delta\rho$ 两条曲线,如图 3-16、富媒体 3-4 所示。密度测井还可以输出石灰岩孔隙度测井曲线,测量使用的仪器是在饱含淡水的石灰岩地层中刻度的。

富媒体 3-4 补偿密度测井

三、密度测井资料的应用

(1)确定岩层的孔隙度。确定岩层孔隙度是密度测井的主要应用。若纯岩石孔隙度为 ϕ,骨架密度、孔隙流体密度和岩层体积密度分别为 ρ_{ma}、ρ_f、ρ_b,则其体积密度和孔隙度 ϕ 的关系为

$$\rho_b = (1-\phi)\rho_{ma} + \phi\rho_f \tag{3-15}$$

所以

$$\phi = \frac{\rho_{ma} - \rho_b}{\rho_{ma} - \rho_f} \tag{3-16}$$

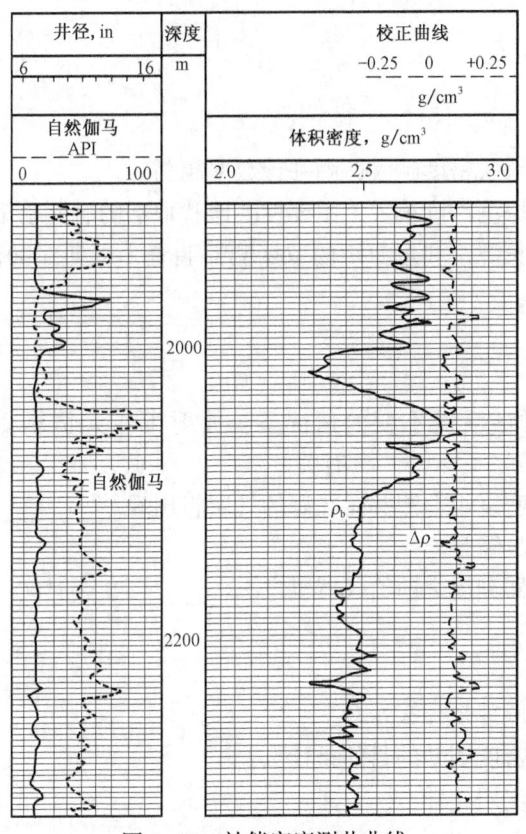

图 3-16 补偿密度测井曲线

不同岩性的岩石骨架密度 ρ_{ma} 不同，砂岩的骨架密度一般为 2.65g/cm³，石灰岩的骨架密度为 2.71g/cm³，白云岩的骨架密度为 2.87g/cm³。

在已知岩性（已知 ρ_{ma}）和孔隙流体（已知 ρ_f）的情况下，就可以由密度测井的测量值 ρ_b 求纯岩石的孔隙度。它可以由式(3-16)计算。在求含泥质岩层的孔隙度时，应考虑泥质的影响。

（2）密度测井和中子测井曲线重叠可以识别气层，判断岩性（见模块三）。

（3）密度—中子测井交会图（ρ_b-ϕ_N 交会图）法，可以确定岩性求解孔隙度（见模块三）。

任务实施

一、任务内容

了解密度测井的基本原理，完成任务考核内容。

二、任务要求

1. 掌握密度测井的基本物理基础；
2. 掌握密度测井的应用；
3. 完成任务时间：20 分钟。

任务考核

一、判断题

1. 在源距很大时,地层密度越大,测井计数率越高。
2. 密度测井的径向探测深度很大,主要反映原状地层的岩性密度。
3. 密度测井多采用长源距和短源距的双探测器装置,以便对冲洗带等介质的影响加以校正。

二、填空题

1. 在放射源的放射性活度不变的情况下,放射工作人员承受的外照射剂量大小与_____、_____、_____有关。
2. 补偿中子、岩性密度组合测井时在好的气层将出现_____。
3. 密度仪器最常见故障是_____。
4. 补偿密度测井仪器刻度之前给仪器供电_____预热时间。

三、简答题

1. 密度测井的基本原理是什么?
2. 采用双源距进行密度测井的目的是什么?
3. 密度测井的主要应用是什么?

项目二 中子测井

任务一 中子测井准备

任务描述

中子测井就是利用下井仪器的中子源向地层发射快中子,快中子在地层中运动与地层物质的原子核发生各种作用,由探测器测量超热中子、热中子或次生伽马射线的强度来研究地层性质的一类测井方法(富媒体3-5)。它主要用于岩性识别、计算孔隙度和饱和度、确定流体的性质、生产井动态监测等。广义的中子测井应包括连续中子源的中子测井和脉冲中子源的中子测井,主要测井方法有:中子—超热中子测井(孔隙度测井)、中子—热中子测井、中子伽马测井、中子活化测井、非弹性散射伽马能谱测井、中子寿命测井、次生伽马能谱测井(C/O)等。

富媒体3-5 中子测井基础知识

中子测井测量地层对中子的减速能力,测量结果主要反映地层的含氢量。在孔隙被水或油充满的纯地层中,氢只存在于孔隙中,且油和水的含氢量大致相同。因此,中子测井反映充满液体的孔隙度。

任务分析

中子测井属孔隙度测井系列，主要用来确定储层孔隙度和判断气层，与其他孔隙度测井组合，可更准确地确定复杂岩性储层的岩性和孔隙度。几种中子测井方法的用途大致相同，可根据地层和井眼条件等情况选用其一（富媒体3-6）。

富媒体3-6
中子测井

学习材料

一、中子和中子源

1. 中子

中子是原子核中不带电的中性微小粒子，与质子以很强的核力（核力是使核子组成原子核的作用力，属于强相互作用的一类）结合在一起，形成稳定的原子核。中子的静止质量为一个原子质量单位（$1u = 1.66 \times 10^{-27}$kg）的中性微粒，半衰期为 11.7min，由核反应产生。

不同能量的中子与原子核作用有不同的特点，中子按照能量可以分成以下几种：

(1) 特快中子：10~50MeV；

(2) 快中子：0.5~10MeV；

(3) 中能中子：1keV~0.5MeV；

(4) 慢中子：0~1keV，慢中子又可分为超热中子（0.2^{-10}eV）和热中子（0.025eV）。

2. 中子源

要使中子从原子核中释放出来，需要给中子一定的能量。当中子获得大于结合能的能量时，就能够从原子核中发射出来。中子源就是供给原子核能量，引起核反应，把中子从原子核中释放出来的装置。测井常用同位素中子源和加速器中子源两类中子源。

(1) 同位素中子源：也叫镅-铍（Am-Be）中子源，镅衰变产生 α 粒子轰击铍原子核，引起铍发生核反应释放出中子。由于这种中子源是连续发射中子，所以也叫连续中子源。

$$^{241}_{95}Am \longrightarrow ^{4}_{2}He + ^{237}_{93}Np$$
$$^{9}_{4}Be + ^{4}_{2}He \longrightarrow ^{12}_{6}C + ^{1}_{0}n + Q$$

式中，Q 为反应能，核反应前后体系动能之差，5MeV。

(2) 加速器中子源：也叫 D-T 加速器中子源，用加速器加速氘核（D）到 0.126MeV 能量去轰击氚核（T），产生快中子。

$$^{3}_{1}H + ^{2}_{1}H \longrightarrow ^{4}_{2}He + ^{1}_{0}n + Q$$

式中，Q 为反应能，核反应前后体系动能之差，14MeV。

加速器中子源的优点是强度高，可人为控制，脉冲式发射。

二、中子和物质的作用

中子射入物质时，要和物质的原子核发生一系列碰撞，碰撞可划分为以下三个阶段。

1. 快中子的非弹性散射阶段

高能快中子（能量大于14MeV）进入物质后，与原子核发生碰撞，先被靶核吸收形成复核，损失部分能量后朝一定方向散射。损失的部分能量使靶核处于较高能级的激发状态，靶核返回到稳定的基态后将多余能量以γ射线的形式释放，这种快中子与靶核的作用称为非弹性散射，形成的γ射线称为非弹性散射γ射线。

2. 快中子的弹性散射阶段

非弹性散射阶段结束后，快中子的能量已降低很多，再与靶核发生碰撞后，中子和靶核组成的系统的总动能不变，中子的能量降低，速度减慢，它所损失的能量仅转变为靶核（反冲核）的动能，这种碰撞称为快中子的弹性散射。

快中子在多次弹性散射中将逐渐降低能量、减小速度，最后成为超热中子和热中子。

一个中子和一个原子核发生弹性散射的概率称为微观弹性散射截面 σ_s，其单位是 b（巴，$1b = 10^{-24} cm^2$）。$1cm^3$ 物质的原子核的微观弹性散射截面之和称为宏观弹性散射截面 Σ_s。不同的元素散射截面不同，而且发生一次散射平均损失的中子能量也不同。沉积岩地层中不同元素对快中子的减速能力是不同的。中子能量由 2MeV 减速为热中子所需要平均散射次数为 18。含氢越多的物质，减速能力越强。减速能力的大小可以用减速长度 L_s 来描述。减速能力大，则 L_s 短；反之，则长。L_s 定义为

$$L_s \stackrel{\text{def}}{=\!=} \sqrt{\frac{\overline{R_d^2}}{6}} \tag{3-17}$$

式中 $\overline{R_d^2}$——减速距离，是中子减速为热中子所移动的直线距离。

3. 热中子的扩散与俘获阶段

形成热中子后，中子不再减速，只是在介质中由热中子密度大的区域向密度小的区域扩散直至被介质原子核俘获。在辐射俘获核反应中，靶核俘获一个热中子，形成处于激发态的复核，然后以γ射线形式放出过剩能量，靶核回到基态。释放的γ射线称为俘获伽马射线或中子伽马射线。描述扩散及俘获特性的参数有扩散长度 L_d、宏观俘获截面 Σ_a 和热中子寿命 τ_t 等参数。

1) 扩散长度

从产生热中子起到其被俘获吸收为止，热中子移动的直线距离称为扩散距离 R_t^2，则扩散长度 L_d 定义为

$$L_d \stackrel{\text{def}}{=\!=} \sqrt{\frac{\overline{R_t^2}}{6}} \tag{3-18}$$

物质对热中子俘获吸收能力越强，扩散长度就越短。

2) 宏观俘获截面 Σ_a

一个原子核俘获热中子的概率称为该原子核的微观俘获截面。$1cm^3$ 物质中所有原子核的微观俘获截面之和是宏观俘获截面 Σ_a。表 3-3 给出了沉积岩中常见的几种元素的微观俘获截面。

表 3-3 几种元素的微观俘获截面

元素	钙 Ca	氯 Cl	硅 Si	氧 O	碳 C	氢 H
微观俘获截面，b	0.42	32	0.16	0.0016	0.0045	0.329

由表中可以看出，在常见元素中，氯核（Cl）对热中子俘获截面是最大的。

3）热中子寿命 τ_t

从热中子生成开始到它被俘获吸收为止所经过的平均时间称为热中子寿命，它和宏观俘获截面的关系是

$$\tau_t = \frac{1}{v \Sigma_a} \tag{3-19}$$

式中　v——热中子移动速度，常温下为 0.22cm/μs。

三、中子探测器

中子测井探测的是超热中子和热中子。利用超热中子、热中子和探测器物质的原子核发生核反应，利用核反应所产生的带电粒子 α 或 β 使探测器的计数管气体电离形成脉冲电流，产生电压负脉冲或使探测器的闪烁晶体形成闪烁荧光，产生电压负脉冲来接收记录中子。目前广泛应用的有三类探测器，即硼探测器、锂探测器、氦三（^{3}He）探测器。核反应式如下：

$$^{10}_{5}B + ^{1}_{0}n \longrightarrow ^{7}_{3}Li + \alpha + Q(2.792\text{MeV})$$

$$^{6}_{3}Li + ^{1}_{0}n \longrightarrow ^{3}_{1}H + \alpha + Q(4.780\text{MeV})$$

$$^{3}_{2}He + ^{1}_{0}n \longrightarrow ^{3}_{1}H + p + Q(0.765\text{MeV})$$

利用以上反应产生的 α 或 p 粒子使探测器的计数管气体电离形成电脉冲信号，或使探测器的闪烁体形成闪烁荧光产生电脉冲信号，记录中子。

❋ 任务实施

一、任务内容

了解中子测井的物理基础，熟悉中子探测器，完成任务考核内容。

二、任务要求

（1）掌握中子测井的基本原理；
（2）完成任务时间：15 分钟。

❋ 任务考核

一、判断题

1. 热中子寿命能反映地层中碳的多少。　　　　　　　　　　　　　　　　　　（　）
2. 由于俘获截面随着中子能量的增加而迅速减小，故超热中子不受碳元素的影响。
　　　　　　　　　　　　　　　　　　　　　　　　　　　　　　　　　　　（　）
3. 中子测井采用长源距时，随着含氢量的增加，中子伽马计数率降低，热中子读数高；而当含氯量增加时，中子伽马读数高，补偿中子读数低，井壁中子孔隙度大。　（　）

二、填空题

1. 岩石的中子特性指_____、_____。

2. 沉积岩中决定减速长度的主要因素是地层中的_____。
3. 在进行中子测井时，常用的中子源有_____、_____等。
4. 中子测井的核物理基础是_____。

三、简答题

简述中子和物质的作用。

任务二　中子—中子测井

📋 任务描述

中子—中子测井是测量热中子密度的测井方法，使用热中子探测器，探测器和中子源之间的距离也称源距。中子—中子测井测量地层的含氢量。实际上，热中子密度也与地层吸收能力有关，但中子—中子测井把它作为影响因素。热中子密度随源距的增加而减小，和含氢量的关系也与源距有关，这与中子—伽马射线强度是类似的。中子—中子测井，一般都用大源距。这时，含氢量高的地层密度小。

👥 任务分析

中子—中子测井用途广泛，可以确定地层孔隙度，交会法确定孔隙度与岩性，中子与密度测井曲线重叠法划分岩性、估计油气密度等。

💼 学习材料

一、中子—超热中子测井

1. 中子—超热中子测井的基本原理

中子—超热中子测井是通过探测超热中子密度以反映地层中子减速特性、划分储层的测井方法。图 3-17 是一种超热中子测井仪的示意图，这种测井仪称为井壁超热中子测井仪。

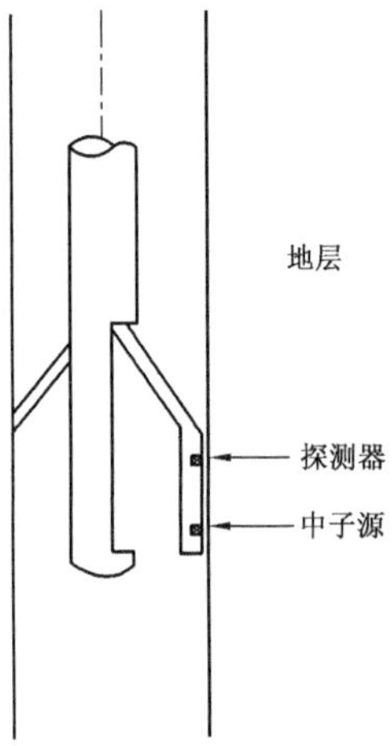

由中子源发出的快中子在地层中运动，和地层中的各种原子核发生弹性散射，逐渐损失能量、降低速度，成为超热中子。其减速过程的长短与地层中原子核的种类、数量有关。在地层中的所有元素中，氢是减速能力最强的元素，它的存在及含量就决定着地层的减速长度 L_s 的大小，而地层中的水分和石油是氢的主要来源。地层中的水分和石油多存在于岩石孔隙中，因此，通过测量地层超热中子密度就可以间接反映地层含氢量，进而指示地层孔隙度。

当孔隙中 100% 充满水时，孔隙度越大，地层减速长度就越短。L_s 随 ϕ 增大而缩短，而且孔隙度相同、岩性不同（砂岩、石灰岩和白云岩）的地层减速长度不同。

图 3-17　井壁超热中子测井仪

为了方便分析，在中子测井中把淡水的含氢量定义为一个单位，用它来衡量所有地层中其他物质的含氢量。$1cm^3$ 的任何物质中的氢核数与同体积的淡水中的氢核数的比值,称为该物质的含氢指数。

孔隙度越大,含氢量越多,减速长度 L_s 越小,则在中子源附近的超热中子越多;相反,孔隙度越小,减速长度 L_s 越大,则在较远的空间形成较多的超热中子。

采用长源距接收记录超热中子时,孔隙度大的计数率低,孔隙度小的计数率高;采用短源距接收记录超热中子则有相反的情况,即孔隙度大,计数率高,孔隙度小,计数率低。

实际测量中,多使用的是长源距。由于超热中子被元素俘获的截面非常小,所以超热中子的空间分布不受岩层含氯量的影响(即地层水矿化度的影响),能够较好地反映氢含量的多少,即较好地反映岩层孔隙度的大小。

2. 中子—超热中子测井资料的应用

1)确定地层孔隙度

超热中子测井曲线 SNP 又称为视石灰岩孔隙度或中子孔隙度曲线、含氢指数曲线。仪器在石灰岩井内刻度测量,通过一定的转换公式,将电脉冲计数率转换为岩石孔隙度输出,测井曲线如图 3-18 所示。

对于孔隙度相同岩性不同的地层,超热中子的计数率是不同的。实际使用的仪器是以石灰岩孔隙度为标准刻度的,所以它所记录的孔隙度是视石灰岩孔隙度。对于除石灰岩以外的其他岩性的岩石,必须做岩性校正。

在由视石灰岩孔隙度求地层的真孔隙度时,除了要做岩性校正之外,还要进行滤饼、水垫等校正,含气地层还要做孔隙流体校正。

2)交会法确定孔隙度与岩性

中子—超热中子测井与声波测井或密度测井组合,可以用交会图确定孔隙度与岩性,已知超热中子测量值、石灰岩孔隙度和密度测井的体积密度值,就可用图版确定孔隙度与岩性。

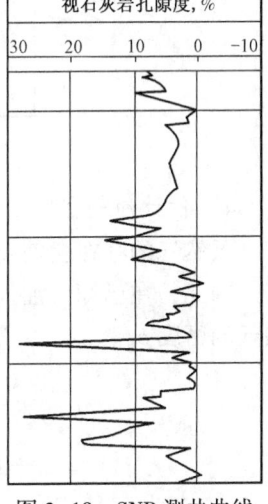

图 3-18 SNP 测井曲线

3)中子与密度测井曲线重叠法划分岩性

中子与密度测井曲线重叠可用来定性直观判断岩性。若岩石由单一矿物组成,曲线重叠法的解释见表 3-4。图 3-19 是密度—中子曲线重叠法的应用实例。

表 3-4 中子与密度曲线重叠判断岩性

曲线关系	近似差值,%	可能的骨架物质
$\phi_D \gg \phi_N$	40	岩盐
$\phi_D > \phi_N$	5~6	砂岩
$\phi_D = \phi_N$		石灰岩
$\phi_D < \phi_N$	8~13	白云岩
$\phi_D < \phi_N$	16	硬石膏
$\phi_D \ll \phi_N$	10~30	泥岩
$\phi_D \ll \phi_N$	28	石膏

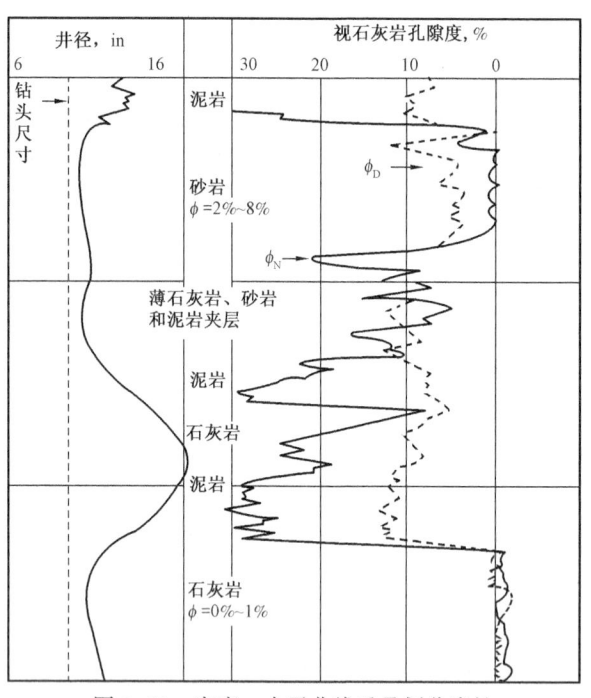

图 3-19 密度—中子曲线重叠划分岩性

4) 估计油气密度

天然气的存在会使超热中子测井得到的孔隙度偏小，而使密度测井得到的孔隙度偏大。

因此，在已知含油气饱和度（S_h）的条件下，可以用图 3-20 由 ϕ_N/ϕ_D 的比值估计出油气的密度 ρ_h。

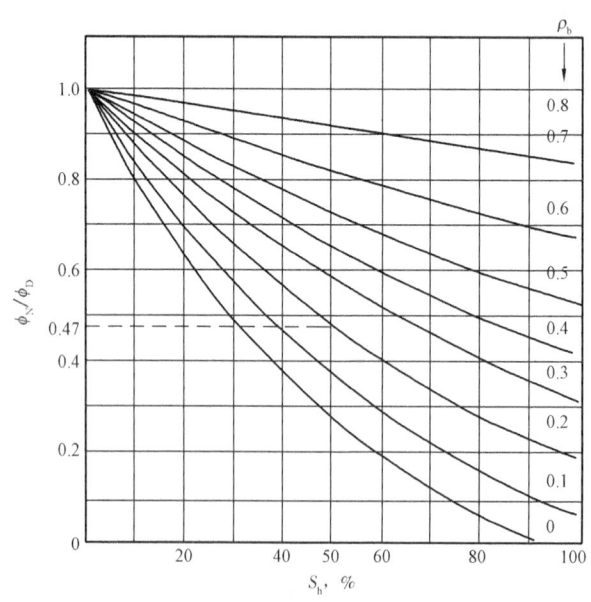

图 3-20 用 ϕ_N/ϕ_D 估计油气密度图版

5) 定性指示高孔隙度气层

若孔隙中含有天然气，则会使超热中子测井的孔隙度值与相同孔隙度的水层、油层相比偏低，这个特点可用来显示气层。与中子测井含气显示相反，天然气会使密度测井的视石灰岩孔隙度增大，所以中子测井孔隙度和密度测井孔隙度曲线重叠时，明显的幅度离差是气层特征。图 3-21 是这两种曲线重叠显示气层的示意图。

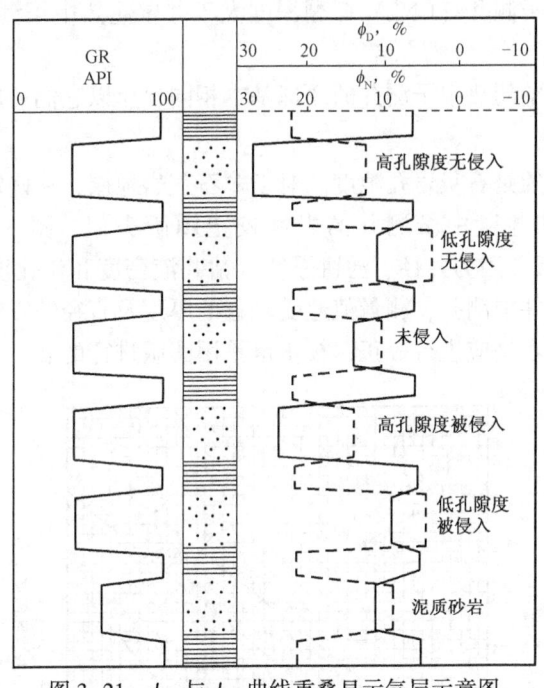

图 3-21 ϕ_N 与 ϕ_D 曲线重叠显示气层示意图

二、中子—热中子测井

中子源向地层发射快中子，经与地层中的原子核发生弹性散射被减速为热中子。测量探测器附近热中子密度，研究地层含氢量的测井方法称为中子—热中子测井。补偿中子测井是较好的一种中子—热中子测井方法。

1. 补偿中子测井的补偿原理

热中子与超热中子的能量相差不多，其空间分布规律与超热中子的空间分布规律是一致的，即在长源距的情况下，岩层的孔隙度越大，热中子的计数率越低；孔隙度越小，计数率越高。

由于热中子能量与原子核处于热平衡状态，容易被原子核俘获，同时伴生俘获伽马射线。在组成沉积岩的元素中，氯的热中子俘获截面最大，因此地层含氯量决定了岩石的俘获特性。这就使得热中子的空间分布既与岩层的含氢量有关，又与含氯量有关。这对于用热中子计数率大小反映岩层含氢量，进而反映岩层孔隙度值来说，氯含量就是个干扰因素。

为了减弱地层含氯量对热中子计数率的影响，补偿中子测井采用长、短源距两个探测器接收热中子，得到两个计数率 N_{ls}、N_{ss}，来减小地层俘获性能的影响，从而很好地反映地层的含氢量。根据用石灰岩刻度的仪器得到的计数率比值 N_{ls}/N_{ss} 与石灰岩孔隙度 ϕ 的关系，补偿中子测井可直接给出石灰岩孔隙度值曲线。

2. 补偿中子测井曲线的应用

中子测井的探测深度指的是从中子源出发又能达到探测器的中子在地层中所渗入的平均深度，这个深度的大小由地层含氢量决定。含氢量大，探测深度浅；含氢量小，探测深度深。一般来说，补偿中子测井（CNL）探测深度大于井壁超热中子测井（SNP），也大于密度测井。

补偿中子测井和井壁超热中子测井的原理基本相同，所以它们的用途也基本相同。

1) 确定地层孔隙度

补偿中子测井测量的是石灰岩孔隙度。对于非石灰岩地层，在确定地层孔隙度时要进行岩性校正，校正图版和井壁中子测井的岩性校正图版类似。图 3-22 是补偿中子测井（CNL）的岩性校正图版。因为井径、滤饼厚度、钻井液密度和矿化度等井参数对测量值都有影响，如果是在套管井中测井，测量值还受套管的厚度及直径的影响，因此，在求地层孔隙度时，对这些影响因素均应进行校正，校正也是用图版进行的。

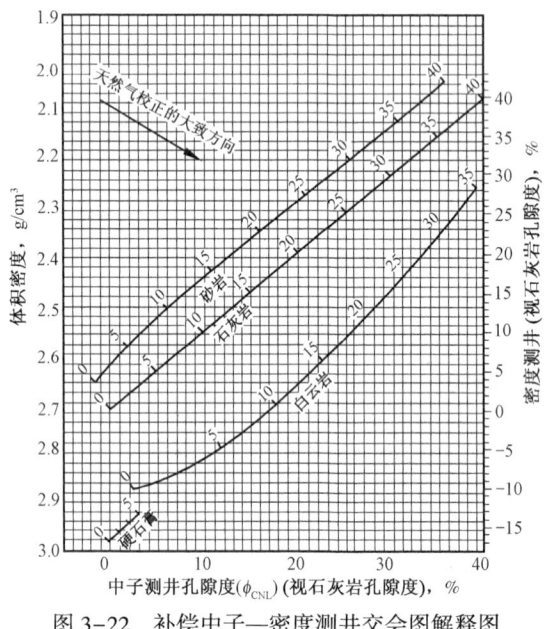

图 3-22 补偿中子—密度测井交会图解释图

2) 中子测井与密度测井交会求孔隙度、确定岩性

由密度测井的体积密度值和中子测井的石灰岩孔隙度值的交会点可确定地层的孔隙度大小和岩性。若是双矿物岩石，可以确定双矿物的比例。

3) 补偿中子测井和密度测井曲线重叠直观确定岩性

图 3-23 是实测的密度测井与补偿中子测井石灰岩孔隙度重叠图，其规律同用密度测井与补偿中子测井石灰岩孔隙度曲线重叠确定岩性是相同的。

4) 补偿中子测井和密度测井石灰岩孔隙度曲线重叠定性判断气层

天然气使密度测井石灰岩孔隙度增大，而使补偿中子测井石灰岩孔隙度减小。图 3-24 是补偿中子测井和密度测井的实测石灰岩孔隙度曲线重叠图，在图中三个深度上明显显示出含气层。

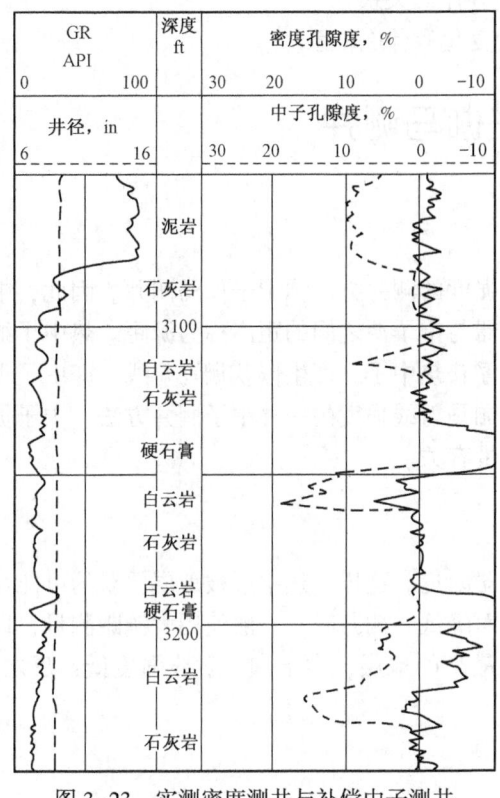

图 3-23 实测密度测井与补偿中子测井石灰岩孔隙度重叠图

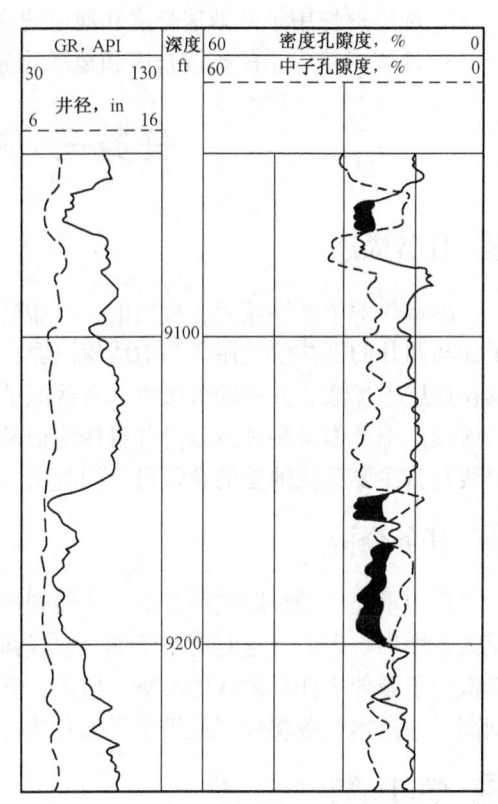

图 3-24 密度测井与补偿中子测井实测石灰岩孔隙度曲线重叠图

任务实施

一、任务内容

认识中子—超热中子测井、中子—热中子测井，完成任务考核。

二、任务要求

（1）掌握中子—中子测井的基本原理；
（2）掌握中子—中子测井的应用。

任务考核

一、判断题

1. 中子—中子及中子伽马测井在泥岩中显示高计数率值。　　　　　　　　　（　　）
2. 中子测井（CNL 或 SNP）测得的视石灰岩孔隙度同真孔隙度相比，在纯砂岩地层上高于真孔隙度，在纯白云岩地层上低于真孔隙度。　　　　　　　　　　　　（　　）

二、简答题

1. 什么是超热中子测井的探测深度？它和地层的含氢量有什么关系？

2. 地层对快中子的减速长度和地层的含氢量有什么关系？
3. 地层对热中子的扩散长度和地层的含氯量变化有什么关系？

任务三　中子伽马测井

📧 任务描述

测量热中子被俘获后，放出的二次伽马射线强度的测井方法称中子伽马测井。因此，中子伽马测井的下井仪使用伽马射线探测器，探测器与中子源之间的距离称为源距。热中子继续在地层中扩散，并不断被吸收。有些原子核能俘获热中子，产生俘获伽马射线，即中子伽马射线。中子伽马测井就是沿井身探测记录中子伽马射线强度的一种中子测井方法。中子伽马测井值主要反映地层的含氢量，同时又与含氯量有关。

👥 任务分析

热中子经过较长距离的扩散，才能到达探测器附近。这样，热中子被地层俘获的可能性就大大增加。因而，这时的中子伽马射线强度反而降低。测井时，一般使用大源距测量，以降低中子源伴生伽马射线的影响。所以，含氢量最高的地层，中子伽马射线强度低；反之，则高。通过本任务将详细认识中子伽马测井。

💼 学习材料

一、中子伽马测井原理

俘获伽马射线的空间分布主要和地层的含氢量有关，还受地层的含氯量（即地层水矿化度）的影响。实验证明，中子伽马计数率随源距增大而按指数规律下降；零源距时，计数率与地层含氢量（孔隙度）无关，但仍能反映含氯量的变化；若含氯量增大，计数率也增大；源距大于零源距时，若含氢量增大（孔隙度增大），计数率减小。

中子伽马测井采用的是长源距（国内通常采用的源距为 60~65cm）；所以若中子伽马测井的计数率大，说明地层的含氢量小，孔隙度小；若计数率小，则说明地层的含氢量大，孔隙度大。

中子伽马测井的下井仪器包括中子源和 γ 射线探测器，在中子源和探测器之间放有屏蔽体铅，防止中子源伴生 γ 射线由仪器内部直接进入探测器。中子伽马测井探测深度略大于热中子和井壁超热中子测井。

二、中子伽马测井曲线的应用

1. 划分气层

中子伽马测井曲线可以用来划分气层。在气层处，中子伽马测井显示出很高的计数率值，这是因为气与油、水相比，气层中氢的密度很小。相同孔隙度下，气层中的氢含量要比油水层小很多。图 3-25 是中子伽马测井显示气层的实例。

2. 确定油水界面

因为油水层的含氢量基本上是相同的，只有地层水的矿化度高时，水层的含氯量显著大于油层，油层和水层的中子伽马测井曲线的计数率值才有明显的差别（水层的氯离子宏观俘获截面大，释放出的γ光子多，中子伽马测井计数率值大于油层），所以只有在地层水矿化度比较高的情况下，才能利用中子伽马测井曲线划分油水界面、区分油水层。图 3-26 是利用中子伽马测井曲线划分油水界面的实例。

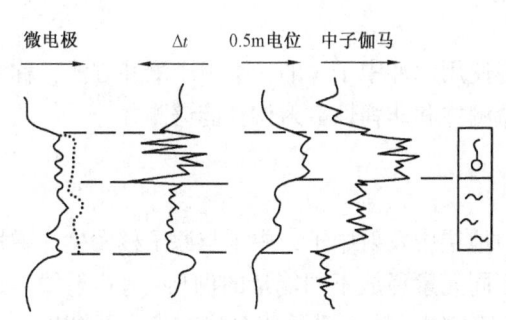

图 3-25　用中子伽马测井曲线划分气层

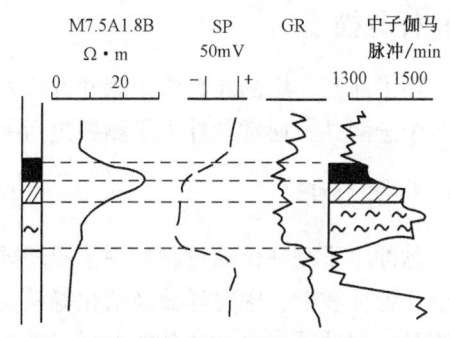

图 3-26　用中子伽马测井曲线划分油水界面

任务实施

一、任务内容

了解中子伽马测井基本原理，完成任务考核。

二、任务要求

（1）掌握中子伽马测井曲线的应用；
（2）任务完成时间：20 分钟。

任务考核

一、选择题

1. 中子伽马测井是测量（　　）被地层元素俘获后释放的 γ 射线强度。
   A. 热中子　　　　　B. 超热中子　　　　C. 快中子　　　　D. 慢中子
2. 中子伽马测井中，中子源到中子伽马探测器的距离称为（　　）。
   A. 长源距　　　　　B. 短源距　　　　　C. 源距

二、填空题

1. 原子序数相同而质量数不同的元素，它们的化学性质_____，但核性质_____，这样的元素称为_____。
2. 中子伽马测井中，一般用的长源距为_____。

三、简答题

1. 什么是中子伽马测井？
2. 中子伽马测井有哪些用途？

任务四　其他中子测井

📋 任务描述

除了前面介绍的几种中子测井方法外，还有使用脉冲中子源的一类中子测井方法，称为脉冲中子测井，通常脉冲中子测井包括中子寿命测井和非弹性散射伽马能谱测井。

👥 任务分析

脉冲中子测井仪通过脉冲中子源间歇性地向地层中发射中子，中子与原子核发生非弹性散射、弹性散射、辐射俘获及活化等核反应，不同元素释放不同能量的伽马（γ）射线。通过测量γ射线或剩余中子的时间谱或能量谱（统称计数谱），计算得到饱和度、孔隙度、水流速度、元素含量、密度等地层信息。根据脉冲中子源工作特点，可以将其工作过程分为2个阶段：中子爆发阶段及中子爆发停歇阶段。仪器在不同阶段测量不同的计数谱，依据谱信息，综合计算地层信息。

📚 学习材料

一、中子寿命测井（NIL）

中子寿命测井也称为热中子衰减时间测井（TDT）。它是通过测量热中子在地层中的寿命，也就是研究地层对热中子的俘获性质，从而认识地层的一种中子测井方法。

1. 中子寿命测井的基本原理

由井下仪器的脉冲中子源在井内向地层发射能量为14MeV的快中子，经过和地层的原子核发生非弹性散射和弹性散射，逐渐减速成为热中子，直至热中子有63.7%被岩石原子核俘获产生俘获伽马射线为止，热中子所经过的这段平均时间称为热中子的寿命。热中子寿命的长短和物质的宏观俘获截面有关。在沉积岩中，岩石的宏观俘获截面的大小主要取决于氯的含量，即主要取决于地层水的矿化度。地层水的含盐量越大，则其俘获截面越大，热中子寿命就越短。所以记录热中子寿命或岩石的宏观俘获截面能反映地层中含氯量的多少。盐水层比油层的含氯量大，因此，盐水层有比油层宏观俘获截面大得多、热中子寿命小得多的特点，所以中子寿命测井可以用来划分盐水层。

快中子变成热中子以后，热中子开始向周围扩散。在地层内的扩散中，地层中某点的热中子密度 N 按指数规律依下式随时间衰减：

$$N = N_0 e^{-\frac{T}{\tau}} \tag{3-20}$$

式中　N_0——开始衰减时的热中子密度；

　　　N——经过时间 T 的热中子密度；

　　　τ——岩石的热中子寿命。

因为在任何时刻存在的俘获伽马射线的强度都是与仪器周围的热中子密度成正比的，所以测量俘获伽马射线强度或热中子的密度可以求得地层的热中子寿命或者岩石的宏观俘获截面。

在两次发射脉冲中子之间,在俘获伽马射线强度随时间按指数规律衰减的时间范围内,选取两个适当的延迟时间 T_1 和 T_2,分别在 T_1 和 T_2 时间段内(T_1 和 T_2 测量时间门)测量热中子被俘获所放出来的俘获伽马射线的强度,按照式(3-20), T_1 时刻和 T_2 时刻的俘获伽马射线计数率分别为

$$N_1 = N_0 e^{-\frac{T_1}{\tau}} \tag{3-21}$$

$$N_2 = N_0 e^{-\frac{T_2}{\tau}} \tag{3-22}$$

用式(3-21)除以式(3-22),则得

$$\tau = \frac{T_2 - T_1}{\ln \frac{N_1}{N_2}} = \frac{0.4343(T_2 - T_1)}{\lg N_1 - \lg N_2} \tag{3-23}$$

式(3-23)中, T_1、T_2 是已知的,测量得到 N_1、N_2,再由中子寿命测井仪的专用计算线路计算得到热中子寿命 τ 或宏观俘获截面 Σ。沿井身测量则会得到 τ 或 Σ 的测井曲线,如图 3-27 所示。

2. 中子寿命测井曲线的应用

1) 划分油水层

矿化度较高的水层比油层的俘获截面大(有较小的中子寿命),可用中子寿命测井曲线划分油层和盐水层。

2) 观察油水界面(或气水界面)的变化

油层在采油过程中,含水饱和度不断变化,油水界面向上移动。在地层水矿化度较大的情况下,利用不同时间测的宏观俘获截面 Σ 或中子寿命 τ 曲线,可以了解油水界面(或气水界面)向上移动的速度,井身由浅到深,τ 曲线在油水或气水界面处由高值变为较低值。图 3-28 是利用中子寿命测井曲线观察油水界面变化的实例,TDT1 是完井后不久测得的,TDT2 是投产三年后未停产测得的,而 TDT3 是投产三年后又停产四个月测得的。由曲线可以看出,油水界面由最初的 270ft 处上升到了 230ft 处,TDT2 曲线所反映的油水界面是视油水界面,它是由水锥造成的。

3) 求含水饱和度(S_w)

在地层孔隙度比较大且地层水矿化度比较高的情况下,可以由中子寿命测井的宏观俘获截面 Σ 求含水饱和度 S_w。纯地层情况下的地层宏观俘获截面为

$$\Sigma = \Sigma_{ma}(1-\phi) + \phi S_w \Sigma_w + \phi(1-S_w)\Sigma_h \tag{3-24}$$

整理得

$$S_w = \frac{\Sigma - \Sigma_{ma} + \phi(\Sigma_{ma} - \Sigma_h)}{\phi(\Sigma_w - \Sigma_h)} \tag{3-25}$$

式中 Σ_{ma}——岩石骨架的宏观俘获截面,根据岩性可查表或计算求得;

ϕ——孔隙度,由孔隙度测井求得;

Σ_w——地层水宏观俘获截面,可根据地层水的温度与所含盐的成分和浓度查图版或计算求得;

Σ_h——油、气的宏观俘获截面,可查图版求得。

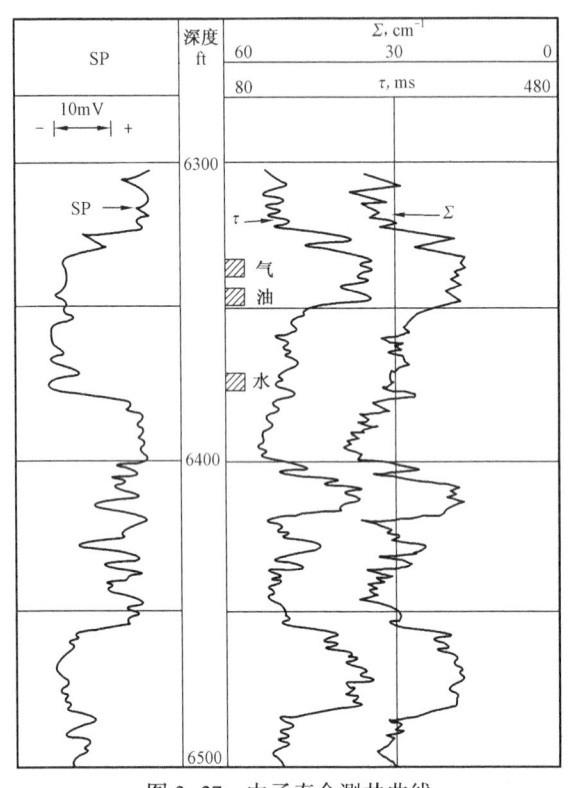

图 3-27 中子寿命测井曲线

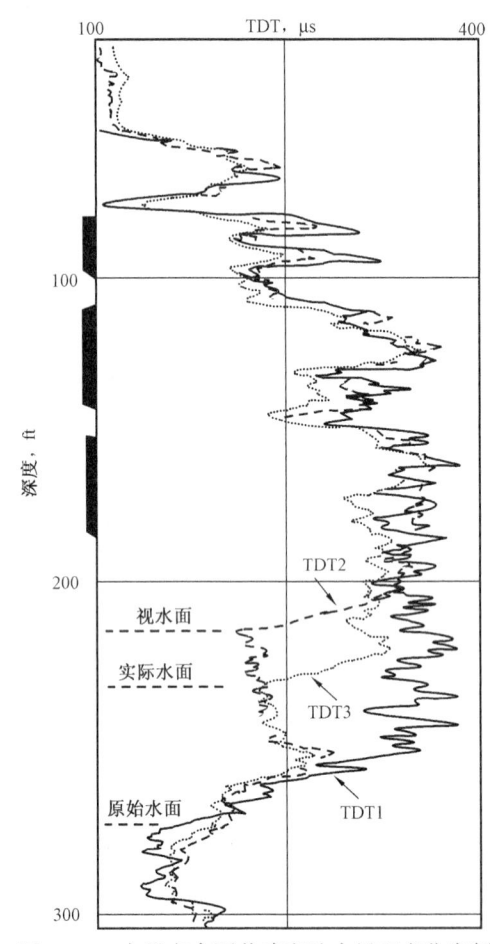

图 3-28 中子寿命测井确定油水界面变化实例

上述参数均可查得，故由中子寿命测井测得 Σ 值后，就可以用上述公式求得纯地层的含水饱和度 S_w。含泥质地层用下式求含水饱和度 S_w：

$$S_w = \frac{\Sigma - \Sigma_{ma} + \phi(\Sigma_{ma} - \Sigma_h)}{\phi(\Sigma_w - \Sigma_h)} - \frac{V_{sh}(\Sigma_{sh} - \Sigma_{ma})}{\phi(\Sigma_w - \Sigma_h)} \tag{3-26}$$

式中 V_{sh}，Σ_{sh}——泥质的体积百分含量和泥质的宏观俘获截面。

二、非弹性散射伽马能谱测井

1. 非弹性散射伽马能谱测井的基本原理

非弹性散射伽马能谱测井是利用脉冲中子源向地层发射 14MeV 高能快中子，测量这些快中子与地层物质发生非弹性散射放出的 γ 射线的能谱的一种测井方法。

快中子与地层中不同元素发生非弹性散射放出具有不同特征能量的 γ 射线，例如硅（Si）、钙（Ca）、碳（C）、氧（O）的非弹性散射伽马射线能量依次分别为 1.78MeV、3.75MeV、4.43MeV、6.19MeV。对非弹性散射伽马射线进行能量分析，分别测量各种能量的非弹性散射伽马射线的强度，就可以确定地层中存在的元素和它们各自的浓度。14MeV 的高能快中子打入地层后，在 $10^{-8} \sim 10^{-7}$s 时间间隔内，主要发生非弹性散射，发射非弹性散射伽马射线,而后经过弹性散射减速变为热中子,被俘获产生俘获伽马射线。这个过程发生在快中子射入地层后的 $10^{-4} \sim 10^{-3}$ s 时间间隔里。

非弹性散射伽马能谱测井根据不同核反应的时间分布,按照时间先后,仪器开有脉冲门、俘获门等测量门,分别接收非弹性散射伽马射线和俘获伽马射线;利用多道脉冲幅度分析器进行伽马能谱分析,分别测量不同能量的非弹性散射伽马射线强度和俘获伽马射线强度。

2. 非弹性散射伽马能谱测井曲线的应用

在岩石内常见的元素中,^{12}C 和 ^{16}O 都具有较大的快中子非弹性散射截面,并且所产生的非弹性散射伽马射线均有较高的能量。^{12}C 和 ^{16}O 分别为油气和水很好的指示元素。所以非弹性散射伽马能谱测井选择测量地层中的碳和氧产生的非弹性散射伽马能谱,取其计数率比值(C/O),由 C/O 来确定储层的含油饱和度。求 C/O 的非弹性散射伽马能谱测井,通常称为碳氧比能谱测井。图 3-29 为实测的 C/O 测井曲线。油层处对应的 C/O 高,水层 C/O 低。

1)确定含油饱和度 S_o

含油饱和度不同,碳氧比能谱测井得到的 C/O 是不同的,所以根据 C/O 和含油饱和度值的关系曲线,可以由 C/O 确定 S_o。图 3-30 是大庆油田用 Ge(Li)型碳氧比能谱仪做出的由 C/O 确定 S_o 的解释图版,曲线模数是孔隙度值。若已知储层的孔隙度,就可以用图版由 C/O 求 S_o。

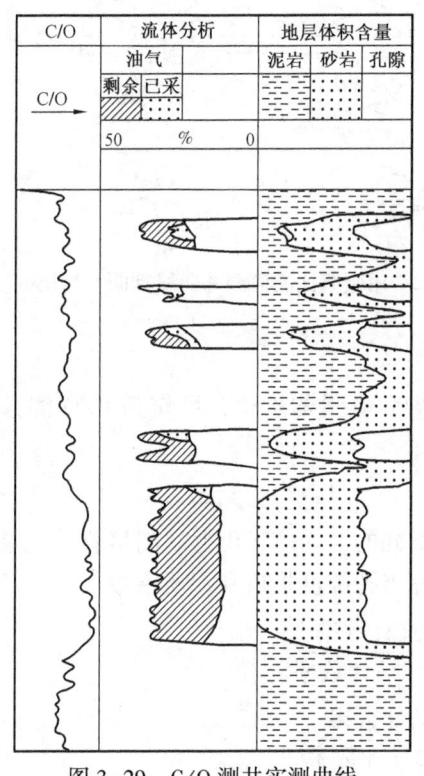

图 3-29 C/O 测井实测曲线

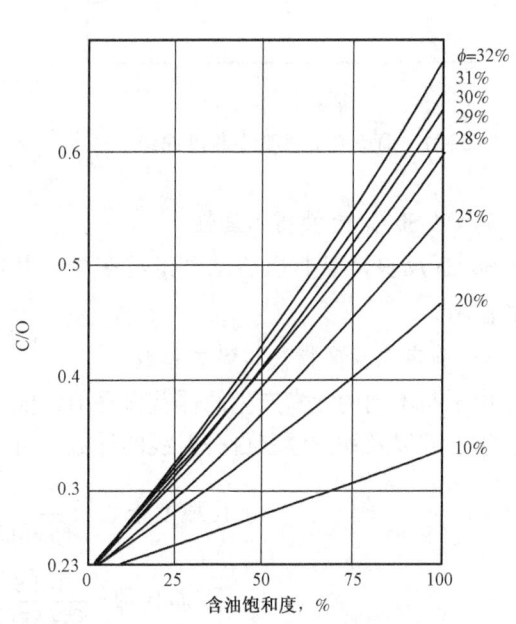

图 3-30 Ge(Li)型 C/O 能谱仪解释图版

从图 3-31 理论计算的 C/O 与孔隙度和含油饱和度关系曲线中可以看出,只有在孔隙度比较大的情况下，由 C/O 确定的 S_o 才是比较可靠的；此外还可看出，岩性不同的地层，其 C/O 和 S_o 有不同的关系曲线，石灰岩的 C/O 比砂岩的高。

2）利用 C/O 测井曲线值划分水淹层

含油砂岩和含水砂岩的 C/O 的相对差别在 28% 以上，油层水淹后，水淹部分 C/O 明显下降。如图 3-32 所示，图中标有 A、B 的两段油层已被水淹，其 C/O 曲线值明显低于未被水淹部分的 C/O。由 C/O 计算得到的 S_w 分别高达 76.9% 和 82.9%，均证明 A、B 段已水淹。

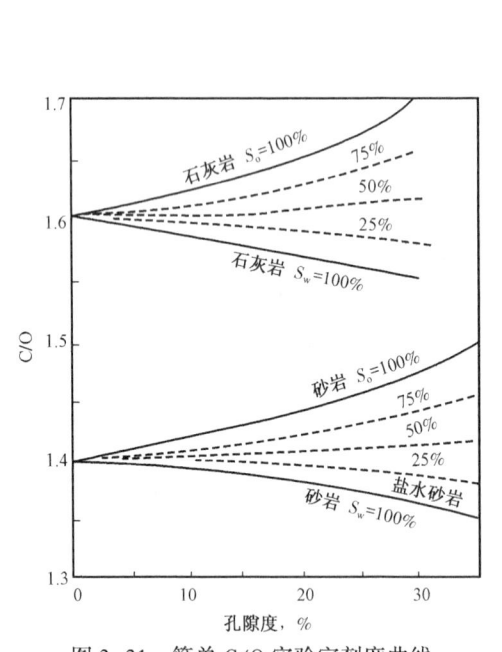

图 3-31 简单 C/O 实验室刻度曲线

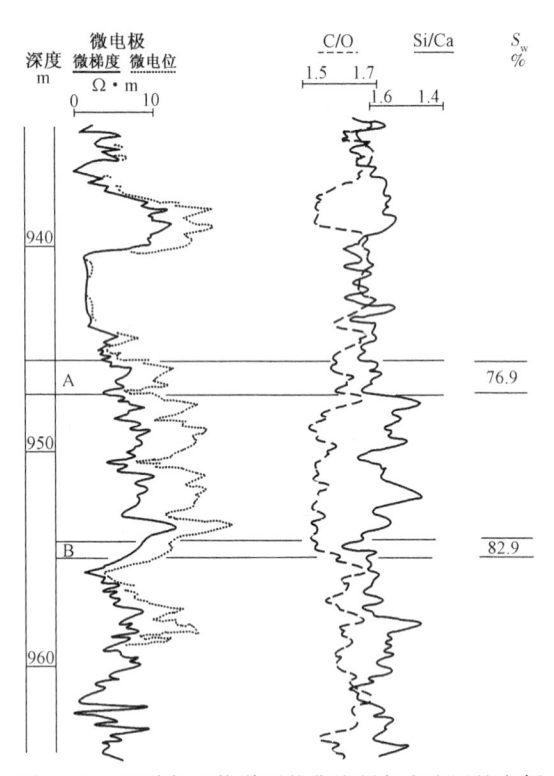

图 3-32 用碳氧比能谱测井曲线判断水淹层的实例

3）以 Si/Ca 定性指示岩性

Si/Ca 反映骨架中 $CaCO_3$ 含量的多少，并反映骨架含碳量的多少，可作为 C/O 测井解释的参考。

4）确定孔隙度指数和泥质指数

中子与不同的元素产生的俘获伽马射线能量也是不同的，因此，由俘获门接收并记录的氢、钙、硅以及铁的俘获伽马射线的计数率可用来计算出孔隙度指数和泥质指数：

$$孔隙度指数 = \frac{氢的俘获伽马计数率}{钙+硅的俘获伽马计数率}$$

$$泥质指数 = \frac{铁的俘获伽马计数率}{钙+硅的俘获伽马计数率}$$

这里以钙+硅反映骨架，以氢反映孔隙，以铁反映泥质（因为泥质中含铁量较高）。

任务实施

一、任务内容

了解中子寿命测井、非弹性散射伽马能谱测井的基本原理，完成任务考核内容。

二、任务要求

(1) 掌握中子寿命测井曲线的应用；
(2) 掌握非弹性散射伽马能谱测井曲线的应用；
(3) 完成任务时间：20分钟。

任务考核

一、选择题

1. 中子寿命测井采用的是（　　）中子源。
   A. 同位素　　　　B. 反应堆　　　　C. 加速器　　　　D. 都不是
2. 中子在（　　）中的寿命最短。
   A. 油　　　　　　B. 淡水　　　　　C. 气体　　　　　D. 盐水

二、简答题

1. 什么是热中子的寿命？
2. 什么是中子寿命测井？
3. 中子在物质中运动，可与物质产生哪几种作用？

模块四　其他测井方法

生产测井主要包含反映井眼质量和套管质量的井径测井、用于研究构造地质的地层倾角测井及反映油井产液和注入井吸水能力大小及管外技术状况的两大剖面（吸水剖面和产液剖面）测井，包括放射性同位素示踪测井、涡轮流量计测井和井温、压力测量。测井新技术主要包括电成像测井、声波成像测井和核磁共振测井，是较为先进前沿的测井技术，如电成像测井是基于电阻率测量原理，通过成像技术对井壁进行精确的电阻率测量，从而实现对地下地质结构和储层的精确识别和定位。本模块概述性地介绍所涉及的各种测井的原理和解释方法。

知识目标

（1）理解井径测井、地层倾角测井、注入剖面测井、产出剖面测井、电成像测井、声波成像测井、核磁共振测井原理；

（2）了解井径测井、地层倾角测井、注入剖面测井、产出剖面测井、电成像测井、声波成像测井、核磁共振测井仪结构组成；

（3）掌握井径测井、地层倾角测井、注入剖面测井、产出剖面测井、电成像测井、声波成像测井、核磁共振测井资料的应用。

能力目标

（1）井径测井曲线的识读与分析解释；
（2）地层倾角测井资料的识读与分析解释；
（3）注入剖面测井资料的识读与分析解释；
（4）产出剖面测井资料的识读与分析解释；
（5）电成像测井资料的识读与分析解释；
（6）声波成像测井资料的识读与分析解释；
（7）核磁共振测井资料的识读与分析解释。

项目一　工程测井方法

任务一　井径测井及井温测井

任务描述

在钻井过程中，由于地层岩性的不同、钻井液的浸泡和钻具在井内的运动造成了不同岩性的井段井径大小不一。盐岩层容易被钻井液溶蚀，碳酸盐岩层溶洞和裂隙带可造成井壁不规则等。这样，可以用裸眼井井径变化曲线结合其他测井曲线去判断地下岩性，进行地层对比，计算固井时的水泥用量等。井温测井就是将测井仪中的热敏电阻丝放在紫钢管中，与井中流体充分接触，从而使热敏电阻丝的温度随井中流体的温度而变化，随着测井时仪器沿井身移动，就可得到一条随深度变化的温度测井曲线，这条曲线就叫井温测井曲线。井温测井资料可用于确定固井水泥的上返高度，确定产层温度和注入层温度，了解井内流体流动状态，划分注入剖面，确定产气、产液口位置，检查管柱泄漏、窜槽，评价酸化、压裂效果等，在需要了解地温梯度的地区，也可以利用井温曲线求出地温梯度。

任务分析

在生产井中也可以通过生产井井径测井来检查套管质量、射孔质量等。井径测井在钻井质量检测、开发信息获取中都有着重要意义。通过本任务的学习，主要要求学生理解井径测井原理及井径测井曲线解释应用方法，理解井温测井原理及曲线解释应用，使学生具备井径测井曲线和井温测井曲线分析解释应用能力。

学习材料

一、裸眼井井径测井

1. 井径仪及井径测井原理

井径测井仪类型较多，目前使用较广的是电阻式井径仪。如图4-1、富媒体4-1所示，仪器设有四根井径测量杆，杆之间彼此相隔90°，各杆的端点用耐磨材料制成，并处于同一水平面中。杆的上端由支柱轴固定在仪器上，并有连杆可带动滑动电阻。测井时，四条测量杆靠弹簧弹力而紧贴井壁，它们的伸张和收缩随井径的大小而改变，并带动作为可变电阻滑动端的连杆上下运动，把井径的变化转换成电阻的变化，测量M、N之间电位差变化，即可得到一条随井深变化的井径曲线。

测井时，将探臂端点张开尺寸与钻头直径相等时的 ΔV_{MN} 定为零，这时的尺寸称为起始井径（也称井径仪的基值），用 d_0 表示。井径变化 Δd_h 时，M、N之间的电位差变化为 ΔV_{MN}，可用下面的公式确定所测井径的大小：

$$d_h = d_0 + K\frac{\Delta V_{MN}}{I} \tag{4-1}$$

式中　d_h——井径，cm；

d_0——起始井径，cm；

K——仪器常数，cm/Ω；

ΔV_{MN}——M、N端测出的电位差，mV；

I——供电电流，mA。

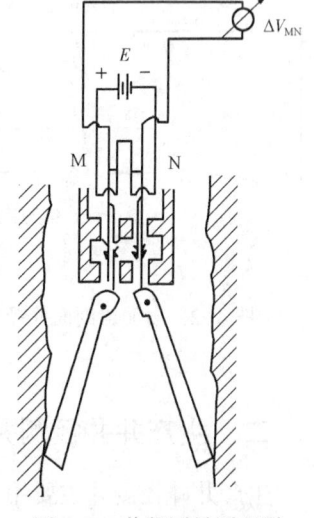

图4-1　井径测量原理图

富媒体4-1　井径测井

2. 裸眼井井径测井曲线的应用

1）计算固井水泥量

计算固井水泥量时需要知道套管外环形空间的容积。这个容积可根据由井径测量曲线求出的全井平均井径计算出来。在碳酸盐岩类地层中，井径扩大段往往存在较大的溶洞和裂隙，所以在计算时应考虑溶洞和裂隙对水泥量的影响，正确估算固井水泥用量。

2）判断岩性，划分地层

井径的变化与岩性有直接关系，岩石的成分和结构不同，钻井过程中钻井液对它们的浸泡、冲刷、渗透作用效果也不相同。

（1）砂岩：一般砂岩地层段井径曲线平直光滑，钙质致密性砂岩地层的井径接近钻头直径；渗透性好的砂岩地层井壁因易结成滤饼，井径稍微缩小；疏松砂岩地层的井壁容易坍塌，井径较大。

（2）泥岩：井径曲线不规则，井径大于钻头直径。具体情况与泥岩性质和钻井液浸泡时间有关。

（3）页岩：一般情况下，井径稍大于钻头直径。油页岩地层的井径接近于钻头直径；膨胀性的泥质页岩地层的井径明显小于钻头直径。

（4）粉砂岩和泥质砂岩：井径大小介于砂岩和泥岩之间。

（5）碳酸盐岩：致密的碳酸盐岩井径曲线平直规则，井径大小接近于钻头直径；渗透性好及有微裂隙的碳酸盐岩地层井壁上附有滤饼，井径稍有缩小；裂隙性的碳酸盐岩地层的井径不规则，井径曲线出现锯齿状；溶洞部位井径扩大，有时可超出井径仪的测量范围。

图 4-2 为井径测井曲线实例。地层界面对应曲线变化的半幅点。

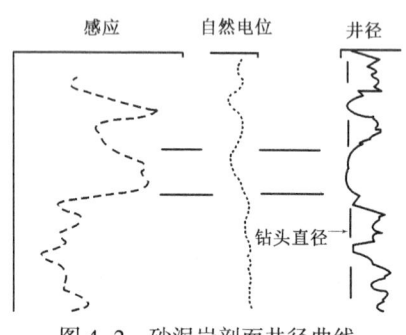

图 4-2 砂泥岩剖面井径曲线

3）配合其他测井方法进行综合解释

井径的变化对电法及声波、放射性测井方法的测量结果的影响很大，所以在测井解释时，必须进行井径校正。井径曲线是综合解释的重要辅助资料。

二、生产井井径测井

生产井井径测井主要用于检查套管质量、射孔质量。仪器采用接触式测量仪器，即通过井径仪器的测量臂与套管内臂接触将套管内径的变化转为井径测量臂的径向位移，再通过井径仪内部的机械设计及传递变为推杆的垂直位移，带动线性电位器的滑动键垂直位移或是通过钢丝绳和滑动组带动拉杆电位器变化，或者通过涡轮、蜗杆使电位器变化，而以电信号（电位差或频率变化）输出并进行记录。

常见井径仪器的有关测量指标如表 4-1 所示。

表 4-1 常见井径仪技术指标

名称	外径，mm	长度，mm	耐温，℃	耐压，MPa	测量范围，mm
微井径仪	80	1300	125	60	100±1～180±1
过油管井径仪	44	3535	80	20	76±1～170±1
过油管十臂最小井径仪	50	3607	70	20	76±2～178±2

1. 微井径仪的结构和测量原理

微井径仪由井径仪改革而成，四条腿位于通过仪器轴而相互垂直的两个平面内。测量时，井径腿靠弹簧的压力紧贴井臂，当套管内臂发生变化时（即井径发生变化时），井径腿随着撑开或收缩而推动螺杆上下运动，与此同时，滑键也在线绕电阻上移动，因此套管内径的变化就变成了电阻值的变化。测量时，通过电路将电阻的变化转化为电压值的变化，由地面仪器记录为代表套管内径变化的曲线。

2. 过油管两臂井径仪的结构和测量原理

过油管井径仪由 5 个部分组成，自上至下为扶正器、电路筒、井径探头、压力平衡管和下扶正器。

该仪器的测量原理是：油水井套管内径的变化转换成井径腿的机械位移，靠井径腿的仪器内端弧面转变成拉杆的垂直移动，然后通过钢丝绳和滑轮组带动拉杆电位器变化，即电阻阻值的变化，由此控制井下仪器的频率转换电路，转换成脉冲（频率），并通过测井电缆传输到地面，记录成曲线。通过频率与井径的刻度转换，即可得到套管内径变化曲线。

3. X-Y 井径仪的结构和测量原理

这种井径仪的结构和测量原理与微井径仪基本相同，在此不重复讲述；所不同的是，这种井径仪一次测量中可以记录两条互相垂直的反映套管直径值的曲线。

4. 八臂井径仪的结构和测量原理

八臂井径仪是机械式直接测量和电子测量电路的组合，它在井下仪器同一截面上均匀安装 8 条相同的井径测量腿，由推杆和拉杆连接的电刷轴连接在一起，实现套管内径变化值转化为电阻阻值的变化，并把直流电压的大小转换为频率变化。它们之间有良好的线性关系。同时可以测量 4 条套管内径直线。

5. 过油管最小井径仪的结构和测量原理

该仪器在 50mm 直径的仪器主体上设置了 10 个测量臂，分为两组，5 个测量臂同时作用在一个传动杆上，5 个测量臂中只要一个收缩，其余的臂也都收缩，它们是联动的。在仪器主体上，每隔 36° 就有一对测量臂，其中任意一对测量臂遇到套管变形的最小井径，就可以推动传动杆，带动钢丝绳，拉动拉杆电位器，改变电阻值，使电路输出脉冲（频率）发生变化，由此记录套管内径变化。由于设置了 10 个测量臂，遇到变形部位的概率提高，有利于检测套管变形。

6. 多臂井径仪的结构和测量原理

多臂井径仪有 30 臂、36 臂、40 臂、60 臂。它们的测量臂长度和数量不同，记录内容也存在一定的差异（40 臂井径仪器一次下井同时测量变形截面中最大和最小直径两条曲线；30 臂、36 臂井径仪器一次下井可以测量套管同一截面中的 3 个部分，共计 6 条测井曲线），但测量原理基本相同，都是通过两个脉冲振荡电路经电缆传输记录出套管内径变化的最大值曲线和最小值曲线。

三、井温测井

1. 井温仪及井温测井原理

地球是一个散热体，在未被干扰的情况下，某点的温度只是其位置的函数，与经过的时间无关。在一个给定的区域中，尽管其温度高低与地层热传导系数有关，但地温与深度的关系基本为一条直线，其斜率为地温梯度，即深度相差 100m 的两点之间的温度差，表 4-2 为国内部分地区地温梯度资料。

表 4-2 国内部分地区地温梯度

油田或盆地	地温梯度,℃/100m	油田或盆地	地温梯度,℃/100m
准噶尔盆地（T-J）	2.2~2.3	松辽盆地（K₁）	3.1~4.8（6.2）
酒泉盆地（E+N）	2.3（2.6）	大庆油田	4.5~5.0
四川盆地（J）	2.2~2.4（2.7）	济阳坳陷（E+N）	3.1~3.9
陕甘宁盆地（J）	2.75（2.8）	冀中坳陷（Z）	3.7（4.2）

注：括号中的数值为最大地温梯度值。

在生产井或注入井中，地温场的平衡状态会受到破坏。沿井身各深度点的温度，有的会偏离正常地温，这叫井温异常。井温测量可以及时发现井温异常，然后分析产生异常变化的原因，即井温测井解释。目前常用的井温仪是电阻式井温仪。

电阻温度计是井温测井仪最常采用的一种温度计，多采用桥式电路，其结构如图 4-3 所示，它利用不同金属材料电阻元件的温度系数差异来间接求得温度的变化。金属导体的电阻率与温度的一般关系为

$$\rho = a + bT + cT^2 \tag{4-2}$$

式中　ρ——电阻率；

　　　T——温度；

　　　a，b，c——与金属材料性质有关的常数，由试验确定。

电阻温度计多采用铂电阻 R_1 作灵敏臂，采用康铜电阻 R_2、R_3、R_4 作固定臂（这是因为铂的温度系数大，对温度变化敏感，而康铜的温度系数小，对温度不敏感），构成图 4-4 所示的测温电桥。当温度恒定时，$R_1 = R_2 = R_3 = R_4 = R_0$；当温度变化时，固定臂电阻基本不变，而灵敏臂电阻 R_1 将由于其铂金属材料电阻率的变化而变化，结果电桥的平衡条件被破坏。

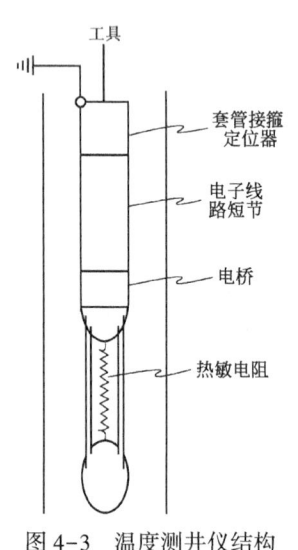

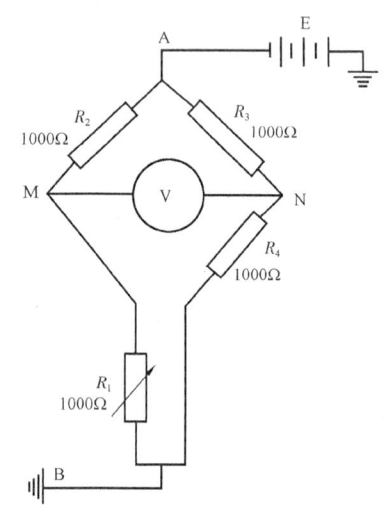

图 4-3　温度测井仪结构

图 4-4　电阻温度计线路图

温度测井的理论方程为

$$T = T_0 + K(\Delta U_{MN}/I) \tag{4-3}$$

式中 K——仪器常数;

T_0——平衡点温度。

因此,保持电流恒定,测出 M、N 间的电位差,就可得到变化后的温度。

2. 井温测井曲线的应用

1) 划分注水剖面

当向井内注入不同温度的水时,浅部位主要受注入流体温度影响,井温曲线会显示高于或低于地层温度。随着温度增加,注入水获得来自地层的热能,井温曲线可能逐渐与地温梯度线平行。注入液通过吸水层段时,若岩层均匀且很厚,则对于地层而言,注入同一温度的水,井温曲线可能变化不大。在吸水层段下部,受底部原始地层温度影响,井温曲线将很快趋向地温梯度线。因此流动井温曲线能够指示单层吸水层段。但对于多层注入情况,由于层间距离有限,井温曲线在整个吸水层段变化不大。只有在吸水层段下部,井温曲线很快回到地温梯度线,从而可以明确指示吸水底界面。

2) 判断产气层位

在井下产液层位,由于产出流体携带的热量,加上流动过程摩擦作用产生的热量,使井温比地温要高,所以在该处井温曲线显示为正异常。因此,根据温度测井曲线开始偏离地温梯度线的部位,可以判断产液层位。

在井下产气层位,当自由气从储层的高压状态进入井筒较低压力下时,气体分子扩散,体积膨胀而吸热,从而在出气口附近形成局部低温异常。但当气体在地层中流动由于摩擦而产生的热比它膨胀时吸收的热多时,井温曲线上不会产生低温异常。因此,一般对于高压气层,可以根据温度测井曲线上的低温异常显示,判断出气口的部位,如图 4-5 所示。

3) 确定水泥返高

水泥凝固时要放出大量的热,套管外有水泥的井段,温度比无水泥段的温度要高一些,所以在水泥凝固后,热量完全消散之前进行井温测井,可以确定固井水泥的上返高度,图 4-6 所示为固井 24h 后得到的温度测井曲线,图中 A 处温度上升确定为水泥的返高面,A 的上部没有水泥,下部温度升高是水泥放热引起的。B 处温度升高是由于在固井的最后几包水泥中添加促凝剂,增大了生热量。D 处的温度的升高是因为水泥塞堵塞,导致井筒内大量储存水泥。

4) 检查水泥窜槽层位

水泥窜槽主要是油气井因固井质量差而引起的层间流体流动或环空窜气导致井温异常,通过对窜气井段井温负异常的分析,可判断引起窜槽的原因和井段,从而制定出解决窜槽的方法。一般窜槽、窜层所引起的井温异常呈现椭圆形的曲线形态,幅度与窜槽、窜层的程度有关,如图 4-7、图 4-8 分别为产液井中套管壁外有向下的流动和产气井中套管壁外有向上的气流引起的窜槽。

油层套管接箍密封不好或套管本体有孔眼并同时存在固井质量差时,常导致套管漏失,产层流体通过环空窜至套管漏失点,并进入井眼,从而引起井温低温异常。套管漏失所引起的井温低温异常曲线特征为尖峰状形态,尖峰出现的位置即为套管漏失点。通过对套管漏失点的确定,为完井工程工艺和改造措施工艺的选择提供准确的方案决策依据。

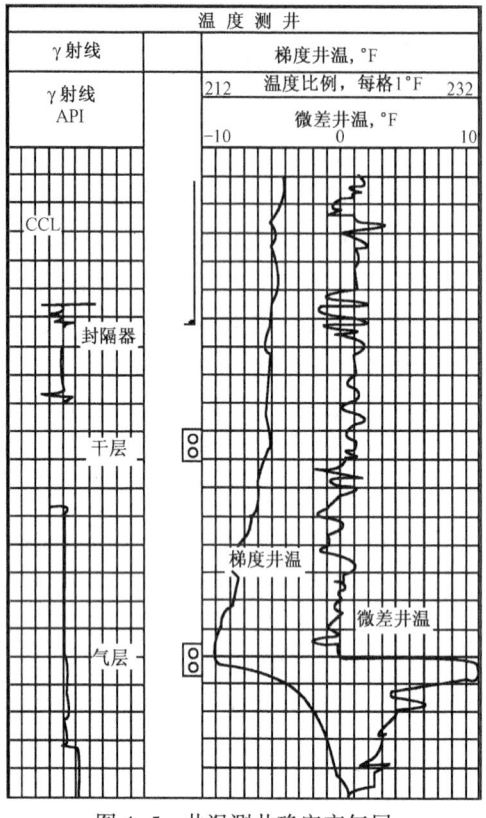

图 4-5 井温测井确定产气层

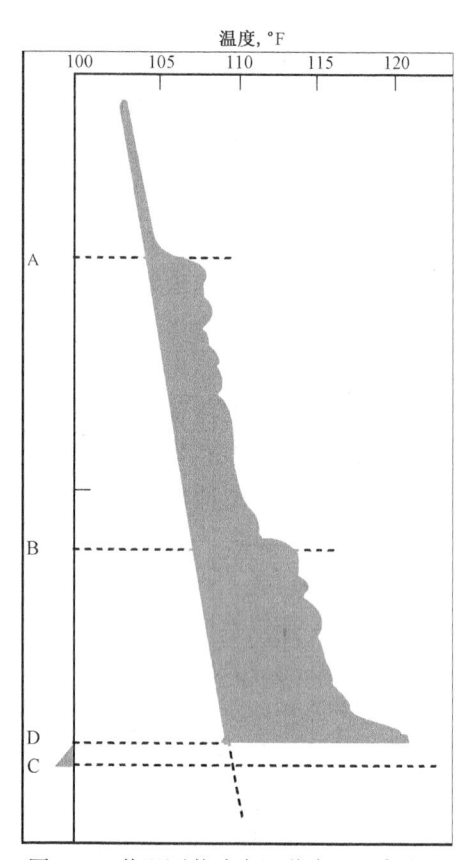

图 4-6 井温测井确定固井水泥返高位置

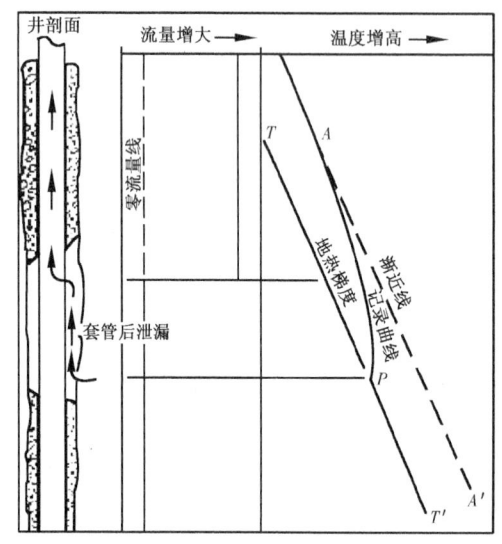

图 4-7 产液井中套管壁外有向下的流动引起窜槽

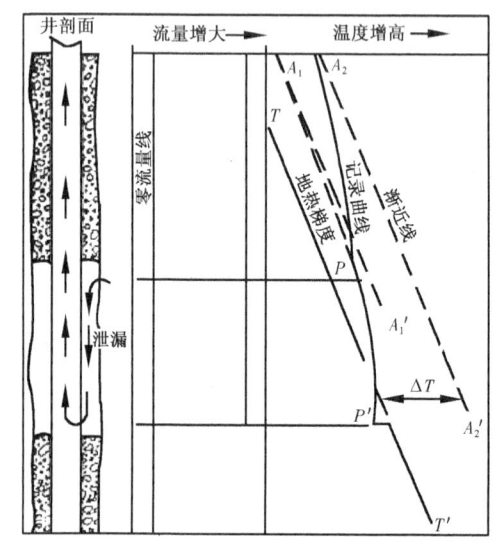

图 4-8 产气井中套管壁外有向上的气流引起窜槽

3. 井温测井适用范围及对井况的要求

(1) 井温测井资料属于定性资料,存在明显滞后现象,准确程度差,不适用于精确测井。

(2) 井温测井反映不出夹层薄的情况，不适用于夹层小于10m的情况。

(3) 井温测井一般要求下放仪器过程中测井，以免破坏井筒内温度场分布，保证测取资料真实、可靠。

(4) 井温测井测速应在400~600m/h，以克服仪器滞后影响和不干扰井中温度分布。

(5) 高含水期受周围注水井的影响，易出现井温异常，所以井温测井前应要求井温场稳定8h以上。

任务实施

一、任务内容

了解井径测井的原理，掌握井温测井的基本原理，完成任务考核内容。

二、任务要求

(1) 掌握裸眼井井径测井曲线的应用；
(2) 掌握生产井井径测井曲线的应用；
(3) 掌握井温测井曲线的应用；
(4) 完成任务时间：40分钟。

任务考核

一、判断题

1. 井径测井只能用于裸眼井。   (   )
2. 在井温曲线上，产液层表现为地温上升，吸水层表现为地温下降。   (   )
3. 井温测量是井内各个深度下的流体温度值。   (   )

二、简答题

1. 裸眼井井径测井的主要应用有哪些？
2. 套管井常用的井径测井仪有哪些？

任务二 地层倾角测井

任务描述

地层倾角测井测量的是地层及裂缝产状，是确定地层面、层理面、构造面倾角和倾斜方位的主要方法，在油气藏构造研究和沉积环境研究中起着重要作用。本任务主要介绍地层倾角测井的基本原理、不同地质构造的地层倾角测井矢量图模式。

任务分析

通过本任务的学习，主要要求学生理解地层倾角测井原理及地层倾角测井资料解释应用方法，通过实物资料分析，使学生具备地层倾角测井资料的分析解释和应用能力。

学习材料

一、地层倾角测井原理

地层倾角测井是确定地层面、层理面、构造面倾角和倾斜方位的测井方法，也是一种专门用于研究构造和沉积问题的测井方法。它的探测器包括极板系统和测斜系统。贴井壁的 4 个极板构成极板系统，每个极板上有一个微聚焦电极系。这些电极系的中心两两互成 90°，并在垂直于仪器轴（井轴）的平面上（称为仪器平面），按顺时针方向依次编为 Ⅰ、Ⅱ、Ⅲ、Ⅳ号极板。每个电极测量的曲线称为对比曲线，用来确定各电极穿过地层面的深度。相对两组极板还测量两条互相垂直的井径曲线。

二、地层倾角测井数据处理方法

地层倾角测井数据处理的核心是在 4 条对比曲线上确定地层面或层理面和不同曲线上地层面的深度差（高程差）。常用的有以下 3 种处理方法（程序）。

（1）相关对比法（CORMN 程序）：通常将 Ⅰ 号曲线作为基本曲线，依次与其他曲线对比确定一段曲线反映的地层面趋势及其倾角。

（2）选择最可能倾角的方法（CLUSTER 程序）：它是一种专门研究构造问题的处理方法。大的地质体在对比曲线上有稳定的和大的曲线异常。一个曲线异常可以控制数十个倾角，从中选出相近的倾角，用矢量合成法得到的倾角就是最可能的倾角。

（3）图形识别对比法（GEODIP 程序）：它是一种专门研究沉积问题的处理方法。它将对比曲线分成若干曲线元素，划分为峰、谷、平直段、台阶尖峰等。峰和谷又分别划分为大峰、中峰、小峰、大谷、中谷和小谷。在每个曲线元素上确定若干参数构成图形矢量，用两条对比曲线上同类曲线元素图形矢量对应参数之差的平方和，比较其相像性，确定最相像曲线元素的高程差和倾角。它确定的是某一地层面或层理面的倾角。

三、地层倾角测井成果显示

地层倾角测井数据处理成果有多种图形显示，如矢量图、方位频率图、施密特图、棍棒图和圆柱面展开图等。其中，以矢量图和方位频率图最为常用。

1. 矢量图

矢量图是用小圆中心表示深度和倾角，用线段与正上方的夹角（顺时针）表示倾斜方位构成的图形。图 4-9 是中国某油田地层倾角测井矢量图。为了使解释形象化，在矢量图上将地层倾角的矢量与深度关系大致分为四类。

（1）红模式：是倾斜方位基本不变（倾向大体一致）、倾角随深度增加而增大的一组矢量。它可能是断层、不整合面、沙坝及河道等的显示。

（2）蓝模式：是倾斜方位基本不变（倾向大体一致）、倾角随深度增加而逐渐减小的一组矢量。它可能是断层、地层水流层理、不整合等的显示。

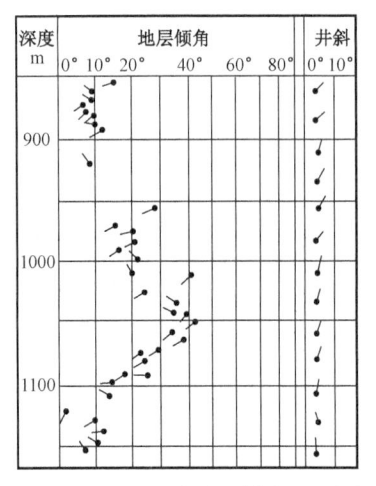

图 4-9 地层倾角测井矢量图

(3) 绿模式：是倾角和倾斜方位基本不变（倾向大体一致）、倾角随深度不变的一组矢量，其平均趋势表示构造倾角。它可能是构造倾斜和水平层理等的显示。

(4) 白模式（杂乱模式）：是倾角和倾向变化不定（倾角变化大或矢量点很少）的一组矢量。这种倾角模式的可信度差，标志着有新层面、风化面或岩性粗的块状地层等存在。

2. 方位频率图

方位频率图是在一定的深度间隔内画出的倾斜方位极坐标统计图。圆周方向表示倾斜方位，并等分成若干份（如每份10°），落入每份的倾角点数（频率）用矢径大小来表示。它常用来研究沉积问题，其主峰一般表示水流方向，与之垂直的次峰则随沉积问题而异，如河道沉积是表示砂体变厚（一个次峰）或变薄（两个次峰）的方向。图4-10右侧的方位频率图主峰明显，表示河口沙坝水流和砂体变薄方向。

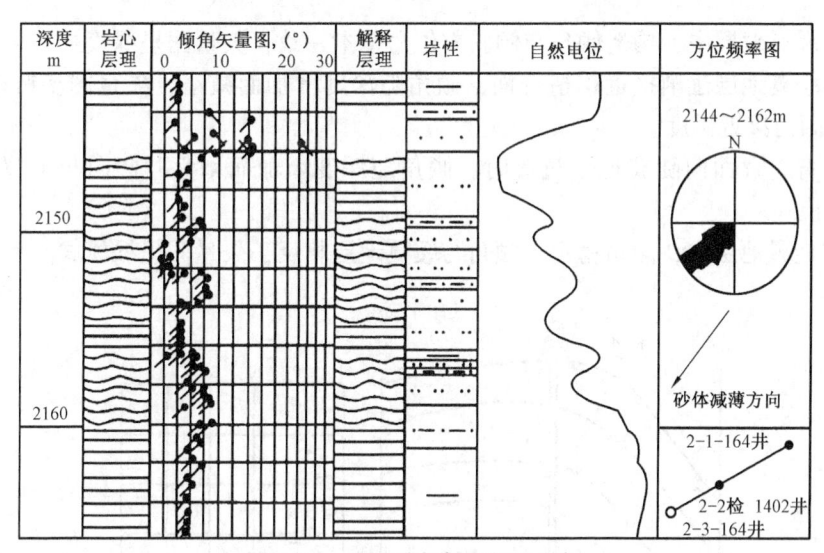

图 4-10 河口沙坝倾角解释实例

四、地层倾角测井资料的应用

地层倾角测井资料和井壁成像测井资料一样主要用于构造地质研究。除此之外，地层倾角测井还能用于古流水方向研究、构造地质研究，主要是褶皱、断层和不整合三类地质现象的地层产状和构造要素的准确确定。

1. 地层倾角测井的褶皱构造研究

1) 对称背斜矢量图为绿模式

当井没有穿过背斜的轴面时，矢量图为绿模式，与单斜构造显示相同。但是在轴面两侧钻井，两口井的矢量图在同一岩层出现倾向相反的倾角。如果井钻在背斜的顶部，这时测得的地层倾角就很小，倾斜方位角也很乱；只有钻在两翼上，才会显示出倾角较大、方位角一致的绿模式，如图4-11所示。

2) 不对称背斜的模式组合为绿—蓝—红—绿

当不对称背斜和轴面重合，井钻遇的不对称背斜次序是缓翼—脊面—陡翼时，如图4-12所示，矢量图有下列特征：

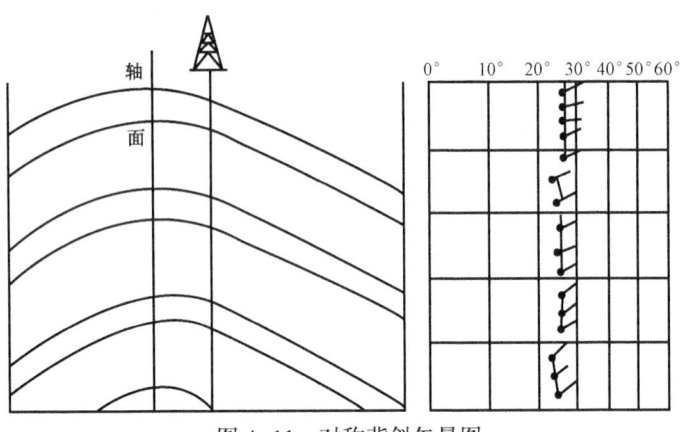

图 4-11 对称背斜矢量图

（1）在缓翼地层中，构造倾角与倾斜方位角基本一致，矢量图呈绿模式。

（2）由缓翼地层逐渐接近构造脊面，倾角随深度增加而减小，矢量图呈蓝模式。在背斜脊面处，倾角接近零度。

（3）由背斜脊面向陡翼地层过渡时，倾角随深度增加而增大，倾向与上翼地层相反，矢量图呈红模式。

（4）在陡翼地层中，倾角稳定，倾角与缓翼地层相反，矢量图呈绿模式。

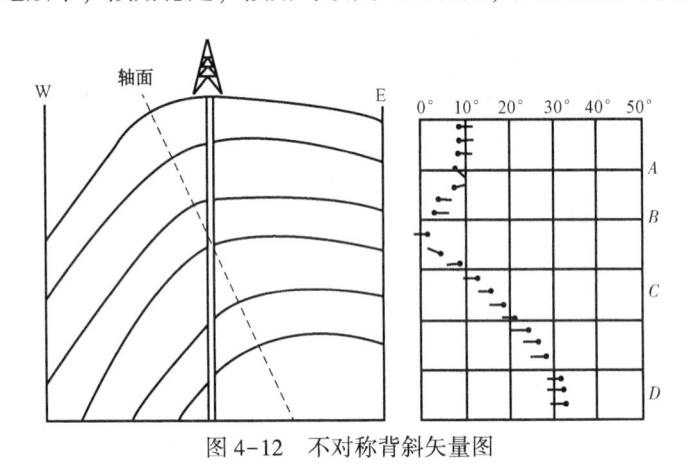

图 4-12 不对称背斜矢量图

3）倒转背斜的模式组合为绿—蓝—红—蓝—绿或绿—蓝—白—蓝—绿

倒转背斜的特点是下翼倾角比上翼大，两翼倾向相同。如图 4-13 所示，当井穿过倒转背斜轴面时，矢量图有下列特征显示：

（1）在上翼地层中，矢量图呈绿模式，倾角和倾向基本不变。

（2）由上翼地层至背斜脊面，矢量图呈蓝模式，倾角随深度增加而减小。

（3）由背斜脊面至背斜轴面，矢量图呈红模式，倾向相反。至倒转背斜转折面，倾角随深度增大，一直增加到 90°直立为止。有的倒转背斜在此部分由于弯曲太大造成断裂，矢量图不为红模式而以白模式显示。

（4）由转折面进入下翼地层，矢量图呈蓝模式，倾角由最大值随深度增加而减小，倾向与上翼地层相同。

图 4-13 倒转背斜矢量图

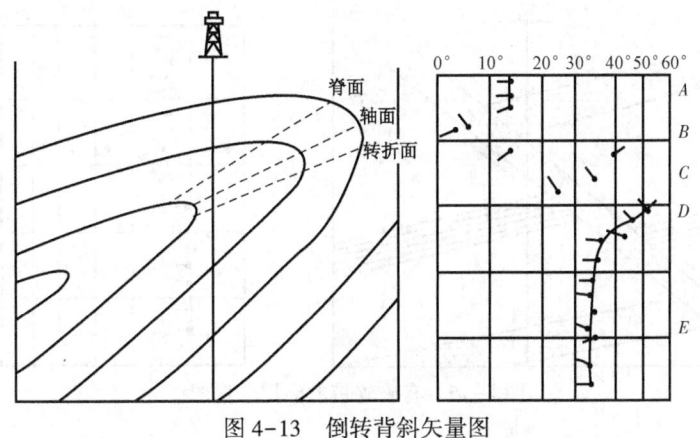

(5) 在下翼地层中，矢量图呈绿模式；但倾角比上翼地层大，倾斜方位与上翼地层基本一致。

2. 地层倾角测井的断层研究

1) 断层面没有形变的断层

图 4-14 所示为断层面没有形变的断层矢量图。由于断层面没有形变，矢量图显示与单斜构造一样，不能用倾角资料判断、确定正断层。同样，倾角测井也不能确定断层面没有形变的逆断层。

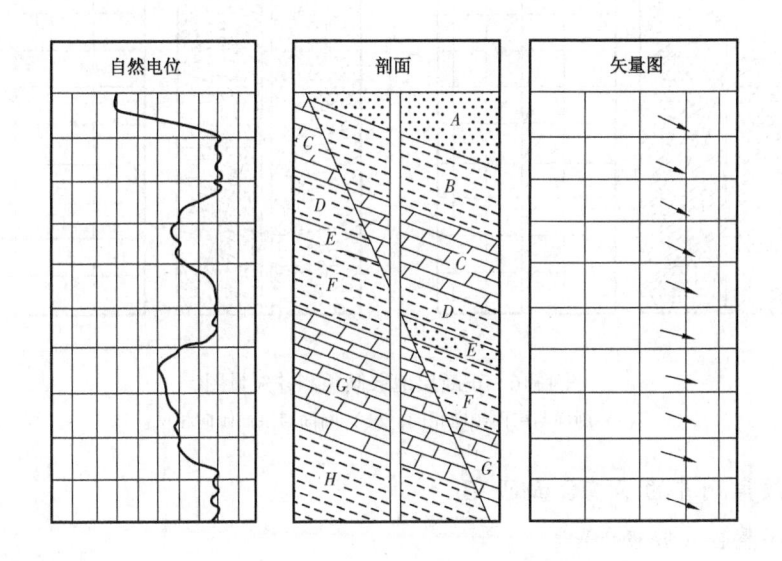

图 4-14 断层面没有形变的断层矢量图

2) 有破碎带的断层

当地层很硬时，岩层沿断层面形成破碎带。由于破碎带中地层倾向没有固定方向，故矢量图为绿—白—绿模式，如图 4-15 所示。

3) 有拖曳现象的断层

塑性岩层上下盘沿断层面相对运动时，由于摩擦力的作用，地层层面在断层面处发生形

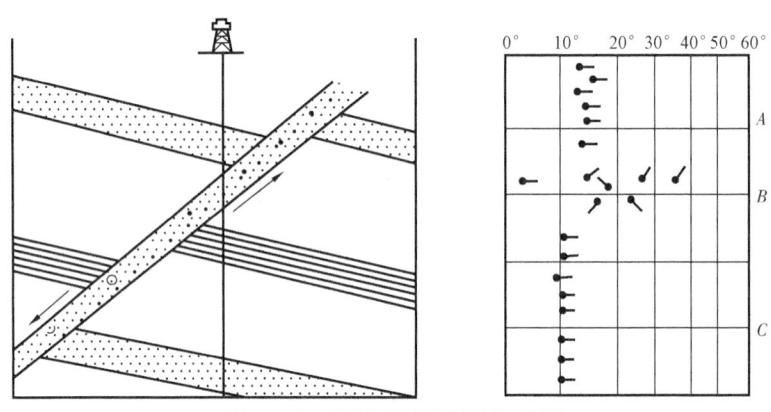

图 4-15　有破碎带的断层矢量图

变，就有可能从矢量图上认出断层。拖曳断层显示有两种模式，即绿—红—蓝—绿和绿—蓝—红—蓝—红—绿，图 4-16 所示为正断层地层倾角测井矢量图，图 4-17 所示为逆断层地层倾角测井矢量图。但是，如何判断绿—红—蓝—绿是断面与层面倾向相同的正断层还是断面与层面倾向相反的逆断层，如何判断绿—蓝—红—蓝—红—绿是断面与层面倾向相反的正断层还是层面与断面倾向相同的逆断层，还需要用地质资料、测井资料综合判断。

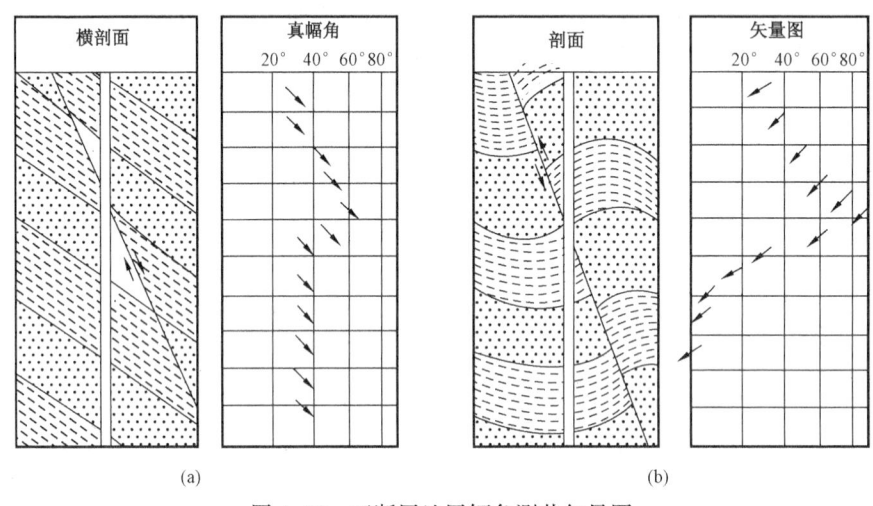

图 4-16　正断层地层倾角测井矢量图
（a）断面与层面倾向相同；（b）断面与层面倾向相反

3. 地层倾角测井的不整合面研究

1）平行不整合（假整合）

当侵蚀面的倾角与方位角没有变化时，假整合在倾角图上就无显示。当侵蚀面有风化带时，倾角图显示为白模式，能识别假整合。如果侵蚀面侵蚀后产生局部的高点和低点，再沉积时在低洼处形成充填式沉积。倾角图为红模式或蓝模式，也能识别假整合，如图 4-18 所示。

2）角度不整合

角度不整合在倾角矢量图上表现为倾角或倾向突变。一般情况下，不整合上部地层倾角较小，下部地层倾角较大。这种突变在区域上可以对比，不同于断层仅引起局部地层产状突变，如图 4-19 所示。

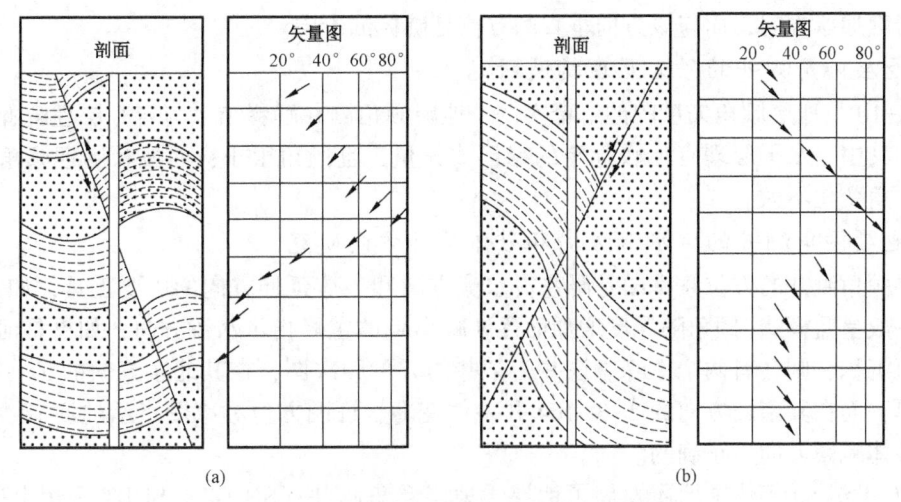

图 4-17 逆断层地层倾角测井矢量图
(a) 断面与层面倾向相同；(b) 断面与层面倾向相反

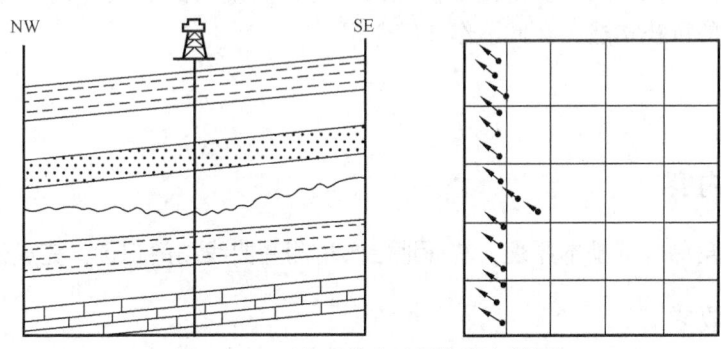

图 4-18 平行不整合地层倾角矢量图

4. 地层倾角测井的沉积相带内地层圈闭研究

1) 滨海相沙坝型地层圈闭在倾角图上的显示

对着泥岩盖层，地层倾角随深度增加而增大，呈红模式。当进入砂岩体后，倾角随深度增加而变小。穿过砂体后，倾角趋于构造倾角。

2) 河流相河道充填圈闭在倾角图上的显示

对着砂体，随着深度的增加，倾角相应增大，并在河床底部显现最大的倾角。矢量图呈红模式。通常，河道中心的倾向要比河床边缘的倾角小一些。

3) 三角洲相前积层圈闭在地层倾角图上的显示

斜层理层系厚度大，故有明显的蓝模式。蓝模式上部倾角大，下部小。倾角大表示流速高，沉积颗粒粗；倾角小表示流速低，沉积颗粒细。

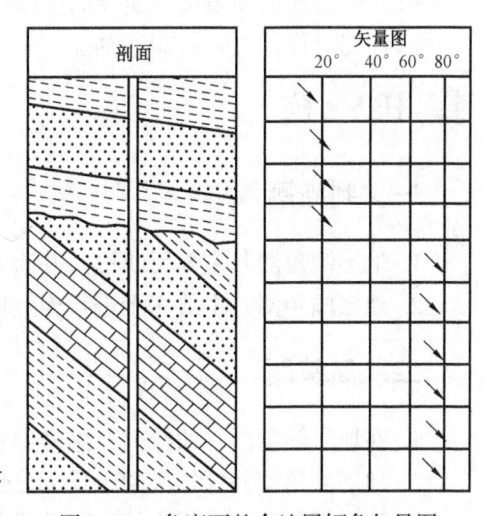

图 4-19 角度不整合地层倾角矢量图

4) 泥岩盖层在地层倾角图上的显示

上覆泥岩盖层的地层倾角随深度而增大，呈红模式倾角特征；泥岩盖层倾斜方位角相反方向为岩礁加厚方向,而与该方向垂直的方位是礁体的走向。

5. 地层倾角测井的砂岩层理构造研究

图4-10是地层倾角矢量图的解释实例,地层倾角测井解释结果与岩心层理解释结果基本一致。其中,水平层理有比较稳定的绿模式矢量,且倾角很小;而波状层理倾角矢量较乱,但倾角变化不大。

6. 地层倾角测井的古水流方向和砂体延伸方向研究

地层倾角测井的方位频率图是研究古水流方向和砂体延伸方向的主要工具,如图4-10所示。一般呈蓝模式(倾角随深度增加而逐渐减小)的主峰指示水流方向,如果是河口湾和潮汐河道沉积,则会有两个主峰。该井为某井的方位频次图,在其北东方向的2-1-164井砂体变厚,而在其南西方向的2-3-164井砂体变薄,证明方位频率图指示的河口沙坝水流方向和砂体减薄方向是正确的。

在20世纪80年代中期还发展了地层学地层倾角测井(SHDT)。SHDT采用电磁测斜,每个极板在同一水平位置上有相距3cm的两个微聚焦电极系。它不但可实现普通地层倾角测井极板对极板的对比,还可实现同一极板两条对比曲线间的对比(也称边对边的对比),可以研究很细小的沉积构造,在此不作详细介绍。

任务实施

一、任务内容

了解地层倾角测井的基本原理,掌握地层倾角测井曲线图的识读,完成任务考核内容。

二、任务要求

(1)掌握地层倾角测井曲线的应用;
(2)完成任务时间:20分钟。

任务考核

一、判断题

1. 地层倾角测井主要反映油井井筒倾角和方位角的大小。　　　　　　　　(　　)
2. 地层倾角测井主要用于进行构造地质分析和古流水方向判断。　　　　　(　　)

二、简答题

1. 在地层倾角测井曲线上,怎样识别各种褶皱、断层和不整合?
2. 地层倾角测井仪探头的千斤部分包括哪些?
3. 地层倾角测井仪探头的底部总成包括哪些?

项目二　生产测井

任务一　注入剖面测井

📋 任务描述

在油田开发过程中，初期利用依靠油层天然能量的弹性驱开采。一段时间后，油层能量降低，必须采用人工方式驱动油，使油层压力保持在原始地层压力附近，才能使油层流体流动且产出地面。人工驱油方式包括注水驱油、注聚合物驱油、注蒸汽驱油、火驱油、CO_2驱油，其中注水驱油、注聚合物驱油是较常见的油田开采方法。

目前油田的注入井绝大部分为注水井、注聚合物井，注入采用笼统注入和分层配注两种工艺。注入剖面测井资料为监测单井注入动态，揭示层间、层内矛盾，调整注水剖面（如分层配注调剖、堵水调剖、酸化、压裂）提供依据；为井组以及区域注采关系调整提供资料。通过对注入剖面测井的研究及地下动、静态资料的分析、对比，可以间接地了解邻油井产液剖面，为确定综合调整方案、最终提高采收率提供重要的测井信息（富媒体4-2）。

富媒体4-2　生产测井概述

👥 任务分析

常用的注入剖面测井方法有同位素示踪法注入剖面测井、注入剖面多参数组合测井、电磁流量测井、示踪相关流量测井、脉冲中子氧活化测井、能谱水流测井。本任务主要介绍同位素示踪法注入剖面测井和注入剖面多参数组合测井方法。通过本任务的学习，主要要求学生理解注入剖面测井的方法、原理及资料解释应用方法，使学生具备注入剖面测井资料分析解释应用能力。

📚 学习材料

一、同位素示踪法注入剖面测井

1. 相关原理

图4-20是CFC881小直径放射性测井仪，由磁性定位器、伽马探测器和放射性微球释放器三部分组成。

在正常的注水条件下，用放射性同位素释放器将吸附有放射性同位素离子的固相载体（微球）释放到注水井中预定的深度位置。载体与井筒内的注入水混合，并形成一定浓度的均匀活化悬浮液。活化悬浮液随注入水进入地层。由于放射性同位素载体的直径大于地层孔隙喉道，故活化悬浮液中的水能进入地层，而同位素载体则滤积在井壁地层的表面。地层吸收的活化悬浮液越多，地层表面滤积的载体也越多，放射性同位素的强度也相应增高，即地层的吸水量与滤积载体的量和放射性同位素的强度成正比。将施工前后测量得到的两条放射性测井曲线叠合处理，则对应射孔层处两条放射性测井曲线所包络的面积反映了地层的吸水能力，如图4-21所示。可以采用面积法解释各层的相对注入量，进而确定注入井的分层注水剖面。

图 4-20 CFC881 小直径放射性测井仪

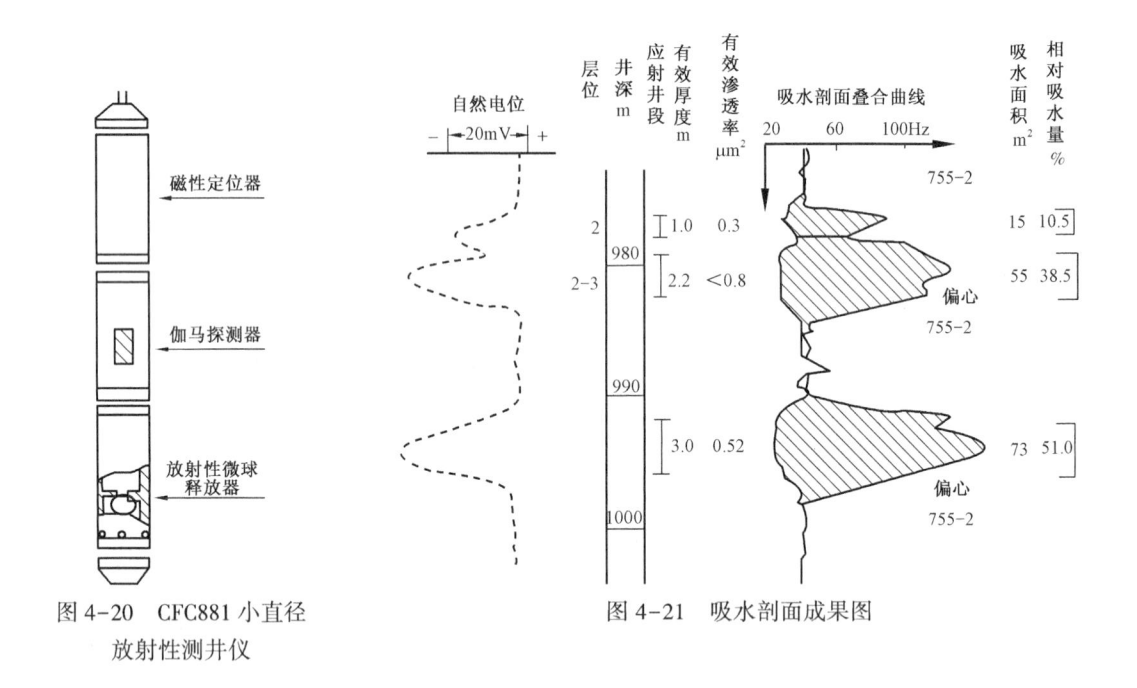

图 4-21 吸水剖面成果图

2. 同位素的选择

（1）同位素应能放射出较强的 γ 射线，能穿透套管、油管及仪器外壳，被仪器探头所记录。我国常用 γ 射线的能量在 0.0802~0.64MeV。

（2）同位素的半衰期要适当。半衰期太短不利于保存和运输，太长会使注水井在较长时间内仍显示高放射性，影响以后的注水井作业和测井施工，使用同位素的半衰期一般不超过 30d。

（3）要有较强的被吸附的能力，且在注入水冲刷下不脱附，以便配置活化载体。

（4）安全、价格便宜且易于制造。

各油田一般选择 ^{65}Zn（锌）、^{110}Ag（银）、^{124}Sn（锑）、^{59}Fe（铁）、^{131}I（碘）、^{131}Ba（钡）、^{45}Sc（钪）等进行同位素示踪测井。

3. 同位素载体的选择

（1）固相载体要有较强的吸附性，能牢固地吸附放射性同位素离子，保证在高压注水井清水或较高温度的污水回注的冲刷下不脱附。

（2）固相载体的颗粒直径必须大于地层的孔隙直径，保证施工中同位素的载体不被挤入地层，而仅聚集于井壁附近。

（3）固相载体颗粒悬浮性能好，下沉速度远小于注入水在井筒内的流速，以保证在注入水中均匀分布。载体颗粒密度一般为 1.01~1.04g/cm³。

（4）固相载体携带放射性离子的效率高，用量少，使载体在井壁上的聚集不致堵塞地层孔隙，影响地层的吸水能力。

（5）载体要具有足够的表面积，不沾污井筒及有关装置和仪器。

油田上常用的同位素载体包括活性炭固相载体和 GPT 微球（一种无机二元氧化物溶胶制成）两种。与半衰期短的 ^{131}Ba 一起制成 ^{131}Ba-GPT 微球示踪剂。

4. 同位素测井资料的应用

（1）确定注水井各个小层的吸水层位和相对吸水量、吸水强度。

（2）确定管外窜槽井段。窜槽的主要特征是在射孔层位上下的非射孔层位出现较大幅度的同位素异常，非射孔层位同位素载体是无法挤入地层的，只能是沿着管外水泥和地层之间的通道进入该地层。如果该层段水泥未封固好，图4-22所示为某井段放射性同位素测井曲线和参考曲线图，比较这两条曲线可见，在注入了活化液的B层，曲线异常幅度明显增大；在被封隔器封隔的A层，虽未注入活化液却也有明显增大的曲线异常，说明B层和A层之间的井段有窜槽；在C层，两条曲线基本重合，放射性强度没有变化，说明B层、C层间不窜通，水泥胶结良好。

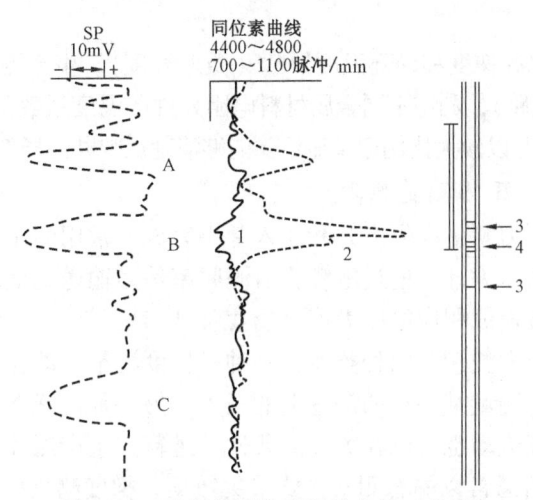

图4-22 放射性同位素测井曲线"找窜"
1—参考曲线；2—放射性同位素测井曲线；3—封隔器；4—配水器

（3）验证配注管柱深度。

（4）找漏失部位。当注水井发现井口注入压力下降但注水量增加时，常怀疑有漏失层存在。特别是套管变形的注水井在套管损坏部位常有漏失存在。

二、注入剖面多参数组合测井

在油田开发后期，由于长期注水冲刷，地层的孔隙喉道扩大，加上压裂、酸化等作业措施使地层产生裂缝，用传统的放射性同位素示踪法测井确定注水剖面受到限制。注入剖面多参数组合测井仪是将井温仪、压力计、涡轮连续流量计、磁性定位器、伽马仪组合在一起，实现一次下井录取相同注水条件下的同位素示踪吸水剖面原始资料、流量资料、井温资料（为关井井温）、压力资料、磁性定位资料，因此又称为五参数组合仪。

多参数综合解释可排除部分同位素沾污、漏失等影响，特别是在解决大孔道地层和封隔器漏失方面应用效果十分明显。利用各个参数的优点相互弥补不足，使综合测井的解释结果能够真实客观地反映井下情况，为地质研究人员提供准确的信息，从而提高生产测井资料的可信度和可靠性。

1. 连续流量计测量原理

连续流量计是一种非集流型水井测井仪器，通过连续测量井内流体沿轴向运动速度的变化确定井的注入剖面（富媒体4-3）。在井眼直径、测速和流体黏度一定的条件下，在单相流体中，涡轮的转速N与流体流速v成线性关系，流量Q与套管截面积S和流速v的关系为

富媒体4-3 流量和温度测井方法

$$Q = Sv \tag{4-4}$$

因而，流量 Q 与涡轮转速 N 成正比。

在连续测量时，所测得的涡轮转速 N 不仅与井内流体运动速度有关，同时也与测速有关。因此，当仪器以一恒定速度 v 运动时，所测得的涡轮转速 N 是由流量和测速决定的。要消除测速影响，可采用在目的层段上测四条、下测四条流量曲线，然后取平均值，并通过以电缆速度为横坐标，以涡轮转速为纵坐标作各解释点交会图的办法，求得各解释点的流速，从而获得注入剖面的测量结果。

2. 井温测量原理

井温测量的对象是地温梯度和局部温度异常（微差温度）。生产测井中井下温度测量采用电阻温度计（采用桥式电路），利用不同金属材料电阻元件的温度系数差异，测量井轴上一定间距两点间温度的变化值，并以较大比例记录显示，能够清楚反映井内局部温度梯度的变化情况。

3. 压力测量原理

压力测量在生产井和注入井中完成，常用的压力计有应变压力计和石英晶体压力计，通过电缆将所测频率信号输送到地面计算机，随后将频率信号转换成相应的压力值（富媒体 4-4）。

富媒体 4-4 压力和流体识别测井

压力测量分两种类型：一种是梯度测量，即在流体流动或关井条件下沿井眼测量某一目的深度上的压力；另一种是静态测量，即仪器静止，流体可以流动也可以在关井的条件下进行。生产测井通常是以梯度测量方式采集数据，试井压力分析通常以静态测量方式采集数据。梯度测量所测压力数据主要用于套管、有关流动状态分析，试井分析测量（静态测量）主要用于确定储层参数。

三、注入剖面测井资料解释

1. 测井解释的基本方法

（1）分析井温、流量、同位素示踪测井资料的可靠性，识别各种干扰因素对测井资料的影响。

（2）用井温测井曲线定性判断吸液层段。

（3）根据流量曲线确定各配注层段的绝对吸水量和相对吸水量。

（4）根据同位素示踪测井解释结果，结合流量测量配注段的结果确定各小层的相对吸水量和绝对吸水量。

图 4-23 为注入剖面解释成果图，从左到右依次为自然电位曲线、自然伽马—示踪叠合曲线、连续流量曲线、井温曲线、压力曲线、磁性定位曲线、管柱、小层号、厚度、渗透率、绝对吸水量、相对吸水量、解释折线图。从图中可以看出，放射性同位素示踪法测井成果图直观地展示了井内各个地层的注入状况，指示出各个地层的注入量，且与连续流量和井温资料对应良好。

2. 解释细则

以流量资料划分出每个配注段的绝对流量和相对流量。以放射性吸水剖面资料划分各小层的相对吸水量。以井温资料定性地给出吸水层位或准确判定底部吸水层界面。以压力资料和磁性定位资料监测注入压力的波动情况及其对吸水层吸水量的影响，准确地控制测井深度，并提供井下管柱深度位置情况。

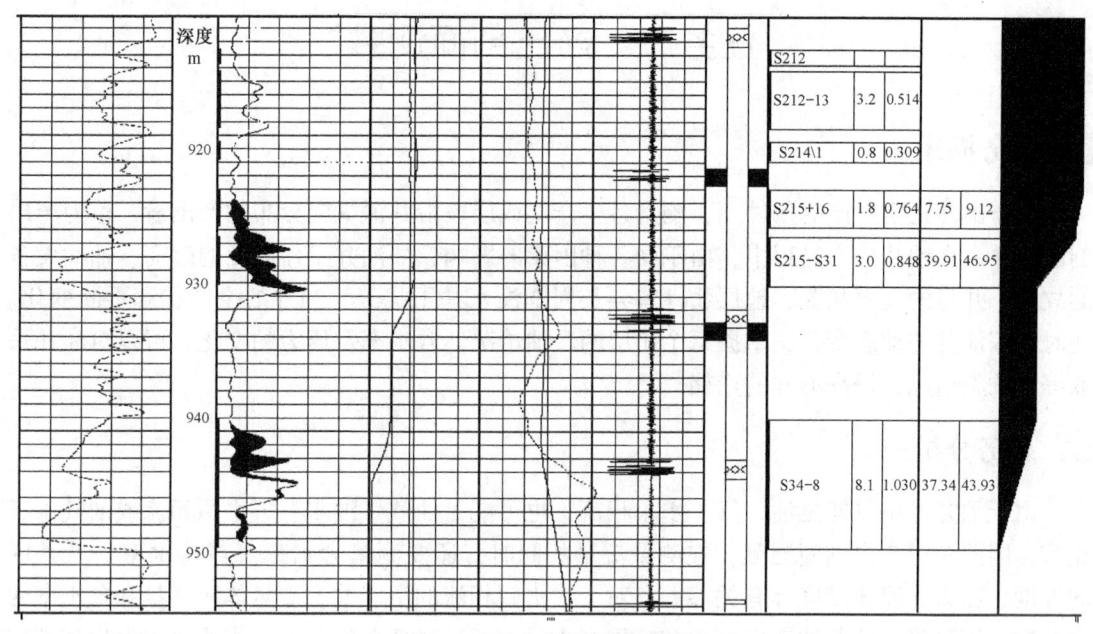

图 4-23 注入剖面解释成果图

❈ 任务实施

一、任务内容

掌握同位素示踪法注入剖面测井的基本原理，完成任务考核内容。

二、任务要求

(1) 掌握注入剖面测井资料解释应用；
(2) 完成任务时间：20 分钟。

❈ 任务考核

一、判断题

1. 注入剖面测井是在注入井中测量的。   （   ）
2. 放射性微球的直径越大越好。   （   ）
3. 放射性微球的密度与注入水的密度接近时会对放射性同位素示踪法测井造成很大的影响。   （   ）

二、简答题

1. 注入剖面测井资料的主要应用是什么？
2. 如何利用井温测井识别注入剖面？

任务二 产出剖面测井

任务描述

在产出井正常生产的条件下，测量各生产层或层段沿井深纵向分布的产出量，称为产出剖面测井。在油井生产过程中，由于受各种因素的影响，如油井工作制度的改变、抽油设备的故障、井身的技术状况、地层物性差异及周围注入井干扰等，油井的生产状态不断变化。随时追踪油井的动态变化，掌握每个小层的产油情况、含水率及压力的变化，可以对油井采取综合调整措施，提高油井的产能。

任务分析

由于油井产出可能是油、气、水单相流，也可能是油气、油水、气水两相流或油气水三相流，因此对于产出剖面测量，在测量流量的同时，还要测量含水率（或持水率）及井内的温度、压力、流体密度等有关参数。对于油水两相流的生产井，测量体积流量和含水率两个参数，即可确定油井的产出剖面和分层产水量。通过本任务的学习，主要要求学生理解产出剖面测井原理及产出剖面测井资料的解释和应用方法，使学生具备产出剖面测井资料的分析、解释和应用能力。

学习材料

一、产出剖面测井仪

产出剖面测井仪主要用于监测油井内分层流量和含水率。表4-3是大庆油田常用产出剖面测井仪器及相应的技术指标。

表4-3 大庆油田常用产出剖面测井仪器及相应的技术指标

序号	名称	技术指标	
1	分离式低产液找水仪	流量	$(0.3~25m^3/d)±2\%$
		含水范围	$(0~100\%)±2\%$
2	过流式低产液找水仪	流量	$(0.3~25m^3/d)±5\%$
		含水范围	$(0~100\%)±10\%$
3	取样式过环空找水仪	流量	$(2~150m^3/d)±3\%$
		含水范围	$(0~100\%)±5\%$
4	阻抗式过环空找水仪	流量	$(2~80m^3/d)±5\%$
		含水范围	$(50\%~100\%)±3\%$
5	平衡式大排量找水仪	流量	$(100~150m^3/d)±5\%$
		含水范围	$(0~100\%)±5\%$
6	三相流测井仪	流量	$(2~55m^3/d)±6\%$
		含水范围	$(0~100\%)±5\%$

续表

序号	名称	技术指标	
7	五参数产出剖面测井仪	流量	$(0.5\sim150m^3/d)\pm5\%$
		含水范围	$(0\sim100\%)\pm5\%$
8	过环空流体取样器	流量	$(5\sim150m^3/d)\pm5\%$
		含水范围	$(0\sim100\%)\pm5\%$
9	聚驱产出剖面测井仪	流量	$(5\sim200m^3/d)\pm5\%$
		含水范围	$(0\sim100\%)\pm5\%$
10	高温高可靠测井仪	流量	$(1\sim80m^3/d)\pm5\%$
		含水范围	$(0\sim100\%)\pm5\%$
11	电导相关流量计	流量	$(1\sim100m^3/d)\pm5\%$
12	三元驱产出剖面测井仪	流量	$(5\sim80m^3/d)\pm10\%$
		含水范围	$(0\sim100\%)\pm10\%$

过环空产出剖面组合测井仪是将井温、压力测井仪与各种环空测井仪组合，一次下井可以测量流量、含水率、接箍、温度、压力五个参数。

由于这种测井方式一次可得到多个井下参数，各参数之间可相互补充和印证，大大提高了环空测井资料的准确性和可靠性，从而得到了广泛的应用。

二、产出剖面测井参数的测量方法

下面简单阐述产出剖面测井参数的测量方法，对于相关公式推导及参数校正及验收标准不做详细介绍，具体内容请参阅相关生产测井教材。

1. 流量的测量方法

产出剖面测井普遍采用涡轮流量计测量产出流量。涡轮流量计的核心是涡轮变送器，它由涡轮、随涡轮转动的永久磁钢和感应线圈组成。当液体流过涡轮时，涡轮转动，磁钢也随着转动，磁钢每转一周，感应线圈就输出一个电信号，经过电缆传输到地面通过放大、整形再放大，送入频率计记录。在一定条件下，涡轮的转速与通过涡轮的流量成线性关系。

涡轮流量计有集流式流量计和非集流型流量计。集流式流量计通过集流器集流后，流体通过仪器的速度提高了几十倍，提高了仪器的灵敏度，因此适合于低产液井的测量；非集流型涡轮流量计适合于高产液井的测量。其他流量测量方法有示踪法、分离方法和相关测量方法。图4-24是集流式流量计示意图，主要由集流器和涡轮变送器两部分组成。集流器封闭仪器和套管的环形空间迫使井内流体集中流过仪器中心，通过变送器。

2. 含水率的测量方法

含水率是油田开发和测井中一个重要的参数。在生产测井中，含水率和持水率是两个常用的概念。如前所述，由于

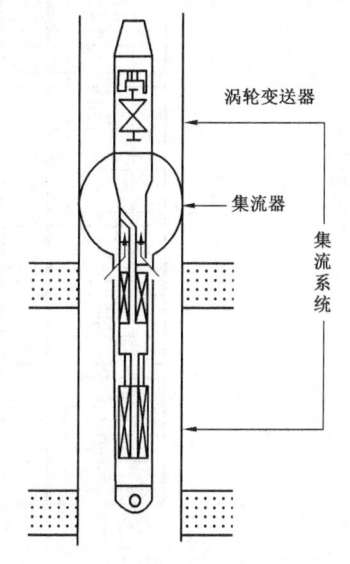

图4-24 集流式流量计示意图

油、水之间存在密度差，油以高于水的速度向上流动，因此，持水率总是大于含水率。尤其在平均流速较低时，两者之间的差别更大。当流速较大时，油、水流速差同平均速度相比可以忽略不计，此时，含水率与持水率接近或相等。实际上，井下的含水率很难直接测量，通常测量的参数为持水率，再利用实验图版或理论模型校正为含水率。因此，通常所说的含水率计为持水率计。目前持水率的测量方法主要有电容法、压差密度法、放射性低能源法和电导法，其他方法如短波持水率测量方法也得到了研究和应用，但没有形成大范围的应用。

3. 温度、压力的测量方法

温度、压力测量是产出剖面测井中不可缺少且比较重要的辅助测量参数。测量方法与注入剖面相同。

4. 产出剖面测井资料的应用

将井的基础数据、井的生产数据、测井数据等输入到成果图的图头表格内。

图4-25为某井产液剖面成果图。该井产油 $6m^3/d$，产水 $17m^3/d$，对上部 18、19 号层进行压裂后，增油 $5.5m^3/d$，含水降至 48%。

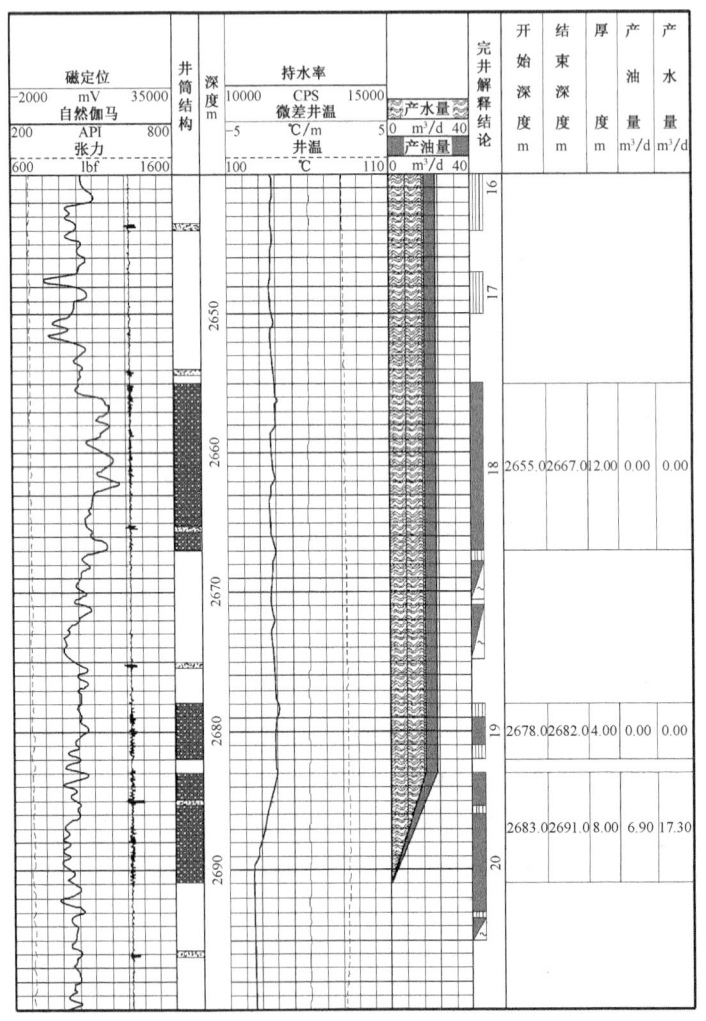

图 4-25 产液剖面成果图

产出剖面测井为地质分析提供了丰富的动态资料，对油水井异常动态进行诊断，确定油井生产状态，对开发区域进行系统监测，研究各开发层系动用状况和水淹状况，以便采取综合调整措施，同时检查各种措施效果，达到增产的目的。

产出剖面测井资料的主要应用有以下几个方面（富媒体4-5）。

富媒体 4-5
生产测井解释

1）确定压裂层位

压裂是油井增油的主要手段，而准确确定压裂层是达到增油目的的关键。作为多油层共同开发的油田，在高含水后期，准确了解分层产液及分层含水情况，根据阻抗测试结果以及其他动、静态信息，结合产出剖面测井资料选择层间干扰严重、具有采油潜力的储层压裂层，避免了选层的盲目性。对压前、压后的产出剖面测井资料进行比较，可确定压裂效果。

2）为封堵高含水层提供依据

油田进入开发中后期高含水阶段以后，要求油层改造达到增油不增水甚至是降水的效果，措施之一就是封堵高含水层。这样不仅可以降低油井的产水量，缓解油井层间矛盾，而且可以改变注入水的流动方向，增加驱油面积，在平面上起到调剖的作用。一般来说，高含水井的主要产层必然是高含水层。高含水主要产层往往呈现低温异常，产出越大，低温越明显。利用环空找水资料可确定该层是否为高含水层。根据封堵后的产出剖面测井资料与封堵前相比较，可确定封堵效果。

3）判断管外窜槽

根据产出剖面测井资料可确定油井套管外窜槽及其准确深度，为制定补救措施提供有效可靠的依据。

通过井温资料、环空测试结果及静态资料的综合分析，一般来说，有效厚度小、产液量和含水相对较高、井温曲线出现范围明显较宽的低温异常区、测试结果与静态资料矛盾而上下具有渗透性较好的未射孔段容易出现管外窜槽。

任务实施

一、任务内容

了解产出剖面测井仪的工作原理，完成任务考核内容。

二、任务要求

（1）掌握产出剖面测井仪测量方法；
（2）掌握产出剖面测井资料的应用；
（3）完成任务时间：30分钟。

任务考核

一、判断题

1. 产出剖面测井是通过涡轮测量各层的产液能力大小的测井方法。（   ）
2. 在井温曲线上，产液层表现为地温上升，吸水层表现为地温下降。（   ）
3. 气层在井温曲线上表现为地温上升。（   ）

二、简答题

1. 获取产液剖面测井资料主要有哪些方法？
2. 产液剖面测井资料有哪些应用？

项目三　测井新技术

任务一　电成像测井

📋 任务描述

电成像测井的主要目的是通过测量地下电阻率分布，实现对地下地质结构和储层的精确识别和定位。这一技术能够为地质结构研究提供直观的图像化信息，帮助工程师和地质学家了解地下地层的岩性、裂缝分布、沉积构造等特征，为油气勘探、地热资源开发等领域提供重要的参考依据。

👥 任务分析

电成像测井基于电阻率测量原理，利用阵列电极对井壁进行扫描，通过测量不同位置的电阻率变化来反映地层特征。具体原理包括：在电极系统中，电成像测井仪器通常包含多个阵列电极，这些电极被安装在推靠器极板上，能够紧贴井壁进行测量。在电流发射与接收中，在测井过程中，电极系统向地层发射交变电流，并通过回路电极接收返回的电流。电流的变化反映了地层电阻率的变化。在图像生成中，通过处理接收到的电流信号，可以生成反映地层微电阻率变化的图像。这些图像通常以彩色或灰度等级表示，直观展示了地层的电阻率分布特征。

📦 学习材料

测井系统的发展经历了模拟测井、数字测井和数控测井阶段，现正处于成像测井阶段。电成像测井在 20 世纪 80 年代开始形成商业化，仪器种类繁多。到了 21 世纪，电成像测井技术正在逐渐成为复杂油气藏勘探评价的主导技术。下面以地层微电阻率扫描成像测井、阵列感应成像测井及方位电阻率成像测井为例进行简要介绍。

一、地层微电阻率扫描成像测井

1. 地层微电阻率扫描成像测井原理

地层微电阻率扫描成像测井仪（FMS）是一种以极板为基础的聚焦型微电阻率测井装置，其外形与高分辨率地层倾角测井仪相似。它包括电极系统、液压系统、二维加速计、磁力计、多路转换器、前置放大器及遥测装置等。

FMS 的电极系统由四个液压推靠极板组成。1 号和 2 号极板上都有两个测量电极和一个供电电极，3 号和 4 号极板由 27 个互相绝缘、直径为 0.2in 的小电极（称纽扣电极）组成。纽扣电极在纵向上分成 4 排，第一排为 6 个电极，其余三排均为 7 个电极，如图 4-26 所示。

每排两个相邻电极中心之间的间隔为0.4in，上下两排电极中心之间的间隔为0.1in，以保证电极的探测范围之间有50%的重叠。27个纽扣电极安装在宽约8cm、长约9cm、厚约1cm的铜板上，铜板被固定在仪器的极板上，地层微电阻率扫描测井仪的极板是按8.5in井眼设计的。在8.5in井眼中，两个微电阻率扫描极板对井壁的覆盖范围约为20%。

加速度计和磁力计能给出极板的精确方位，并可对资料进行速度校正。

在测井过程中，借助液压系统，极板紧贴井壁，极板和小电极向地层发射极性相同的电流，仪器上部的金属外壳作为回路电极。极板的电位恒定，极板上发射的电流对小电极的电流起着聚焦的作用，从小电极流出的电流通过扫描测量方式被记录下来。

由于极板的电位恒定，回路电极离供电电极较近，小电极的电流大小主要反映井壁附近地层的电导率。当地层中出现层理、裂缝或粒度和渗透率的变化时，小电极的电流也随之变化。扫描测量27个小电极电流的变化，然后进行特殊的图像处理，就可以把井壁附近各点之间的电阻率的差别转变成黑白的或彩色的图像，直观地反映井壁附近地层电导率的变化。

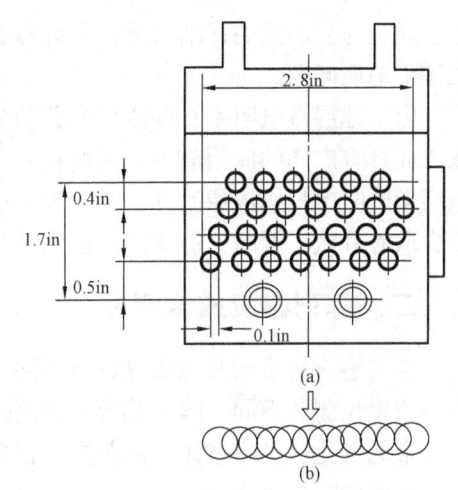

图4-26 地层微电阻率扫描成像测井仪电极系统

(a) 极板纽扣电极排列；(b) 深度移位后纽扣电极的重叠状况

2. 全井眼地层微电阻率扫描成像测井

全井眼地层微电阻率扫描成像测井（FMI）是在FMS基础上发展起来的，FMI仪器主要由四臂八极板电极系、液压装置、采集线路、测斜仪、绝缘体5个部分组成。该仪器除具有4个极板外，在每个极板的左下侧又装有翼板，翼板可围绕极板轴转动，以便更好地与井壁相接触。8个极板上共有192个电极，每个电极都是由直径为0.16in的金属纽扣以及外加的0.24in绝缘环组成的。纽扣电极的分辨率达0.2in。对于8.5in井眼，FMI的井壁覆盖率可达80%，能更全面精确地显示井壁地层的变化，极板下部两个大的圆电极用于测量地层倾角。

FMI测量时，8个极板全部紧贴井壁，由地面成像测井装置控制向地层发射电流，记录每个电极的电流及所施加的电压，它们反映井壁四周地层微电阻率的变化。

微电阻率成像测井数据需要进行自动增益和电流校正、对失效电极的测量值进行填补、速度校正和电极方位定位等预处理及数据的"静态"归一化处理、"动态"归一化处理与图形显示处理。

"静态"归一化使得在较长的井段内通过灰度和颜色的比较来对比电阻率。"动态"归一化能显示局部范围内微电阻率的相对变化。

当一平面与井身圆柱体垂直相切时，井壁在0°~360°的展开图上呈一直线。当平面与井身圆柱体斜交时，井壁与斜交平面切出一椭圆，在0°~360°的展开图上呈正弦曲线状。平面与井轴相交的角度越大，则正弦曲线的幅度越大，并能从展开图上确定平面的倾角与走向。根据这种图像显示，就可以确定地层的层理或裂缝的产状等，从而能利用井壁图像研究井壁地层的有关地质特征。

3. 资料解释与应用

通常在一个地区中，选有代表性的参数井进行取心，并作全井眼微电阻率扫描成像测井。通过与岩心柱的详细对比，研究有关地质特征在图像中的显示，就能充分地利用这些特征解决地质问题。

由于地层微电阻率扫描成像测井的分辨率高，在识别薄层、孔隙变化、裂缝以及沉积特征方面具有广阔的应用前景，因此在一个地区一定要选几口有代表性的参数井或关键井进行地层微电阻率扫描成像测井，并与岩心进行对比，找出地质特征的变化规律。这样可以大量减少取心井数，同时又能为油田勘探与开发提供重要而丰富的地质信息。

二、阵列感应成像测井

阵列感应成像测井是测量具有不同径向探测深度和不同纵向分辨率的电阻率曲线。与双感—浅聚焦测井不同，阵列感应成像测井除了得到原状地层和侵入带的电阻率外，还可研究侵入带的变化，确定过渡带的范围。根据获得的基本数据，可以进行二维电阻率径向成像和侵入剖面的径向成像。

1. 阵列感应成像测井原理

斯伦贝谢公司的阵列感应成像测井仪（AIT）采用一个发射线圈和多个接收线圈对，构成一系列多线圈距的三线圈系。该仪器具有一个多发射线圈和8组接收线圈对，实际上相当于具有8种线圈距的三线圈系。

阵列感应成像测井能测出28个原始信号。对原始信号进行井眼校正后，再经"软件聚焦"处理，可得出三种纵向分辨率（1ft、2ft、4ft），而每一种纵向分辨率又有5种探测深度（10in、20in、30in、60in、90in）的电阻率曲线，如图4-27所示。

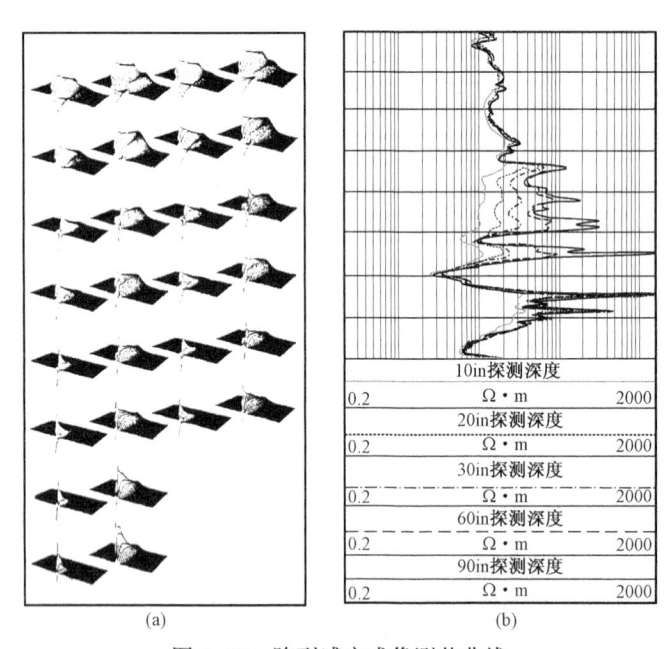

图4-27 阵列感应成像测井曲线
(a) 原始信号；(b) 阵列感应测井曲线

2. 阵列感应成像测井软件聚焦合成

"软件聚焦"即用数学方法对原始测量数据进行数据处理，得出3种纵向分辨率和5种探测深度的阵列感应合成曲线。根据阵列感应成像测井合成的5种探测深度曲线，就可研究井周围介质的径向变化。用1ft纵向分辨率的曲线研究薄地层,2ft纵向分辨率的曲线可与双相量感应测井曲线进行对比,4ft纵向分辨率的曲线可与双感应测井曲线进行对比,这对研究老井资料十分有用。

3. 阵列感应成像测井曲线的应用

阵列感应成像测井提供3种纵向分辨率和5种探测深度的曲线,可以划分薄地层,求取原状地层电阻率 R_t 和侵入带电阻率 R_i,并可研究侵入带的变化,得出过渡带的内外半径。

1) 划分薄地层

由于阵列感应成像测井能提供1ft(30.1cm)纵向分辨率的曲线,可用来划分薄地层。图4-28是一口井的阵列感应成像测井曲线,图中第一道是自然电位曲线,第二道为纵向分辨率为4ft(4ft=0.3048m)的曲线,第三道为1ft分辨率的曲线。两层含淡水砂岩在曲线上都有显示。但在1ft分辨率曲线上,1552~1554ft显示高电阻峰值。用地层测试器取样,证实为一薄气层。在水层与含水层之间(1550~1552ft)有一低电阻率显示,为一致密泥岩层,该层把水层和气层隔开。

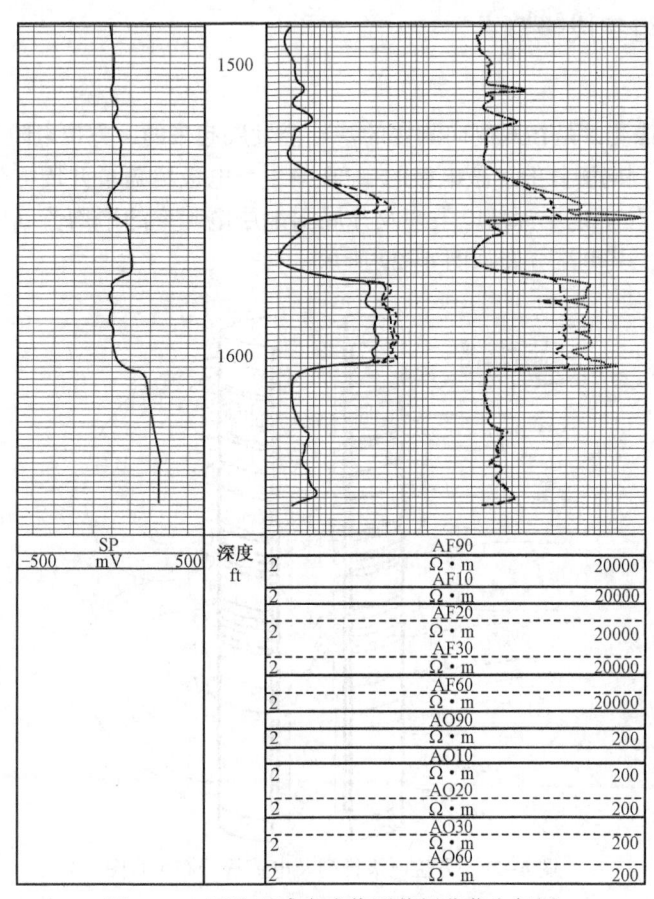

图4-28 用阵列感应成像测井划分薄含气层

2) 确定侵入带电阻率 R_i 和原状地层电阻率 R_t

阵列感应成像测井给出5种探测深度的曲线,因此可用四参数模型进行反演,绘出井周电阻率成像图,计算含油饱和度。确定侵入带电阻率 R_i 和原状地层电阻率 R_t。

阵列感应成像测井给出5种探测深度的曲线,因此可用四参数模型进行反演。双感应一浅聚焦测井径向侵入带模型使用台阶状模型，而阵列感应成像测井使用具有过渡带的模型，这更符合实际状况。过渡带的内径 r_1（相当于冲洗带的半径）和外径 r_2 之间的电阻率是变化的，利用这种模型可进行四参数（R_t，R_{xo}，r_1，r_2）反演，从而得出（R_t，R_{xo}，r_1，r_2）。

3）阵列感应成像测井二维成像显示

根据阵列感应成像测井曲线，可以得出电阻率、视地层水电阻率和含油（气）饱和度二维成像显示，这种显示更为直观。

4. 阵列感应测井适用的地质条件

（1）对于中等电阻率储层流体性质识别有较大的优势；

（2）对于中—中高孔、渗储层，流体性质识别效果比较好；

（3）对于厚度在 1.0m 以上的储层，五条不同探测深度的径向感应电阻率与反演的冲洗带电阻率、原状地层电阻率的侵入关系，可以反映储层流体性质，厚度越大效果越好。

在高矿化度钻井液中，阵列感应成像测井仍然受到限制，这时最好与双侧向测井同时应用，或者选用双侧向测井。

三、方位电阻率成像测井

1. 测量原理

方位电阻率成像测井是在双侧向测井的基础上发展起来的，方位电阻率成像测井仪共有 12 个电极，装在双侧向测井的屏蔽电极的中部，12 个电极覆盖了井周方位范围的地层，能测量井周围 12 个方位上地层深部电阻率及井周围地层电阻率的平均值（LLHR），同时保留了深浅侧向的测量，其电流分布如图 4-29 所示。

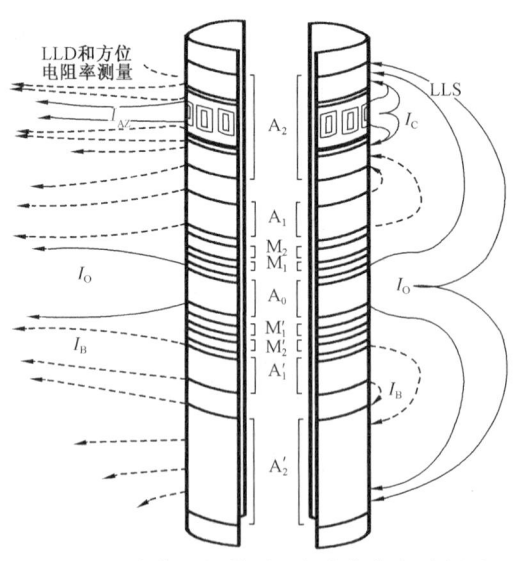

图 4-29 方位电极排列及电流线分布示意图

计算每个方位电极的电阻率 R_{AZ} 公式如下：

$$R_{AZ}=K\frac{U_M}{I_{AZ}} \tag{4-5}$$

式中　I_{AZ}——每个方位电极的供电电流；

U_M——环状监督电极 M_3（M_4）相对于铠装电缆外皮的电位；

K——电极系数，对在现场应用的电极系，其值为 0.0142。

利用式(4-5)，对每个深度处可计算出 12 个电阻率值，该电阻率相当于每个电极供电电流所穿过路径上介质的电阻率，穿过的路径包括在电极 30°张开角所控制的范围。因此，当井周介质不均匀或裂隙存在时，得出的 12 个电阻率就会有变化，据此可以找出井周地层的非均质变化，这对地质和采油工程具有重要的指导意义，这种测井方法是一种近似的三维测井方法。

2. 方位电阻率成像测井的应用

1）识别非均质地层

ARI 成像图反映了井周不同方位的地层电阻率变化情况，可以识别非均质地层，进而识别裂缝、溶洞等不同类型的储层。在均质地层中，ARI 测井特征表现为 12 条方位电阻率曲线在同一深度点变化一致，且差异甚微，成像图上呈现出良好的连续性。相反，在非均质地层则表现为 12 条方位电阻率曲线在同一深度点差异甚大，彼此相互交错，成像图上则呈现出各种直观的地质特征。

2）划分薄互层

图 4-30 的右侧是 12 条方位电阻率曲线，在 4042~4060ft 井段，LLD 和 LLS 无法显示薄互层，但 LLHR 曲线清楚地划分出厚度小于 1ft 的薄互层，同时 12 条方位电阻率曲线也有清楚显示，而这些曲线基本重合在一起，说明井周围介质是均匀的。在 4030~4042ft 井段，方位电阻率曲线散开，表明周围地层性质不均匀，在 ARI 成像图中显示地层倾斜。因此，方位电阻率成像测井不仅能划分出小于 1ft 的薄互层，同时又能得出地层的结构特性，给出地层倾角等信息。

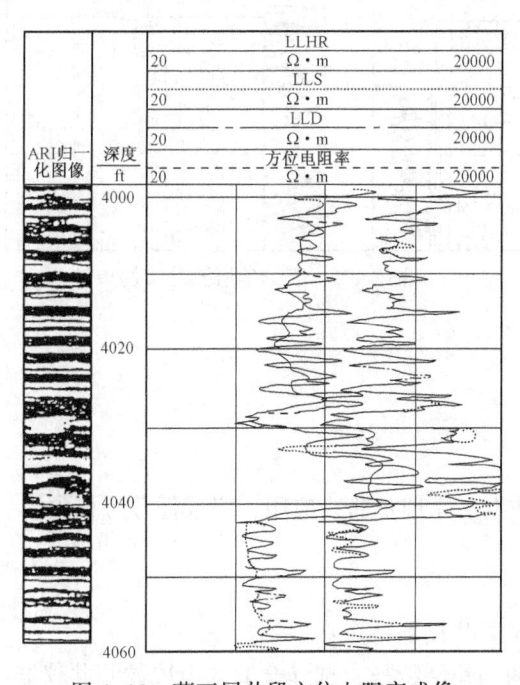

图 4-30 薄互层井段方位电阻率成像

3）识别裂缝

图 4-31 是裂缝地层的测井实例，由左至右分别为 12 条电阻率曲线，电阻率刻度的

ARI灰度成像、动态归一化电阻率成像及LLHR、LLD、LLS曲线，图中A、B、C、D是低倾角的裂缝，成像图有清楚的显示（黑色）。另外，在1975m以下井段，成像图中清楚地显示出垂直裂缝（黑色），同时LLS读数明显低于LLD读数，这也表明有垂直裂缝的存在。如果ARI成像与FMI成像同时测量，就能更详细地研究井壁附近及较深部的裂缝分布。

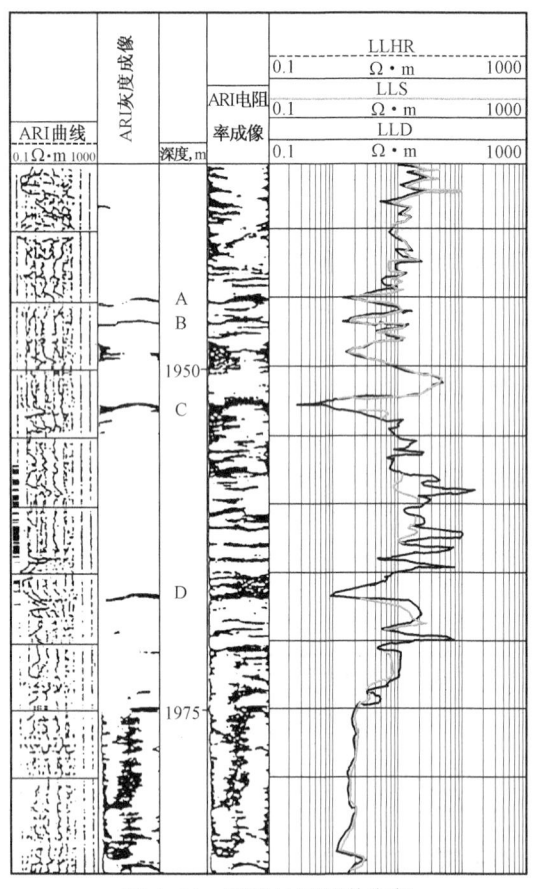

图4-31 裂缝地层测井实例

任务实施

一、任务内容

掌握不同电成像测井方法原理及曲线应用，完成任务考核内容。

二、任务要求

（1）熟悉各种电成像测井仪器特点；
（2）能根据测井目的和地层特征，选择合适的电成像测井仪器；
（3）在测井前对设备及工作区域环境进行危害识别，并采取有效措施防范潜在风险；
（4）任务完成时间：30分钟。

任务考核

一、判断题（如果不正确，分析错误原因并改正）

1. 微电阻率成像测井和声波成像测井都属于描述井壁属性的井壁成像测井。（　　）
2. 成像测井的成果是针对全井的三维立体图像。（　　）
3. 阵列感应成像测井能用于研究地层径向电阻率剖面，而高分辨率感应测井却不能。（　　）
4. 方位电阻率成像测井主要用于描述井眼轴向电阻率分布。（　　）

二、简答题

1. 简述微电阻率扫描成像测井原理及应用。
2. 在微电阻率扫描成像测井图像上，黑色和白色分别是什么意义？
3. 阵列感应成像测井的主要原理是什么？能提供哪些纵向分辨率和径向探测深度？
4. 阵列感应成像测井的主要应用有哪些？怎样应用？
5. 方位电阻率成像测井是在哪种测井方法的基础上发展起来的？主要测量原理是什么？
6. 怎样利用方位电阻率成像测井划分薄互层、识别裂缝？

任务二　声波成像测井

任务描述

声波成像测井是利用井壁或套管内壁对声波的反射特性研究井身剖面的一种声波测井方法，在裸眼井中可用来分析地层产状、进行裂缝评价、岩石机械特性分析和判断气层等，在套管井中可用来解决射孔层位、套管断裂与腐蚀情况判断等工程问题。它记录的是二维图像，解释直观、方便，分辨率高，而且能全方位地检测整个井段或套管内壁。

任务分析

超声成像测井通过向井壁发射超声波并对井壁扫描，从而获得井壁图像。从回波中可以提取回波幅度和回波时间两种重要的信息。回波幅度的大小反映井壁介质的性质和井壁的结构。从回波时间信息中可以获得有关井径和裂缝的资料，可以根据这些资料来解决套管变形评价等问题。而偶极子横波成像测井能在裸眼井和套管井中测量低速地层的横波速度，克服了单极子声系无法测量软地层横波速度的缺点。

学习材料

一、超声成像测井

超声成像测井是利用井壁或套管内壁对超声波的反射特性研究井身剖面的一种声波测井方法，在裸眼井中可用来分析地层产状、进行裂缝评价，在套管井中可用来解决射孔层位、套管酸化等工程问题。它记录的是二维图像，解释直观、方便，分辨率高，而且能全方位地检测整个井段或套管内壁。

目前，具有代表性的超声成像测井仪有 Schlumberger 公司的超声成像仪 USI 和超声井眼成像仪 UBI、Atlas 公司的井周声波成像测井仪 CBIL、Haliburton 公司的井周成像仪 CAST、国内的井下电视等。

1. 超声成像测井的基本原理

超声成像测井通过向井壁发射超声波并对井壁扫描，从而获得井壁图像。利用超声换能器，在电脉冲的作用下换能器向井壁发射超声波脉冲束，而在超声波的作用下换能器又能产生相应的脉冲信号。由于换能器是圆片状的压电陶瓷片，其直径要比厚度大得多，因而超声波的能量都集中在很小的范围内，形成一个方向性很强的超声波束，射向井壁。当声波到达井壁后，被井壁反射回来，被换能器接收下来，形成所谓的回波。

从回波中可以提取回波幅度和回波时间两种重要的信息。回波幅度的大小反映井壁介质的性质和井壁的结构。井壁介质的密度越大，反射的能量越大，回波幅度就越大；反之，回波幅度就越小。井壁结构是指井壁是否存在裂缝、孔洞等。当井壁不规则，例如存在裂缝时，由于裂缝和孔洞对声波的散射，返回到换能器的声能就比没有裂缝的井壁要小，因而回波幅度就小。因此，可以根据回波幅度的大小来判别井壁结构。

回波时间指的是从换能器发射超声波开始到换能器接收到回波信号为止之间的时间间隔。声波的传播距离等于声波速度乘以时间，即

$$L=vt \quad (4-6)$$

式中　t——回波时间；

v——声波速度；

L——传播距离。

因为 L 是声波来回所走的距离，因此井眼半径 R 的计算公式为

$$R=S+\frac{L}{2} \quad (4-7)$$

式中　S——从仪器中心到换能器的距离，即探头的扫描半径。

从回波时间信息中可以获得有关井径和裂缝的资料，根据这些资料来解决套管变形评价等问题。

2. 超声成像测井的应用

超声成像测井能在淡水钻井液、盐水钻井液及油基钻井液中测量，解决有关地质和工程问题。

1) 评价裂缝

超声成像测井是一种裂缝测井技术，用超声成像测井图像来评价裂缝具有明显的优越性，可以直观地从图像上解释裂缝和孔洞（深色部位），识别裂缝的形态，区分垂直裂缝和斜交裂缝（水平裂缝是倾角为 0° 的斜交裂缝），还可以通过简单计算求得裂缝的倾角和方位等。

2) 在套管井中的应用

超声成像测井可以用在套管井中检查套管射孔，例如检查射孔的井深、射孔层位的厚度、射孔孔数等。超声成像测井图像还可为修井作业提供重要信息资料，如寻找套管破损位置、估计套管变形和破损程度等。

二、偶极子横波成像测井

偶极子和四极子声源声波测井的主要优点是能在裸眼井和套管井中测量低速地层的横波速度，克服了单极子声系无法测量软地层横波速度的缺点。

1. 偶极子横波成像测井原理

偶极子或 $2n$ 个单极子正负交替对称设置在同一平面上的声源，所产生的声场是两个单极子声源所产生的声场的叠加。偶极子声波源可形象地描述为一个活塞。当它工作时，使井壁的一侧增压，而另一侧压力减少，造成井壁轻微的挠曲，直接在地层中激发出纵波和横波，且这种挠曲波在井眼流体中沿井轴方向传播，质点位移与井轴方向垂直，如图 4-32 所示。偶极子声源的工作频率一般低于 4Hz，在大井眼和慢地层中可得出有效的测量结果，同时也增大了探测深度。

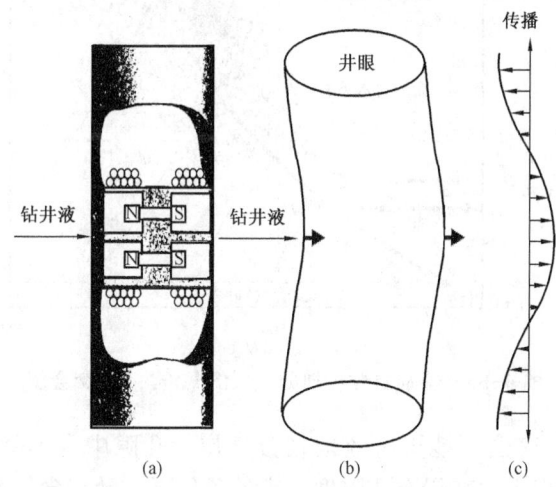

图 4-32 偶极子横波换能器工作示意图
(a) 可控制的电磁换能器；(b) 挠曲波；(c) 位移

除沿地层传播的纵波与横波外，沿井眼向上还存在剪切波、挠曲波的传播。不同频率挠曲波的传播速度不同，在高频时其传播速度低于横波的速度，在低频时其传播速度与横波相同。因此，用偶极子声波测井可以由剪切波、挠曲波提取软地层的横波时差。

2. 偶极子横波成像测井仪器的工作方式

偶极子横波成像测井仪由发射器、接收器和数据并行数据采集电路部分组成。

并行数据采集电路包括有同时数字化 8 个独立波形，能把几次发射产生的波形叠加起来进行自动增益控制，并把信号传输到地面的相关电路。门槛探测器记录每条波形的幅度门槛交叉时间，用于检测纵波首波，得出时差值。

3. 偶极子横波成像测井的应用

偶极子横波成像测井除一般纵波的应用外，主要还有下列几方面的应用。

1) 鉴别岩性和划分气层

利用纵波速度与横波速度比 (v_P/v_S) 可以鉴别岩性。在 v_P、v_S 与纵波时差 Δt 的交会图（图 4-33）中，白云岩的 $v_P/v_S=1.8$，石灰岩的 $v_P/v_S=1.86$，二者几乎是一条与横轴平行的直线。利用这些特点即可由 v_P/v_S 与 Δt_c 的交会图鉴别岩性。但对于含水砂岩来说，随着孔隙度的增大和压实程度的降低、v_P/v_S 增大，如图中的实线所示，呈斜线状。图中虚斜线是泥岩的趋势线，这也表明，随着沉积物压实程度的降低，v_P/v_S 比值增大。

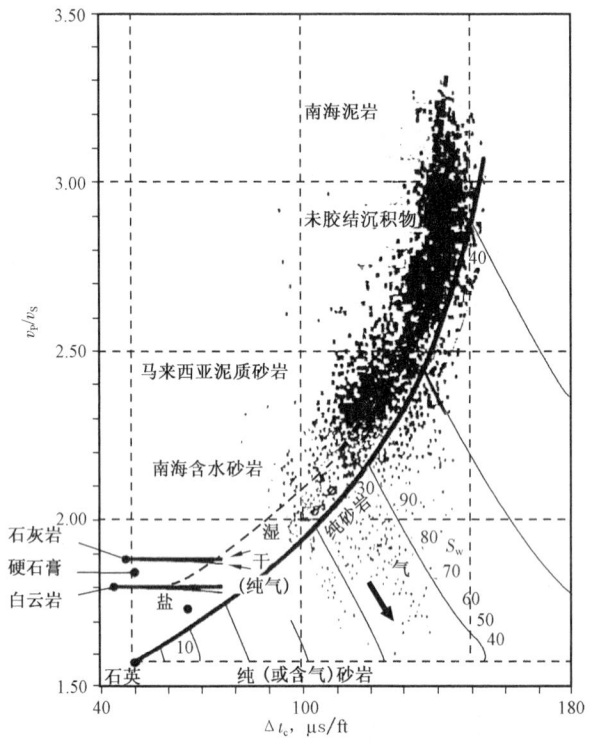

图 4-33　鉴别岩性、划分气层的 v_P/v_S-Δt_c 交会图

利用 v_P/v_S 与 Δt_c 的交会图能更有效地划分气层。孔隙中含天然气时会使纵波速度降低，但对横波速度影响很小。在岩石孔隙度一定的条件下，随着含气饱和度的增大，交会点向右下方移动，如图中的箭头所示。图中的孔隙度线上还标出了含水孔隙度 S_w。因此有了偶极子横波成像测井，取得了准确的 v_P 和 v_S，利用交会图能准确地划分出含天然气地层。

2）划分裂缝带

当斯通利波遭遇裂缝时，由于裂缝处专用阻抗大，故斯通利波的能量被反射，通过斯通利波波形的处理，可提取反射系数（反射能量与入射能量之比），从而判别裂缝带。图 4-34 是一硬地层的实例，图中显示出第一个接收器记录的斯通利波的变密度图（第三道）和计算的反射系数（第二道），在 605ft、781ft、784ft、811ft 和 840ft 深度处有明显的反射波，同时相应的反射系数也增大，地层微电阻率扫描测井证实在 650ft、807ft、811ft 和 840ft 深度处存在裂缝，而在 781ft 和 784ft 深度处的裂缝难以确定，由于裂缝的反射系数大，表明这些裂缝是张开的，但该图无法评价裂缝的张开度。

3）岩石机械特性分析

根据测得的纵波、横波时差及地层密度，可以计算地层岩石的机械特性，如泊松比（σ），杨氏弹性模量（E）、切变模量（μ）、体积模量（k）及拉梅常数（λ）等。利用这些岩石的机械特性，可以评价井眼稳定性，并可预测水力压裂效果等。

偶极子横波成像测井在其解释方法和应用方面尚需进一步研究开发。

除前面介绍的电成像测井技术和声波成像测井技术以外，目前在国内外发展较快的是核

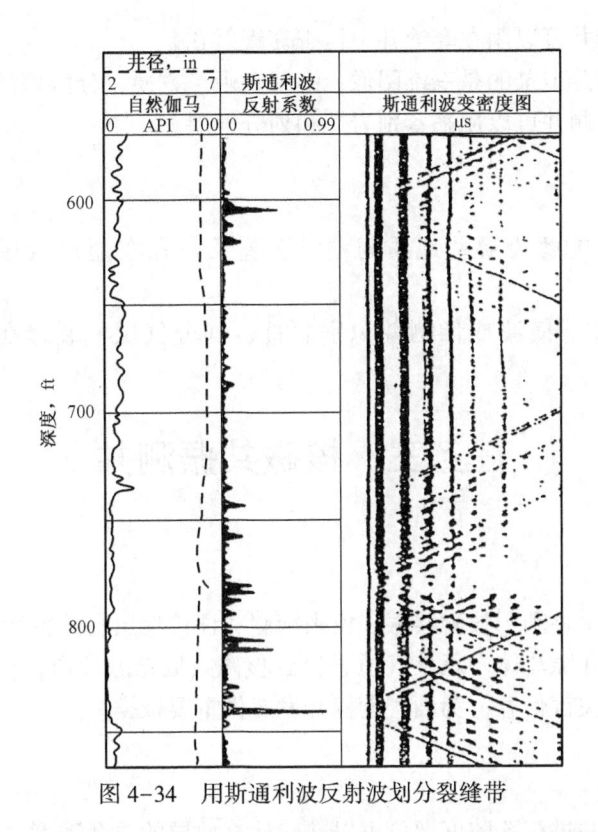

图 4-34 用斯通利波反射波划分裂缝带

成像测井技术。核成像测井技术包括阵列核成像测井、碳氧比能谱成像测井、地球化学成像测井及核磁共振成像测井。核磁共振测井探测的是地层流体的响应，它可以直接测出与地层流体相关的参数，包括地层的总孔隙度、有效孔隙度、毛细管束缚水孔隙度、黏土束缚水孔隙度，并由此得到更为准确的地层渗透率参数，被国外石油界公认为是过去十几年中测井技术取得的最重大的进步。

任务实施

一、任务内容

掌握不同电成像测井方法原理及曲线应用，完成任务考核内容。

二、任务要求

（1）熟悉各种声波成像测井仪器特点；
（2）能根据声波成像测井目的和地层特征，选择合适的声波成像测井仪器；
（3）在测井前对设备及工作区域环境进行危害识别，并采取有效措施防范潜在风险；
（4）任务完成时间：30 分钟。

任务考核

一、判断题（如果不正确，分析错误原因并改正）

1. 声波成像测井属于描述井壁属性的井壁成像测井。　　　　　　　　　　　　（　　）

2. 超声波成像测井可以用在套管井中检查套管射孔。　　　　　　　　　　( )
3. 超声波成像测井记录的是三维图像，解释直观、方便、分辨率高。　　( )
4. 偶极横波成像测井可以用来鉴别岩性和划分气层。　　　　　　　　　( )

二、简答题

1. 声波成像测井能解决哪些地质问题？裂缝及射孔在超声成像测井图像上有什么显示？
2. 怎样利用偶极子横波成像测井识别岩性、划分气层？裂缝在这种图像上有什么显示？

任务三　核磁共振测井

📋 任务描述

核磁共振测井是一种利用核磁共振现象来探测和评价地层孔隙特性及流体特性的测井方法。它通过测量地层孔隙流体中氢核（质子）的核磁共振弛豫性质，获取关于地层孔隙度、流体类型、渗透率等关键信息，为油气勘探开发提供重要依据。

👥 任务分析

利用核磁共振测井进行孔隙度评价可以准确计算地层的总孔隙度、有效孔隙度以及束缚水孔隙度等。利用弛豫时间差异识别地层中的油、气、水等流体类型，并计算其饱和度，帮助判断储层流体性质。渗透率估算方面，基于核磁共振测井数据评估地层的渗透率，了解储层的渗流特性，为产能预测提供支持。孔径分布分析方面，通过分析核磁共振测井数据，获取地层的孔径分布信息，有助于理解储层的孔隙结构。随着油气勘探开发难度的增加和技术的进步，核磁共振测井在油气行业中的应用前景越来越广阔。它不仅可以用于常规储层的评价，还可以应用于低电阻率、低孔渗等复杂储层的勘探开发。

📦 学习材料

核磁共振测井于 20 世纪 60 年代提出，但直到 20 世纪 80 年代以后才逐渐发展起来，目前已投入生产实践。它利用地层孔隙中富含氢原子的液体（油、水）中氢核受激发后产生的核磁共振信号，通过测井解释获知储层的孔隙度、可动流体指数、渗透率和岩石孔径分布等油气资源评价所需要的基本参数，进而计算出油层储量。核磁共振测井是迄今唯一能够直接测量储层自由流体孔隙度的测井方法，而且具有测量准确可靠、可提供多种储层参数等优点。它所带来的测井技术上的重大突破将有效地解决传统测井方法由于不能圆满测取储层特征参数所导致的产层漏划问题，对石油增产具有重要作用。

一、核磁共振测井原理

1. 核磁共振现象

氢核（质子）本身带电，质子具有自旋性，可形成磁场，即质子具有一定的磁矩。在 Z 轴施加外加磁场后（B_0），氢核绕外磁场方向转动，这个转动成为进动（图 4-35），进动

频率 ω_0 为

$$\omega_0 = \gamma B_0 \tag{4-8}$$

式中 γ——氢核的旋磁比，rad/（s·T）；

B_0——外加磁场的磁感应强度，T。

在保持静磁场的条件下，对质子施加与静磁场方向垂直的射频场。由于射频场的作用下，质子的磁矩将倒向 XY 平面并开始运动。当外加射频场的频率等于质子（氢核）的进动频率时，质子吸收外加射频磁场的能量，跃迁到高能位，这就是核磁共振现象。

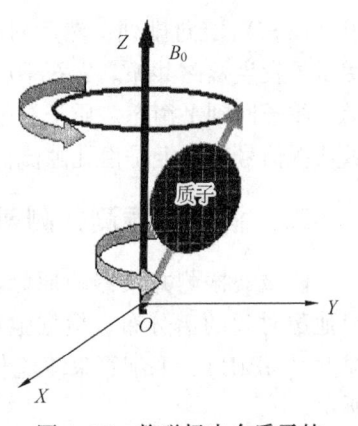

图 4-35 静磁场中介质子的自旋和进动

2. 纵向弛豫及横向弛豫

在核磁共振信号的测量期间，质子磁矩收到 Z 轴静磁场的作用，在进动过程中向 Z 轴方向恢复，这个过程叫纵向弛豫。纵向过程的快慢，反映了岩石的孔渗特性及流体特性。纵向弛豫的方程为

$$M(t) = M_0(1 - e^{-\frac{t}{T_1}}) \tag{4-9}$$

式中 M_0——质子初始的磁化强度，T；

T_1——质子的纵向弛豫时间，ms；

$M(t)$——t 时刻的磁化强度，T。

在测量核磁共振信号期间，质子磁化强度在 XY 平面的投影同时向零方向恢复，这个过程称为横向弛豫。横向弛豫过程的表达式为

$$M(t) = M_0 e^{-\frac{t}{T_2}} \tag{4-10}$$

式中 M_0——开始横向弛豫的初始的磁化强度，T；

T_2——横向弛豫时间，ms；

$M(t)$——t 时刻磁化强度在 XY 平面的投影，T。

横向弛豫过程的快慢，反映了岩石的孔渗特性及流体特性。主要是由于测量效率的原因，目前下井核磁共振测井和实验室核磁共振分析，都是测量地层（岩石）的横向弛豫过程。

3. 核磁共振测井仪

目前，在全世界范围内提供商业服务的核磁共振测井仪主要有 3 种类型：一种是阿特拉斯公司和哈利伯顿公司采用 NUMAR 专利技术推出的系列核磁共振成像测井仪 MRIL；另一种是斯伦贝谢公司推出的组合式脉冲核磁共振测井仪 CMR；还有一种是以俄罗斯为主生产和制造的大地磁场型系列核磁测井仪 ЯMK923。这些核磁共振测井仪器的具体测量方式存在一些差异，但在测量原理上大同小异。CMR 在探头测量区间中产生局部均匀的能磁场，ЯMK923 利用大地磁场作为静磁场。NumarMRIL 型核磁共振测井的测量方案具有代表性，见图 4-36。在测量过程中，首先用静磁场使地层中的质

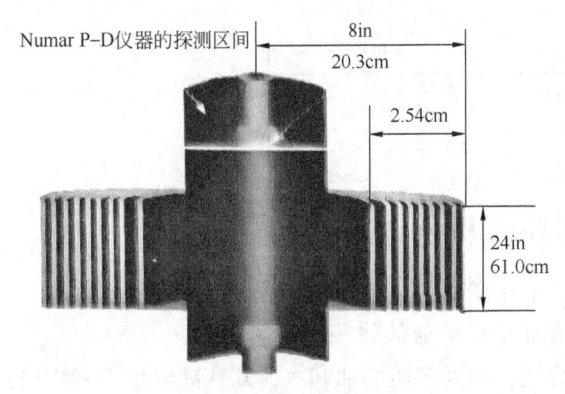

图 4-36 Numar MRIL 核磁共振测井探头

子（氢核）定向排列；然后对质子施加特定频率，且方向与静磁场方向垂直的射频磁场，使质子发生核磁共振。岩石中的质子受激发跃迁到高能态，然后以弛豫的形式放出多余的能量，质子回到平衡态。质子在弛豫过程中放出的能量，就是核磁共振的测量信号。岩石中核磁共振信号基本上是由孔隙流体中的氢核产生。

二、核磁共振测井测量参数

核磁共振测井仪器的原始测量信号是质子的弛豫信号，对弛豫信号反演后，可以得到弛豫时间的谱分布。根据弛豫时间的谱分布，可以得到地层总孔隙度（TPOR）、有效孔隙度（MPHI）、毛细管束缚流体体积（MBVI）、黏土束缚水体积等地质参数，如图 4-37 所示。

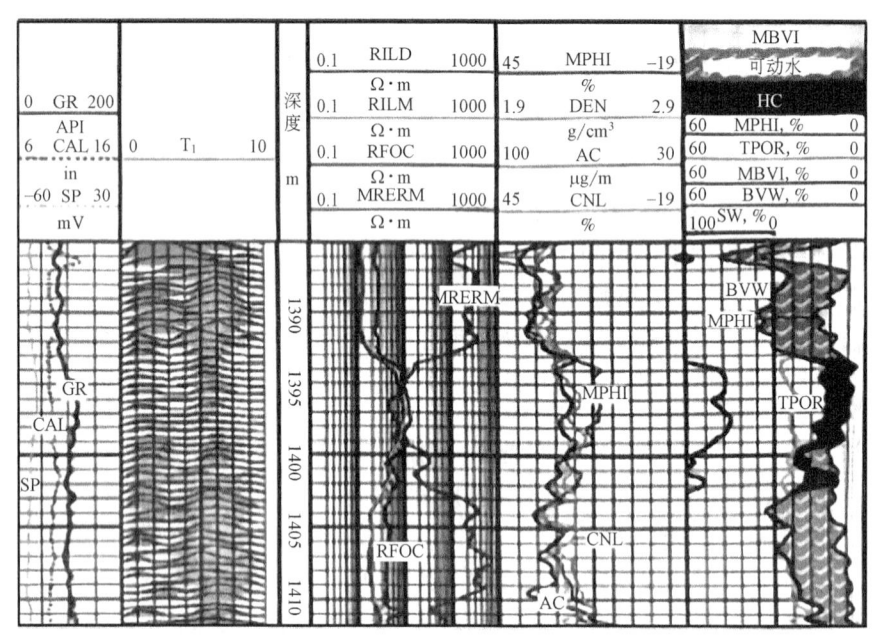

图 4-37 某井核磁共振测井图

图 4-38 所示为利用核磁共振测井解释地层中各种流体成分所依据的模型。从图上可见，核磁共振测井得到的地层总孔隙度（TPOR）、有效孔隙度（MPHI）、自由流体体积（MBVM）、毛细管束缚流体体积（MBVI）、黏土束缚水体积之间满足如下关系：

图 4-38 核磁共振测井解释模型

（1）总孔隙度（TPOR）由黏土束缚水、毛细管束缚水和自由流体体积组成；
（2）有效孔隙度（MPHI）由毛细管束缚水和自由流体体积组成；
（3）自由流体体积（MBVM）为可产出的气、中到轻质的油和水，MBVM=MPHI-MBVI；

(4)黏土束缚水体积为 TPOR 与 MPHI 之差。

图 4-39 所示为以核磁共振测井表示的含水砂岩的流体分量图像。从图上可见，在含水砂岩中，T_2 时间分布反映了地层的孔径分布；短 T_2 分量来自接近和束缚于岩石颗粒表面的水。

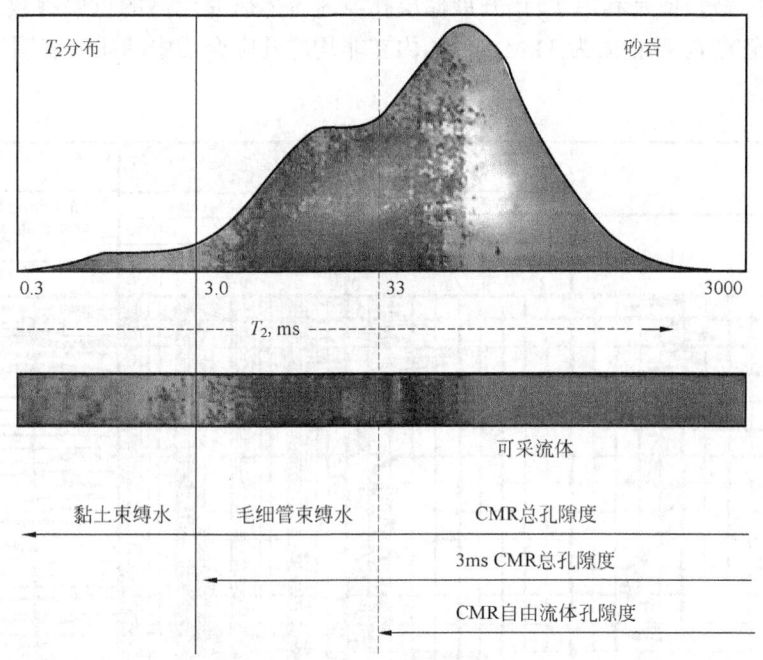

图 4-39 T_2 时间分布表示的含水砂岩的流体分量图像
（据斯伦贝谢资料）

核磁共振测井 T_2 测量值的幅度和地层的孔隙度成正比（一般情况下该孔隙度不受岩性的影响），衰减率与孔隙大小和孔隙流体的类型及黏度有关。T_2 时间短一般指示比表面积大而渗透率低的小孔隙；T_2 时间长则指示渗透率高的大孔隙。

岩石孔隙中氢核的弛豫快慢与弛豫的方式有关。当氢核在岩石孔隙的表面附近弛豫时，氢核频繁与孔隙表面碰撞，这种碰撞使氢核的弛豫过程加快。氢核在孔隙表面附近的弛豫机制属于表面弛豫。如图 4-40 所示，旋进质子在孔隙空间扩散时会与其他质子及颗粒表面碰撞，质子每与一个颗粒表面碰撞一次，就有可能发生弛豫相互作用，颗粒表面的弛豫是影响弛豫时间最重要的机制。实验表明，在小孔隙中，质子与颗粒表面碰撞的概率高，弛豫快；在大孔隙中，质子与颗粒表面碰撞的概率低，弛豫慢。

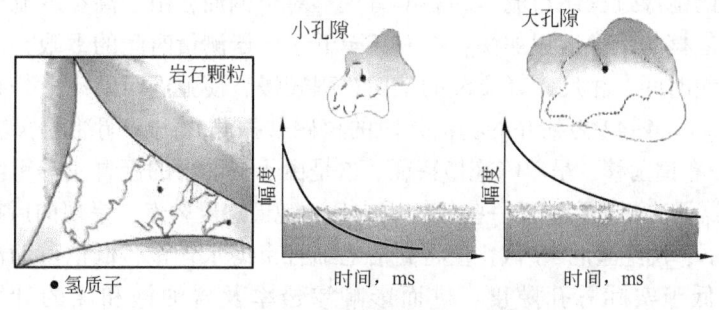

图 4-40 岩石颗粒表面的弛豫现象
（据斯伦贝谢资料）

图 4-41 是在某井低孔低渗储层中核磁共振测量的数据。图中的"T₂CUTOFF"称为 T_2 截止值，是指 T_2 分布谱上束缚流体和自由流体的截断值，它将 T_2 谱分为两部分。大于 T_2 截止值的那部分区域的面积等于自由流体体积，小于 T_2 截止值的那部分区域的面积等于束缚流体体积。T_2 截止值是利用 T_2 谱开展储层孔隙内流体研究所需的重要参数，国外在均匀砂岩储层中确定的 T_2 截止值为 33ms，但国内在非均质孔隙介质中的研究表明，T_2 截止值有一定的变化范围。

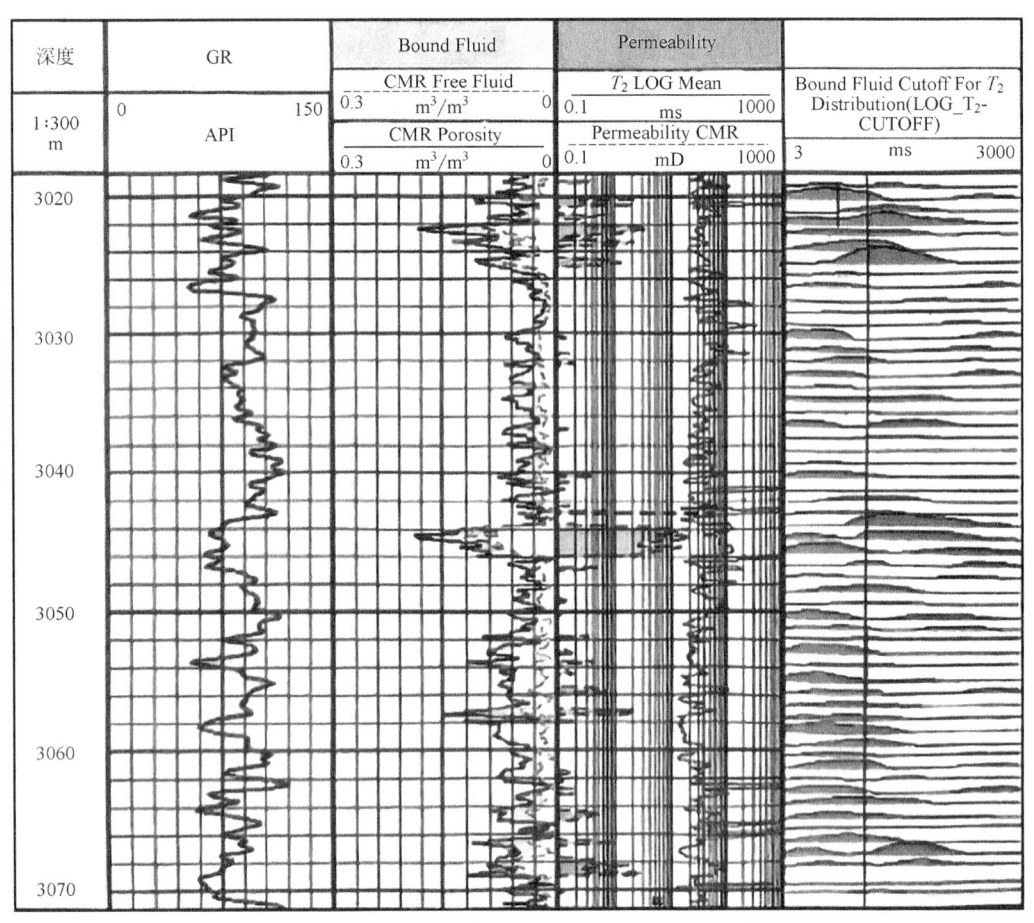

图 4-41 某井核磁共振测井图
（据斯伦贝谢资料）

孔隙中氢核的弛豫过程还与流体的黏度有关。对于稠油，由于高黏度流体束缚了氢核的弛豫形态，使得氢核的弛豫过程加快；有时甚至低于仪器测量时间的下限，以致仪器无法测量稠油部分的弛豫时间。相反，轻质油的弛豫过程较慢，使弛豫时间的谱分布上长弛豫时间部分的幅度增加。图 4-42 为某井的稠油井段的核磁共振测井图，稠油的含氢指数低、黏度大，导致了 T_2 分布谱前移，呈单峰拖拽特征。这是由于稠油中的沥青质等重组分的横向弛豫速度非常快，仪器无法测量到；而一些较轻质成分的弛豫速度较慢，呈现向后拖拽的特征。因此，在稠油情况下，用经验的 T_2 截止值将高估毛细管束缚水含量、低估可动流体体积，使核磁共振总孔隙度低于实际总孔隙度，进而影响渗透率及含油饱和度的计算。图 4-42 中"CMRBFV"为束缚流体体积，ϕS_w 与"CMR BFV"之间的差异指示可动流体体积。

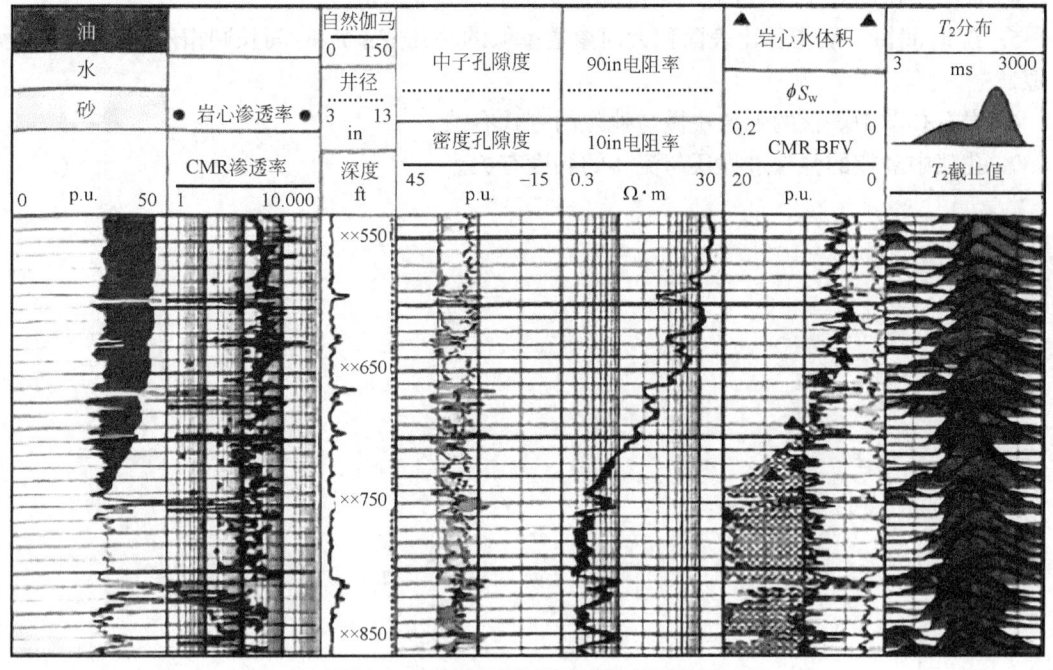

图 4-42　某稠油井段核磁共振测井图

任务实施

一、任务内容

掌握核磁共振测井机理及核磁共振测井曲线应用，完成任务考核内容。

二、任务要求

(1) 熟悉横向弛豫时间、纵向弛豫时间的定义；
(2) 能理解核磁共振测井曲线的应用；
(3) 任务完成时间：20 分钟。

任务考核

一、名词解释

进动　核磁共振现象　纵向弛豫　横向弛豫

二、判断题

1. 横向弛豫时间过程的快慢反映了岩石的孔渗特性及流体特性。　　　　　　　　　(　　)
2. 目前下井核磁共振测井和实验室核磁共振分析，都是测量地层（岩石）的纵向弛豫过程。　　　　　　　　　　　　　　　　　　　　　　　　　　　　　　　　　(　　)
3. 核磁共振测井是迄今唯一能够直接测量储层自由流体孔隙度的测井方法，而且具有测量准确可靠、可提供多种储层参数等优点。　　　　　　　　　　　　　　　　(　　)

4. 核磁共振测井 T_2 测量值的幅度和地层的孔隙度成反比。　　　　　　（　）

5. T_2 时间短一般指示比表面积大而渗透率低的小孔隙；T_2 时间长则指示渗透率高的大孔隙。　　　　　　　　　　　　　　　　　　　　　　　　　　　　　　（　）

6. 岩石孔隙中氢核的弛豫快慢与弛豫的方式有关。　　　　　　　　　　（　）

7. 孔隙中氢核的弛豫过程还与流体的黏度有关。　　　　　　　　　　　（　）

模块五　测井资料解释及钻采地质资料应用

单井测井资料包括标准测井系列资料及综合测井系列资料，标准测井系列常使用于开发井中，测井系列简单、成本低，主要由井径、微电极、自然电位、普通电阻率、自然伽马测井曲线组成，旨在发现开发井中油气层位置所在；综合测井系列则多用于探井中，兼具着定性、定量解释油气层的任务，其测井方法也多样化，以尽可能取得最多地质信息资料及耗费最低成本为原则选用各测井方法。在油气勘探开发过程中单井测井资料有着极其重要的作用，油气勘探开发从业人员可通过单井测井资料分析来识别岩性剖面、明确油气层显示、认识储层特征、计算储层参数、识别沉积环境、沉积韵律、分析剩余油分布规律，并在注水开发阶段判断储层水淹程度等。利用单井测井资料进行储层特征分析是油气田开发、剩余油挖潜的有力保障，是油气勘探开发从业人员必备的基本技能。钻采地质资料的收集与整理是地质勘探和油田开发中的一项基础工作，它涉及钻井过程中的多个环节，包括录井、完井、井壁取心及试油试采等。这些资料对于深入理解地层特性、精确描述储层特征以及评价储层潜力具有极其重要的意义。具体来说，录井可以提供关于钻遇地层的岩性、物性、含油气性等第一手资料；完井和井壁取心则可以进一步获取地层的岩心样本，为后续分析提供实物证据；而试油试采资料则直接关系到评价储层的产能和经济效益。

知识目标

（1）了解各种岩石、储层的基本特征，掌握实际生产中划分岩性及储层的方法和标准；
（2）利用单井测井资料识别岩性、划分储层界面、划分夹层、确定储层有效厚度；
（3）掌握定性解释油气水层的基本方法、储层定量解释方法；
（4）理解钻采地质资料的搜集和应用在地质勘探和油田开发中的重要性；
（5）了解完井电测的目的、内容和测井系列的选择原则；
（6）掌握油气开采过程中地质资料的搜集和应用，包括完井、试油试采等阶段；
（7）学习如何整理和分析完井后的各项地质资料，以及编写完井地质报告。

能力目标

（1）能识别常见岩石标本，分析其基本特征；
（2）能通过单井测井资料分析正确识别岩性、划分岩性界面、划分储层界面、评定储层有效厚度；
（3）能利用单井测井资料及邻井资料进行储层的定性解释分析；
（4）能利用单井测井资料准确而迅速地进行解释参数计算及地层含油性评价；
（5）能够根据井的设计要求，规划并执行录井方案，选择合适的录井方法；
（6）能够根据录井资料判断井下地质及含油气情况，优化钻进措施；
（7）能够综合解释录井资料，结合地质资料，为油气勘探和开发提供科学依据。

项目一 测井资料的综合解释

任务一 测井资料综合解释准备

任务描述

测井方法多达近百种，每种测井方法都有它本身的探测特性和适用范围，仅反映地层某一方面的物理特性。各种测井方法又都是间接地、有条件地反映地层特性的一个侧面。井下地质情况非常复杂，如岩石种类多、孔隙结构多变、流体性质和含量各不相同以致不同的地层在某种测井曲线上很可能有相同的显示。如 GR，这就是单一测井资料解释的多解性。因此，要全面准确地认识井下地层特性，需要用多种测井方法进行综合解释，同时还要参考钻井、取心等资料（富媒体 5-1）。

富媒体 5-1 测井解释基础

任务分析

所谓测井资料综合解释，就是按预定的地质任务，选择合适的测井方法组成测井系列，根据有关的地质、钻井和油田开发等方面的资料，对测得的一系列曲线、数据进行综合分析、计算，用以研究、解决的油层划分、对比，对渗透性地层和油、气、水的性质进行研究、评价，研究解决油田勘探开发过程中所遇到的其他地质问题等的一系列工作。本任务主要介绍测井资料综合解释的基础知识，包括储层的分类及特点、储层的基本参数和测井系列的选择等。

学习材料

一、储层分类及其特点

油和天然气存在于地下岩石中，但不是所有的岩石都能储存油气，岩石的种类很多，油层物理学研究表明，能够储存石油和天然气的岩石必须具备两个条件：一是具有储存油气的孔隙、孔洞和裂缝（隙）等空间场所；二是孔隙、孔洞和裂缝（隙）之间必须相互连通，在一定压差下能够形成油气流动的通道。具备这两个条件的岩层称为储层。储藏有石油的储层称为油层。储藏有天然气的储层称为气层。同一油层油水共存，产油量达到工业标准，产水量以含水率计算大于 2% 的称为油水同层。

岩石具有由各种孔隙、孔洞、裂缝（隙）形成的流体储存空间的性质称为孔隙性；而它在一定压差下允许流体在岩石中渗流的性质称为渗透性。孔隙性和渗透性是储层必须具备的两个最基本的性质，这两者合称为储层的储油物性。储层是形成油气藏的基本条件，是应用测井资料进行地层评价和油气分析的基本对象。

地质上常按成因和岩性将储层分为三类：碎屑岩储层、碳酸盐岩储层与其他岩类储层，前两者是常见的储层。不同类型的储层具有不同的地质特征。

1. *碎屑岩储层*

碎屑岩储层是指岩性为砾岩、砂岩、粉砂岩等的储层。目前，世界上已经发现的油气储量中大约有 40% 存在于这一类储层中。这类储层在我国中生代、新生代的含油气地层中广泛分布。

碎屑岩主要是由各种矿物碎屑、岩石碎屑、胶结物和孔隙空间组成。常见的碎屑矿物主要有石英、长石、云母、黏土以及重矿物。岩石碎屑（岩屑）是母岩经机械破碎形成的岩石碎块，一般由两种以上的矿物集合体组成，保留母岩的结构特点，因此岩屑是判断母岩成分及沉积来源的重要标志。

按碎屑岩孔隙的孔径大小，可将孔隙分为超毛细管孔隙、毛细管孔隙和微毛细管孔隙。对于油气运移、聚集及开采来说，有用的是那些互相连通的超毛细管孔隙和毛细管孔隙。因为它们不仅可储存油气，而且还允许流体在其中流动。按对流体的渗流情况，可把孔隙分为有效孔隙和无效孔隙。有效孔隙就是互相连通，且在自然条件下流体可在其中流动的孔隙空间。无效孔隙（或"死孔隙"）就是岩石中那些孤立的、互不连通的孔隙及微毛细管孔隙。

一般砂岩储层的储集性质（孔隙度和渗透率）主要取决于砂岩颗粒的大小，同时还受颗粒均匀程度（分选程度）、颗粒磨圆程度和颗粒之间胶结物的性质及含量的影响。一般来说，砂岩颗粒越大，分选越好，磨圆程度越好，颗粒之间充填胶结物越少，则其孔隙空间越大，连通性越好，即储油物性越好。

碎屑岩储层的围岩一般是黏土岩类。黏土岩类包括黏土、泥岩和页岩等。黏土矿物的主要成分有高岭石、蒙皂石和伊利石等。由于黏土岩类在岩性和物性等方面都比较稳定，因此，测井解释中常用黏土岩类的测井值作为参考标准。

碎屑岩储层的孔隙结构主要是孔隙型的，孔隙分布均匀，各种物性和钻井液侵入基本上是各向同性的。目前，在各类岩性储层的测井评价中，碎屑岩储层的效果最好。但泥质含量比较重、颗粒很细的碎屑岩储层比较难评价。

2. *碳酸盐岩储层*

在世界油气田中，碳酸盐岩储层占很大的比例，目前世界上大约有 50% 的储量和 60% 的产量属于这一类储层。我国华北的震旦系、寒武系和奥陶系的产油层，四川的震旦系、二叠系和三叠系的油气层，均属于这一类储层。

从储层评价及测井解释的观点出发，习惯于将碳酸盐岩的储集空间归纳为两类：原生孔隙（如晶间、粒间、鲕状孔隙等）和次生孔隙（如裂缝、溶洞等）。原生孔隙一般较小且分布均匀，渗透率较低（孔隙性碳酸盐岩例外）；次生孔隙的特点是孔隙比较大，形状不规则，分布不均匀，渗透率较高。这里要指出的是，石灰岩重结晶和白云岩化所产生的次生孔隙在测井资料上无法与原生孔隙相区分，所以在测井解释中实际上将它们归入原生孔隙类。

致密的石灰岩和白云岩原生孔隙小且孔隙度一般只有 1%～2%，若无次生孔隙，则是无渗透性的；当具有次生孔隙时，一般认为包括原生孔隙和次生孔隙的总孔隙度在 5% 以上，碳酸盐岩即可具有渗透性而成为储层。

通常根据孔隙结构特点将碳酸盐岩储层分为三类，即孔隙型储层、裂缝型储层和洞穴型储层。实际的碳酸盐岩储层孔隙类型可能是上述几种类型的复合情况。碳酸盐岩剖面中的测井解释任务是从致密围岩中找出孔隙型储层、裂缝型储层和洞穴型储层，并判断其含油（气）性。

碳酸盐岩一般具有较高的电阻率，所以必须采用电流聚焦型的电阻率测井方法，如侧向测井、微侧向测井等；自然电位测井在碳酸盐岩剖面一般使用效果不好，为区分岩性和划分渗透层（非泥质地层）需采用自然伽马测井；由于储层常具有裂缝、溶洞，为评价其孔隙度，一般需要同时采用中子（或密度）测井和只反映原生孔隙的声波测井方法。

3. 其他类型的储层

除碎屑岩和碳酸盐岩以外的岩石（如岩浆岩、变质岩、泥岩等）所形成的储层，人们习惯上称它们为特殊岩性的储层。当这些岩层的裂缝、片理、溶洞等次生孔隙比较发育时，也可成为良好的储层，但目前此类储层在世界油田中所占比例很小。

1）岩浆岩储层

根据岩浆的形成环境，岩浆岩分为侵入岩和喷出岩（又称火山岩）。目前，我国广泛发育和分布的是火山岩储层，而火山岩储层则是中国中生代、新生代陆相含油气盆地重要的油气储层类型之一，其地位仅次于碎屑岩储层和碳酸盐岩储层。

岩石类型主要分为火山碎屑岩和火山熔岩两大类，又以火山碎屑岩为储层的油田比较常见。其储集空间主要是孔隙和裂缝。

2）变质岩储层

变质岩储层是指由变质岩类构成，并由其中的表生风化或构造破裂形成的裂缝作为储集空间和渗流通道的一类储层，岩石类型以混合岩类为主，储集空间包括缝、孔、洞，一般以裂缝为主。

3）泥质岩储层

一般来说，泥质岩很难成为油气储层，但对于某些致密脆性的泥质岩，如钙质泥页岩，在各种应力的作用下，易产生比较密集的裂缝，或泥质岩中含有易溶成分（如膏盐、盐岩等），经地下水溶解，形成溶蚀孔隙，从而使泥质岩具备了一定的储渗条件，成为油气储层。

二、储层的基本参数

储层的基本参数包括评价储层物性的孔隙度、渗透率，评价储层含油性的含油气饱和度、含水饱和度与束缚水饱和度，储层的厚度，除此之外，还应考虑地层压力和液体物性等。用测井资料进行储层评价及油气分析，就是要通过测井资料数据处理与综合解释来确定这些储层参数，并对储层的性质作出综合评价。

1. 孔隙度

储层的孔隙度是指其孔隙体积占岩石总体积的百分数，它是说明储层储集能力相对大小的基本参数。测井解释中常用的孔隙概念有绝对孔隙度、有效孔隙度和缝洞孔隙度。绝对孔隙度 ϕ_t 是全部孔隙体积占岩石总体积的百分数；有效孔隙度 ϕ_e 是指具有储集性质的有效孔隙体积占岩石总体积的百分数；缝洞孔隙度 ϕ_2 是指有效缝洞孔隙体积占岩石总体积的百分数。缝洞孔隙度是表征裂缝性储层储集物性的重要参数，因为缝洞是岩石次生变化形成的，故常称其为次生孔隙度或次生孔隙指数。上述孔隙度的定量表达式为

$$\phi_t = (V_t/V) \times 100\%$$
$$\phi_e = (V_e/V) \times 100\%$$
$$\phi_2 = (V_2/V) \times 100\%$$

式中　V，V_t——岩石总体积与孔隙总体积；

V_e，V_2——有效孔隙体积与缝洞孔隙体积。

此外，有时还用"残余孔隙度"概念，它表示岩石中的无效孔隙或"死孔隙"体积（即互不连通的孔隙及微毛细管的体积）占岩石总体积的百分数。

一般来说，在未固结的和中等胶结程度的砂岩中，ϕ_e 与 ϕ_t 接近；但在胶结程度高的砂岩，特别是碳酸盐岩中，ϕ_t 通常比 ϕ_e 大很多。同时，随着地层的埋藏深度增加，胶结和压实作用增强，砂岩的孔隙度也降低。砂岩的绝对孔隙度一般为 5%~30%；储油砂岩的有效孔隙度一般变化为 10%~25%。孔隙度低于 5% 的储油砂岩，除非其中有裂缝、孔穴之类，一般可认为无开采价值。

在碳酸盐岩储层中，还要将有效孔隙中的粒间孔隙（又称基块孔隙）与缝洞孔隙加以区别。因为碳酸盐岩一般都比较致密，原始基块孔隙性和渗透性都比较差，只有裂缝和孔洞比较发育时才具有生产能力。因此，碳酸盐岩的缝洞孔隙度是其产能的重要标志。此外，在碳酸盐岩地层中，孔隙度与深度的关系不像砂岩地层中那样明显。

2. 渗透率

在有压力差的条件下，岩层允许流体流过其孔隙孔道的性质称为渗透性。岩石渗透性的大小是决定油气藏能否形成和油气层产能大小的重要因素，常用渗透率来定量表示岩石的渗透性。根据达西定律，岩层孔隙中的不可压缩流体在一定压力差条件下发生的流动可表示为

$$Q = K\frac{A\Delta p}{\mu L} \tag{5-1}$$

即

$$K = \frac{Q\mu L}{A\Delta p} \tag{5-2}$$

式中 Q——流体的流量，cm^3/s；

A——垂直于流体流动方向的岩石横截面积，cm^2；

L——流体渗滤路径的长度，cm；

Δp——压力差，Pa；

μ——流体的黏度，$mPa \cdot s$；

K——岩石的渗透率，D。

在压力梯度为 101325Pa/cm 条件下，黏度为 $1mPa \cdot s$ 的流体在孔隙中作层流运动时，在 $1cm^2$ 横截面积上通过流体的流量为 $1cm^3/s$ 时的岩石渗透率为 1D。实际工作中，这个单位太大，常用它的千分之一作为单位，即 mD。

达西定律只适用层流以及流体与岩石无相互作用的情况。实践证明，当只有一种流体通过岩样时，所测得的渗透率与流体性质无关，只与岩石本身的结构有关；而当有多种流体（如油和水）同时通过岩样时，不同的流体则有不同的渗透率。为了区分这些情况，出现了绝对渗透率、有效渗透率和相对渗透率的概念。

1）绝对渗透率

绝对渗透率是岩石孔隙中只有一种流体（油、气或水）时测量的渗透率，常用符号 K 表示。其大小只与岩石孔隙结构有关，而与流体性质无关。因为常用空气来测量，故又称为空气渗透率。测井解释通常所说的渗透率就是指岩石的绝对渗透率。根据岩石绝对渗透率的大小，按经验可把储层分为五类：绝对渗透率为 1~15mD 的，属差到尚可；绝对渗透率为 15~50mD 的，属中等；绝对渗透率为 50~250mD 的，属好；绝对渗透率为 250~1000mD 的，属很好；绝对渗透率大于 1000mD 的，属极好。

2）有效渗透率

当两种以上的流体同时通过岩石时，对其中某一流体测得的渗透率称为岩石对该流体的有效渗透率或相渗透率。岩石对油、气、水的有效渗透率分别用 K_o、K_g、K_w 表示。有效渗透率的大小除与岩石孔隙结构有关外，还与流体的性质和相对含量、各流体之间的相互作用、流体与岩石的相互作用有关。由试油资料求得的渗透率是有效渗透率。

多种流体同时通过岩石时，各单相的有效渗透率以及它们之和总是低于绝对渗透率。这是因为多相共同流动时，流体不仅要克服自身的黏滞阻力，还要克服流体与岩石孔壁之间的附着力、毛细管力以及流体与流体之间的附加阻力等，因而使渗透能力相对降低。

实践证明，流体的有效渗透率与它在岩石中的相对含量有关。当流体的相对含量变化时，其相应的有效渗透率随之改变。因此，引入相对渗透率的概念。

3）相对渗透率

岩石的有效渗透率与绝对渗透率之比值称为相对渗透率，其值为 0~1。通常用 K_{ro}、K_{rg}、K_{rw} 表示油、气、水的相对渗透率。

在储层孔隙中充满不同含量的油、气、水时，岩层对某一种流体的相对渗透率取决于其他流体的数量（饱和度）及性质。某一流体的相对渗透率随该流体的饱和度增加而增加，当油水两相流动时，相对渗透率与含水饱和度关系如图 5-1 所示。

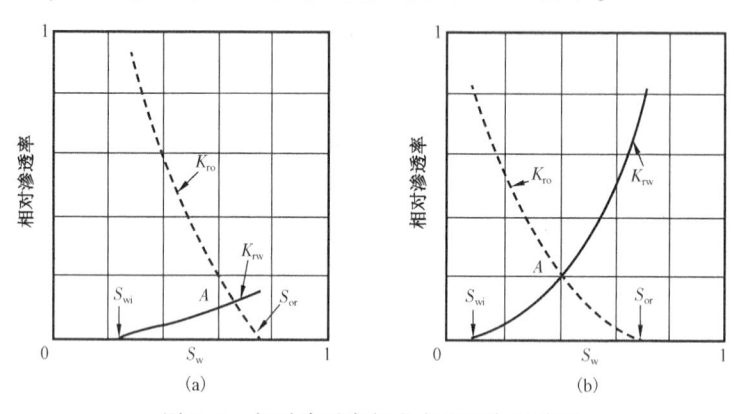

图 5-1 相对渗透率与含水饱和度的关系

（a）亲水储层；（b）亲油储层

S_w—含水饱和度；S_{wi}—束缚水饱和度；S_{or}—残余油饱和度；K_{ro}—油的相对渗透率；K_{rw}—水的相对渗透率

3. 饱和度

饱和度是用来表示岩石孔隙空间所含流体的性质及其含量的，其定义是某种流体（油、气或水）所充填的孔隙体积占全部孔隙体积的百分数。

1）含水饱和度

岩石含水孔隙体积占孔隙体积的百分数，称为含水饱和度，用 S_w 表示。岩石孔隙总是含有地层水的，其中被吸附在岩石颗粒表面的薄膜水、无效孔隙及狭窄孔隙喉道中的毛细管滞留水在自然条件下是不能自由流动的，称为束缚水；而离颗粒表面较远、在一定压差下可以流动的地层水，称为可动水或自由水。相应的，出现了束缚水饱和度 S_{wb} 与可动水饱和度 S_{wm} 的概念，且 $S_w = S_{wb} + S_{wm}$。

2）含油气饱和度

岩石含油气体积占有效孔隙体积的百分数，称为含油气饱和度，用 S_h 表示，$S_w + S_h = 1$。

当地层只含油和水时，用 S_o 表示含油饱和度，且 $S_w+S_o=1$；当地层只含气和水时，用 S_g 表示含气饱和度，且 $S_w+S_g=1$。地层条件下的石油一般含有溶解气，故常用含油气饱和度，它又常简称为含油饱和度或含烃饱和度。

4. 储层的厚度

通常用岩性变化（如砂岩到泥岩或碳酸盐岩到泥岩）或孔隙性与渗透性的显著变化（如巨厚致密碳酸盐岩中的裂缝带）来划分储层的界面。储层顶底界面之间的厚度即为储层的厚度。

1）有效厚度

在油气储量计算中，要用到油气层有效厚度。它是指在现代开采工艺技术条件下能够产出工业性油气流的油气层实际厚度，即符合含油气层标准的储层厚度扣除不合标准的夹层（如泥质夹层或致密夹层）剩下的厚度。

2）表外储层

表外储层指储层物性和电性低于有效厚度标准，未计算上报储量，但是仍具有含油产状的储层。

Ⅰ类含油砂岩：含油产状在油浸级及以上、在测井解释上符合含油砂岩电性标准的粉砂岩储层，也称为已划表外或已划砂岩。

Ⅱ类含油砂岩：含油产状以油浸、油斑为主的泥质粉砂岩、粉砂岩储层，也称作未划表外、未划砂岩、亚砂岩。

3）隔层与夹层

隔层是在一定的压差范围内能阻止流体在层组之间互相渗流的非渗透岩层，也称阻渗层。划分开发层系的隔层要求具备厚度较大、分布稳定等条件。单砂层（单油气层）之间或内部分布不稳定的不渗透或极低渗透的薄层也叫夹层。

5. 储层基本参数的获取

储层基本参数的准确获取是认识了解储层性质，进而准确解释评价油、气、水层的关键环节。如果已知了储层基本参数，并且参数都真实可靠，那么油气水层的解释评价就比较容易，尽管目前有许多种途径获取这些参数，如测井、录井、岩心实验室分析、试油等，但实际上，受复杂的地下地质条件以及目前技术水平的限制，要实现参数准确获取的目标还是相当困难的。因此，参数的获取也就成为油气水层解释首要解决的难题。

1）孔隙度的获取

岩心实验室分析是目前公认的获取孔隙度参数的可靠方法，也是检验其他方法测量孔隙度精度的标准。但是，不是所有的储层都有岩心，同时，岩心分析周期长，不能保证为油气水层解释提供及时的资料，因而，实际的油气水层解释并不依赖岩心分析。

中子、密度、声波测井都是主要针对孔隙度的测井技术，也称为孔隙度测井系列，测井计算孔隙度的方法也很多，参数处理体系是比较完善的，精度误差一般控制在±2%以内，是目前生产实际中有效的孔隙度获取方法。

2）渗透率的获取

利用自然电位、自然伽马、微电极、阵列感应、井径等测井曲线特征，与岩心等录井资料结合，分析"岩—电吻合性"，可以综合判断储层渗透性。

绝对渗透率由岩心实验室分析测量的空气渗透率是比较可靠的，测井解释也可以求取渗透率，但计算参数精度较低，在生产中只起参考作用。

有效渗透率由试油测试中高压物性取样分析或测试解释软件计算获取，一般更常用的是实验室用柱塞岩心通过驱油实验（相对渗透率测定实验）获得。

3) 饱和度的获取

储层含油气性主要是由含油气饱和度评价的，测井通过电阻率可求取含水饱和度，录井通过地化分析可求得含油饱和度，通过气测分析可求得含气饱和度。保压密闭取心岩心分析可以得到较可靠的储层岩样含油、含水饱和度，通过驱替试验可以求得束缚水饱和度和残余油饱和度。

4) 有效厚度的划分

岩心是划分有效厚度的最可靠资料，在没有岩心的情况下，通常以测井曲线为主，结合岩屑、井壁取心及气测显示确定储层有效厚度。

三、测井系列的选择

1. 测井系列

按一定的目的配套、组合而成的一组测井项目称为测井系列。测井系列的选择与形成主要是根据对测井目的及解释的要求，结合本地的实际情况来完成的。

一个地区所选择的测井系列是否正确合理，主要取决于是否能够清楚地鉴别岩性，划分储层，减少与克服测井的环境影响，比较精确地提供主要的地质参数，并能够比较可靠地评价油气水层。因此，概括地说，选择测井系列的主要原则是：

（1）详细划分钻井剖面，准确测定地层深度；
（2）准确判断岩性，划分渗透性地层；
（3）提供对油、气、水层判断、研究的依据；
（4）计算油层的含油饱和度、孔隙度、渗透率、泥质含量等参数。

一般的油井剖面主要有两种基本类型：砂泥岩剖面和碳酸盐岩剖面。个别地区也可能出现如膏盐剖面等特殊类型。这些岩性剖面的地球物理性质有较大差别。因而，使用的测井系列也不同。一般情况下测井系列至少应该包括：深、中、浅探测深度电阻率、孔隙度测井系列、自然伽马、自然电位等。表5-1列出了不同条件下的测井系列。

表5-1 不同条件下测井系列表

地层剖面	砂泥岩剖面		膏盐地层	碳酸盐岩地层	
测井系列	2.5m、0.5m、4m、0.45m、微电极、感应（侧向）、声波时差、井径、中子伽马	2.5m、4m、自然电位、微侧向、深浅三侧向、声波时差、井径、自然伽马、中子伽马	2.5m、4m、自然电位、微侧向、侧向、声波时差、井径、自然伽马、井温、流体	1m、侧向、自然电位、微侧向、声波时差、井径、自然伽马、井温、流体	2.5m、自然电位、深浅三侧向、声波时差、井径、自然伽马、中子伽马
适应的地质条件	淡水钻井液，中厚层，中低阻（中阻用侧向）	盐水钻井液	盐水钻井液，岩性、地层水稳定，储层简单	岩性复杂，地层水变化大	岩性较稳定，地层水较稳定
划分渗透性地层的主要方法	自然电位、微电极、井径	自然伽马、微侧向、井径、自然电位	自然伽马、微侧向、井径、自然电位	自然伽马、声波时差、井径、自然电位	自然伽马、井径、声波时差、三侧向、中子伽马
求 R_t	感应(侧向)	侧向	感应	侧向	侧向

续表

地层剖面	砂泥岩剖面		膏盐地层	碳酸盐岩地层	
求ϕ	声波时差	声波时差	声波时差	声波时差	声波时差、中子伽马
油、气、水层判断	电阻率法、声波时差、中子伽马	电阻率法、视电阻率法、声波时差、中子伽马	电性标准法、$R_t-\phi$交会法、$\sigma-\Delta t$交会法	井温、流体、声波时差、深浅双侧向交会法、$\Delta t-R_t$交会法、正态分布法	井温、中子伽马、声波时差、深浅双侧向法、$\Delta t-R_t$交会法
地层参数计算(ϕ、K、S_o)	声波时差、$R_t-\Delta t$交会法	声波时差、中子伽马、$R_t-\Delta t$交会法	声波时差	声波时差、正态分布法	深浅三侧向法、双孔隙度法、正态分布法

2. **砂泥岩剖面的测井系列**

砂泥岩剖面中常见的岩石有砾岩、砂岩、粉砂岩、砂质泥岩、泥质砂岩及黏土岩类。含油层系内多以渗透性较好的砂岩类为储层。因此，所选用的测井方法应该能很好地描述这些砂质地层的性质，尤其是在这种剖面中，厚度较小的地层及薄互层很多，其中还可能夹有特殊的岩性，如致密砂岩、生物灰岩等，要求能准确地反映其性质和厚度。同时在选择测井系列时，对钻井液的性质也要加以考虑。钻井液电阻率的大小对大部分测井方法都有明显的影响。

1) 淡水钻井液测井系列

淡水钻井液测井系列即以"声感"为主的测井系列，见表5-1。目前国内几个大的砂岩油田的综合测井系列多与此系列相近，如胜利油田常采用的测井系列为：自然电位、微电极、感应、声波时差、0.45m及4m梯度、0.5m电位。

对于表5-1所示的测井系列，根据具体条件可以有部分改动。对电阻率较高（$R_t>20\Omega\cdot m$）的目的层，可以采用下面两种系列。

(1) 以视电阻率测井为主的测井系列：0.25m、0.45m、1m、2.5m、4m、6m、自然电位、微电极、感应、声波时差。

(2) 以声测为主的测井系列：自然电位、微电极、0.45m、4m、侧向、声波时差。

对电阻率高而且地层厚度小的高阻薄层，目前还没有效果良好的测井系列。

2) 盐水钻井液测井系列

如果钻井用的钻井液是盐水钻井液，即高矿化度钻井液，那么这种钻井剖面的测井系列将有较大变动。测井系列以受高矿化度钻井液影响较小的侧向测井、放射性测井、长电极距梯度电极系为主，见表5-1。

3) 油基钻井液测井系列

现场上油基钻井液较少使用，主要用于资料井，保护油层，使油层基本处于原始状态，以准确求得地层参数，如含油饱和度等。用油基钻井液钻井，井附近介质几乎不导电，常用的电法测井效果都很差，故常采用下面的测井系列：感应、自然伽马、中子伽马、声波时差、井径解释时，以自然伽马、井径曲线划分岩性，以感应、中子伽马、声波时差曲线判断油气水层。

3. **碳酸盐岩剖面的测井系列**

碳酸盐岩剖面中常见的岩性有石灰岩、白云岩、泥岩类以及它们的过渡岩性。这种剖面中各地层的地球物理特征与砂泥岩剖面的差别很大。常用的测井系列见表5-1。

4. 膏岩剖面的测井系列

膏岩剖面中常见的岩石有石膏、硬石膏、盐岩、碳酸盐岩、泥岩及砂岩等。这种剖面测井解释难度较大。测井系列见表5-1。

❖ 任务实施

一、任务内容

了解各种岩石、储层的基本特征,掌握定性解释油气水层的基本方法,完成任务考核内容。

二、任务要求

(1) 掌握通过测井资料分析正确识别储层、划分储层界面;
(2) 掌握通过测井资料分析正确识别夹层、评定储层有效厚度;
(3) 完成任务时间:30分钟。

❖ 任务考核

一、判断题

1. 每一种测井方法都能独立准确地进行储层解释。( )
2. 石油都储存在岩石的原生孔隙中。( )
3. 碎屑岩是目前发现的唯一储集油气的储层。( )
4. 砂岩颗粒越大,分选越好,磨圆程度越好,颗粒之间充填胶结物越少,则其孔隙空间越大,连通性越好,即储油物性越好。( )
5. 碎屑岩储层是指岩性为砾岩、砂岩、粉砂岩等的储层。( )

二、简答题

1. 描述储层孔隙空间大小的参数是( )。
   A. 孔隙度　　　　B. 渗透率　　　　C. 饱和度　　　　D. 储层厚度
2. ( ) 中的流体不能流动。
   A. 超毛细管孔隙　　　　　　　　B. 毛细管孔隙
   C. 微毛细管孔隙　　　　　　　　D. 裂缝
3. ( ) 是在只有一种流体通过岩石的情况下测得的渗透率。
   A. 油的相对渗透率　　　　　　　B. 有效渗透率
   C. 绝对渗透率　　　　　　　　　D. 相对渗透率
4. 下列关于岩石渗透率的说法错误的是( )。
   A. 绝对渗透率反映的是岩石本身的孔隙结构所决定的渗透能力,与流体性质无关
   B. 有效渗透率是指当有两种以上的流体存在于岩石中,对其中一种流体测得的渗透率
   C. 相对渗透率是指有效渗透率和绝对渗透率的比

D. 多种流体同时通过岩石时，各单相有效渗透率总是大于绝对渗透率

5. 通常由很细的颗粒构成的砂岩地层渗透率（　　）；某些裂缝性碳酸盐岩地层，岩石本身致密，渗透率却（　　）。

A. 很高；很小　　　　B. 很低；很小　　　　C. 很高；很大　　　　D. 很低；很大

任务二　岩性与孔隙度解释

📋 任务描述

地壳的运动使得地层存在剥蚀—沉积的往复，进而形成了多个地层的叠覆。由于沉积环境的不同，有的地层具有储积油气的条件，有的地层具有生成油气的特征，有的地层则具有阻止油气继续向上运移的功能。在油气勘探开发作业过程中，正确识别岩性、划分储层是掌握盆地地层情况、了解区域储层纵向分布的基础，同时对后期储层定量解释、油气资源评价、油气开采、剩余油挖潜都具有重要意义（富媒体 5-2）。通过本任务的学习，主要要求学生理解岩性及储层划分基本方法，使学生具备利用单井测井曲线定性解释钻井剖面的能力。

富媒体 5-2　岩性和孔隙度的解释方法

🧑‍🤝‍🧑 任务分析

通过本任务的学习，主要要求学生理解岩性及储层划分基本方法，使学生具备利用单井测井曲线定性解释钻井剖面的能力。

📚 学习材料

一、利用测井资料划分储层界面

划分储层界面是用水平的分层线标志出储层的界面和厚度。人工解释是逐层计算参数，逐层评价；而数字处理是逐点计算参数，最后逐层综合评价。

砂泥岩淡水钻井液的地层剖面主要用微电极和 0.45m 底部梯度电极系曲线划分地层界面，而且一般都以微电极曲线的划分结果为主。首先，根据各种曲线的特征，将明显的以渗透性地层为主的大段地层划分出来；然后，用微电极和 0.45m 这两条曲线在大段地层中详细划分。如果有资料证明某段含油气可能性极小，可以酌情减少细分的层数，但目的层及其附近都必须尽量细分。分层时可能会遇到各种曲线的界面特征点不在一条直线上的情况，这时应照顾大多数，并以微电极曲线为准。下面分别介绍砂泥岩剖面和碳酸盐岩面储层的特征。

1. 砂泥岩剖面储层特征

（1）岩性特征：砂泥岩剖面储层的基本岩性是砂岩（个别地区可能还有薄层碳酸盐岩储层，如生物灰岩）。其孔隙度相对较高，孔隙分布较均匀，储层的上、下都有厚度较大的泥岩隔层。

（2）电性特征：淡水钻井液砂岩储层的典型特征是 SP 有明显的异常：当 $R_{mf}>R_w$ 时为负异常；反之为正异常。两者差别越大，异常也越大。在淡水钻井液井中，储层的另一电性特征是微电极曲线上有明显的正幅度差（微电位电阻率大于微梯度电阻率）。对于盐水钻井

185

液砂泥岩剖面，由于 SP 曲线平直不能划分储层，而改用 GR 曲线，并要注意孔隙度测井显示。这时，储层为 GR 值低，有相对高孔隙度显示。

2. 碳酸盐岩剖面储层特征

（1）岩性特征：碳酸盐岩储层的基本岩性为裂缝和孔隙较发育的比较纯的碳酸盐岩，其孔隙度一般较低，其围岩一般为致密碳酸盐岩。

（2）测井特征：碳酸盐岩储层的测井特征是 GR 为低值（岩性较纯），Δt、ρ_b、ϕ_N 为高值，R_a 为低值（裂缝和孔隙发育）。

（3）钻井和录井显示：碳酸盐岩储层在测井上的特征有时不是很明显，要注意钻井和录井中的油气显示及放空、漏失等渗透性现象。

二、利用测井曲线确定岩性

确定岩性是进行综合解释的基础，是各种测井曲线定性地综合运用的过程。根据测井曲线的形态特征和测井值的相对大小，可定性识别岩性。显然，其解释结果的可靠性取决于研究人员的实践经验和岩性剖面的复杂程度。

1. 常见沉积岩石的测井特征

不同岩石的测井曲线特征差异较大，这些差异正是定性确定岩性的依据。表 5-2 是常见沉积岩石的测井特征。根据这些特征，一般可以划分那些岩性比较单一的井剖面中的岩性。由于岩性可能出现的混杂以及测井条件可能有显著不同，故表中所列特征仅供参考。各地区特定条件下的岩性由实际的岩性、测井资料统计获得。

表 5-2 常见沉积岩石的测井特征

岩性	声波时差 μs/m	体积密度 g/cm³	中子孔隙度,%	中子伽马	自然伽马	自然电位	微电极	电阻率	井径
泥岩	大于 300	2.2~2.65	高值	低值	高值	基值	低值	低值	大于钻头直径
煤	350~450	1.3~2.65	小于 70	低值	低值	异常不明显或很大正异常（无烟煤）		高值,无烟煤最低	约为钻头直径
砂岩	250~380	2.1~2.5	中等	中等	低值	明显异常	中等,明显正差异	低到中等	不大于钻头直径
生物灰岩	200~300	比砂岩略高	较低	较高	比砂岩还低	明显异常	较高,明显正差异	较高	小于钻头直径
石灰岩	165~250	2.4~2.7	低值	高值	比砂岩还低	大片异常	高值,锯齿状、负差异	高值	不大于钻头直径
白云岩	155~250	2.5~2.85	低值	高值	比砂岩还低	大片异常	高值,锯齿状、负差异	高值	不大于钻头直径
硬石膏	约 164	约 3.0	约 0	高值	最低	基值		高值	约为钻头直径
石膏	约 171	约 2.3	约 50	低值	最低	基值		高值	约为钻头直径
岩盐	约 220	约 2.1	接近于零	高值	钾盐最高	基值	极低	高值	大于钻头直径

2. 砂泥岩剖面主要岩性测井曲线特征

在世界性大油田中，砂岩油田占有很大的比例。砂岩油田的主要产油层系基本上都由砂岩、泥岩类组成。砂泥岩剖面油田测井方法都比较完善，尤其是淡水钻井液条件下，测井解释的符合率更高。砂泥岩剖面中各种常见岩性的测井曲线特征见表5-3。

表5-3 砂泥岩剖面主要岩性测井曲线特征

岩性		视电阻率幅度	微电极		自然电位异常幅度	声波时差 μs/m	井径 d_h (d_0 为钻头直径)
			幅度	差异			
泥岩		低(1~6Ω·m)	低	无	基线	大于300	$d_h>d_0$，不规则
页岩		较低(6~20Ω·m)	较低	无	基线	较泥岩低	$d_h \geq d_0$
砂岩	含盐水	低(0.1~4Ω·m)	较低	负	负异常	中	$d_h \leq d_0$
	含淡水	中(10~100Ω·m)	较高	正	正异常	中	$d_h \leq d_0$
	含油	高(5~1000Ω·m)	高	较大	正负异常	中	$d_h \leq d_0$
	含气	高(5~1000Ω·m)	高	较大	正负异常	高	$d_h \leq d_0$
	致密	高(20~1000Ω·m)	高	变化大（刺刀状）	小或无	最低	$d_h = d_0$

3. 岩性变化对砂泥岩剖面测井曲线特征的影响

由于各方面因素的影响，砂泥岩剖面曲线幅度变化大，其中岩性变化的结果对测井解释的影响最大，见表5-4。

表5-4 岩性变化对砂泥岩剖面测井曲线特征的影响

岩性变化	孔隙度（有效）	渗透率	趋向岩性	视电阻率	声波时差	自然电位异常幅度	微电极		井径
							幅度	差异	
含泥增加	↘	↘	泥岩	↘	↗	↘	↘	↘	↗
粒度减小	↘	↘	泥岩	↘	↗	↘	↘	↘	↗
含钙增加	↘	↘	钙质致密砂岩	↗	↘	↘	↗	↘	$d_h \to d_0$

一旦确定了地层界面和岩性，就能够绘制钻井剖面的岩性剖面图。对于淡水钻井液，砂岩、生物灰岩、致密灰岩、泥岩组成的剖面，若测井资料有 SP、微电极、声波时差和电阻率曲线，则可按以下步骤划分岩性剖面。

第一步，根据 SP 曲线和微电极曲线可将渗透性和非渗透性岩石分开：砂岩、生物灰岩的 SP 有明显负异常，微电极有明显正幅度差，而致密灰岩和泥岩的 SP 基本无异常，微电极无幅度差或正负不定的幅度差。

第二步，利用声波时差曲线和微电极曲线区分砂岩和生物灰岩：砂岩的声波时差与生物灰岩的声波时差相等，但微电极幅度值低于生物灰岩。

第三步，利用电阻率区分泥岩和致密石灰岩：致密石灰岩为高电阻率，而泥岩为低电阻率。

三、砂泥岩剖面中渗透层的划分

砂泥岩剖面的渗透层主要是碎屑岩（砾岩、砂岩、粉砂岩等），其围岩通常是黏土岩

（黏土、泥岩、页岩等）。以目前采用的测井系列，可准确地将渗透层划分出来。比较有效而常用的测井资料是自然电位（或自然伽马）、微电极和井径曲线。

1. 自然电位曲线

相对于泥岩基线，渗透层在自然电位曲线上的显示为负异常或正异常。在同一水系的地层中，异常幅度的大小主要取决于储层泥质的含量，泥质含量越多，异常幅度越小，反之越大，如图 5-2 所示。

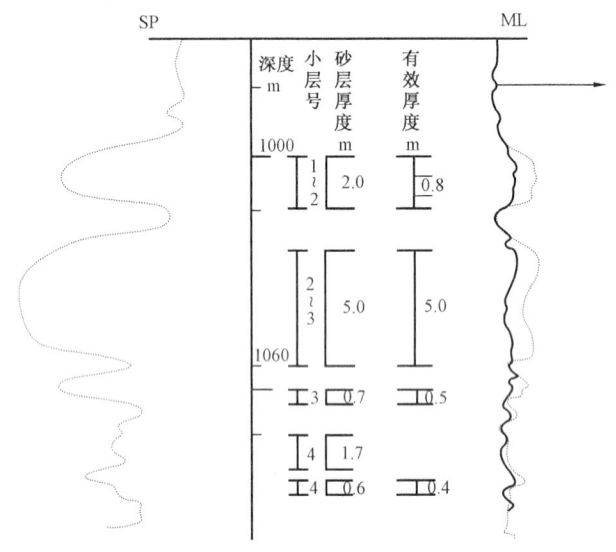

图 5-2 利用测井曲线划分渗透层

在砂泥岩剖面中，只有当钻井液和地层水的矿化度相接近时，渗透层处的自然电位异常才不明显，可用自然伽马代替自然电位，根据自然伽马低值划分渗透层。

2. 微电极曲线

砂泥岩剖面中的渗透层在微电极曲线上的视电阻率值一般大于 20 倍的钻井液电阻率，且微电位与微梯度呈正幅度差。泥岩的微电极视电阻率为低值，没有或只有很小的幅度差。根据微电极曲线划分渗透层的一般原则是：

好的渗透层在微电极曲线上有较大的正幅度差；较差的渗透层在微电极曲线上有较小的正幅度差；非渗透致密层在微电极曲线上呈尖锐的锯齿状，幅度差的大小、正负不定。

当渗透层中的岩性渐变时，常常以微电极曲线值和幅度差的渐变形式显示。

3. 井径曲线

由于渗透层井壁存在滤饼，实测井径值一般小于钻头直径，且井径曲线比较平直规则。这一特征在大多数情况下可以用来划分渗透层。但未胶结砂岩（或砾岩）的井径也可能扩大。

孔隙度测井曲线对于划分渗透层也有参考价值，用它可判断储层孔隙性的好坏，这将有助于识别孔隙性、渗透性较好的储层。

通常以 SP（或 GR）、ML 和 CAL 曲线来确定渗透层位置后，由 ML 曲线确定地层界面。从图 5-2 中可看出，用 SP 或 ML 曲线即可准确地划分出两个厚的渗透层和三个薄渗透层。

四、碳酸盐岩剖面中渗透层的划分

碳酸盐岩剖面中，储层的储集空间主要是碳酸盐岩中的孔洞和裂缝，而渗滤油气主要靠裂缝和少数孔洞，岩石电阻率较高。因此，储层的性质（电性、物性等）与砂泥岩剖面有很大差别。

实践中发现，碳酸盐岩剖面中的渗透层具有"三低一高"的规律，即三侧向、自然伽马、中子伽马测井曲线为低值，而声波时差曲线为高值。在碳酸盐岩剖面中划分渗透层的具体方法有两种：一是先找出低阻、高孔隙显示，然后去掉自然伽马相对高值的泥质层，其余地层则为渗透性地层；二是根据自然伽马低值找出比较纯的碳酸盐岩地层，再去掉其中相对高阻和低孔隙显示的致密层段，剩下的地层即为渗透性地层。此外，钻井过程中的井漏、井喷、钻具放空等现象也可以作为判断渗透性地层的依据。

五、膏盐剖面中渗透层的划分

在膏盐剖面地区，由于微电极和自然电位测井不能使用，故划分渗透层主要依据是自然伽马、微侧向、孔隙度测井和井径曲线。常用测井系列是 ML、GR、IL 和 4m 视电阻率等。在该类剖面中划分砂岩储层的方法：以 GR 指示渗透层位置，由 ML 曲线核实并确定界面。

渗透性砂岩在 GR 曲线上显示为中低值；在 ML 曲线上显示为"二级低值"（岩盐层因井径扩大显示为中低值"一级低值"），且曲线比较平直光滑（渗透性差的砂岩读数较高）；声波时差为中等。

泥膏岩在 GR、ML 和声波时差曲线上的显示与渗透性差的砂岩相似，但泥膏岩处往往井径扩大，且经常位于岩盐层上、下，因此参考井径曲线并考虑扩径出现的位置，可区分泥膏岩和渗透性差的砂岩。

❋ 任务实施

一、任务内容

掌握常见岩性的物性特征，完成任务考核内容。

二、任务要求

（1）掌握利用测井资料划分岩性；
（2）完成任务时间：20 分钟。

❋ 任务考核

一、判断题

1. 反映地层孔隙度的测井方法有声波时差、体积密度、中子。　　　　　　　（　　）
2. 岩性变细使渗透率变差、S_o 减小、S_{wir} 增加，导致电阻率减小；岩石渗透率随孔隙度增加而增大，随束缚水饱和度增加而减小。　　　　　　　　　　　　　　（　　）

二、简答题

1. 有哪些常见储层？有哪些划分岩层岩性的方法？

2. 什么是渗透层？有哪些识别划分渗透层的方法？

三、填空题

1. $\phi - \phi_w =$ ＿＿＿＿＿＿。
2. $\phi_{xo} - \phi_w =$ ＿＿＿＿＿＿。
3. 求 R_{xo} 的方法有＿＿＿＿＿＿、＿＿＿＿＿＿。
4. 求 R_t 的测井方法有＿＿＿＿＿＿、＿＿＿＿＿＿、＿＿＿＿＿＿。

任务三　储层含油性的评价

任务描述

在油气勘探开发作业过程中，利用单井测井资料识别油（气）水层并对储层地质参数进行定量解释是储层评价、区域性油（气）藏描述的基础，同时也为油气田的开发决策提供重要信息。显然，对于石油勘探开发而言，对储层参数的计算及油气水层的划分无疑是测井解释工作的主要任务和基本内容（富媒体 5-3）。

富媒体 5-3　储层含油性的解释评价方法

任务分析

通过本任务的学习，主要要求学生理解油气水层的划分及储层参数计算的基本方法，使学生具备利用单井测井曲线定量解释储层的能力。

学习材料

一、常见储层基本特征

油层：低侵、高阻、高自然电位异常、中等孔隙度、中等时差、中等密度。
气层：低侵、高阻、高自然电位异常、中等孔隙度、高时差、低密度、高中子伽马。
水层：高侵、低阻、高自然电位异常、中等孔隙度、中等时差、中等密度。
干层：高阻、低自然电位异常、低孔隙度、略低时差、高密度、不产（或产少量）流体。

二、储层含油性的定性解释

1. 油层最小电阻率法

油层最小电阻率 R_{tmin} 是指油（气）层电阻率的下限，当储层的电阻率大于 R_{tmin} 时，可判断为油（气）层。对于某一地区特定的解释层段，如果储层的岩性、物性、地层水矿化相对稳定时，可用此方法。

可使用两种方法确定油层最小电阻率，即估算法和统计法。

1）估算法

根据解释层段的具体情况，用下式估计：

$$R_{tmin} = FR_w / S_w^n \tag{5-3}$$

其中
$$F = a/\phi^m$$

式中　R_{tmin}——油层最小电阻率；
　　　F——地层因素；
　　　R_w——地层水电阻率；
　　　S_w——含水饱和度；
　　　n——饱和度指数；
　　　a——比例系数；
　　　ϕ——孔隙度；
　　　m——胶结指数。

例如，在××地区，目的层段储层孔隙度 ϕ 在 25% 左右，$R_w \approx 0.1\Omega \cdot m$，油层、水层的含水饱和度 S_w 上限为 50%，$a=1$，$m=n=2$，代入上式计算，得出油层最小电阻率为 $6.4\Omega \cdot m$。

2）统计法

根据岩层电阻率与岩心观察（或试油资料）的统计，确定油层最小电阻率。

例如，通过对 L 地区某层段 10 口取心井的岩心进行观察，发现岩性粗细不同，油层电阻率范围也有相应的变化，见表 5-5。

表 5-5　不同岩性油层电阻率

岩性	电阻率范围，$\Omega \cdot m$
粉砂岩	3~15
细砂岩	16~30
中砂岩	30~40
粗粉砂、含砾砂岩	>40

一般地说，储层的泥质含量对油、水层的饱和度界限和油层最小电阻率均有影响。因此，可根据自然电位、感应电阻率或自然伽马相对值统计油层最小电阻率界限，图 5-3 所示为 DC 地区某目的层系的统计实例。

依上述可知，对于一个地区的不同岩性、不同层组，应采用不同的油层最小电阻率标准。油层最小电阻率法的局限性，最主要的是它忽略了岩性、物性的变化，而不同储层的泥质含量和孔隙度往往是有变化的。

2. 标准水层对比法

首先，在解释层段用测井曲线找出渗透层，并将岩性均匀、物性好、深探测电阻率最低的渗透层作为标准水层。然后，将解释层的电阻率与标准水层相比较，凡电阻率大于 3~4 倍标准水层电阻率者可判断为油（气）层。

这是因为，$I=R_t/R_o=1/S_w^2$，当油层的饱和度界限为 $S_w \leqslant 50\%$ 时，显然油（气）层的 $R_t \geqslant 4R_o$。由于定性解释中往往用视电阻率 R_a 代替 R_t，用标准水层电阻率代替 100% 含水时的电阻率，为避免漏掉油层，可以将判断油气层的 R_t 数值标准降低到 3 倍 R_o。

应强调指出，对比时要注意条件，进行比较的解释层与标准水层，在岩性、物性和水性（矿化度）方面必须具有一致性。

图 5-4 是用标准水层对比法判断油、水层的实例。图中，从 SP 曲线（曲线Ⅰ）可划分出 4 个渗透层，从视电阻率曲线（曲线Ⅱ）看，1743m 以上和以下的渗透层的 R_a 显著不同，上边 3 个渗透层的 R_a 为 $50 \sim 120\Omega \cdot m$，下边一个渗透层的 $R_a < 10\Omega \cdot m$。因此，根据标准水层对比法，判断上部 3 个渗透层为油（气）层。

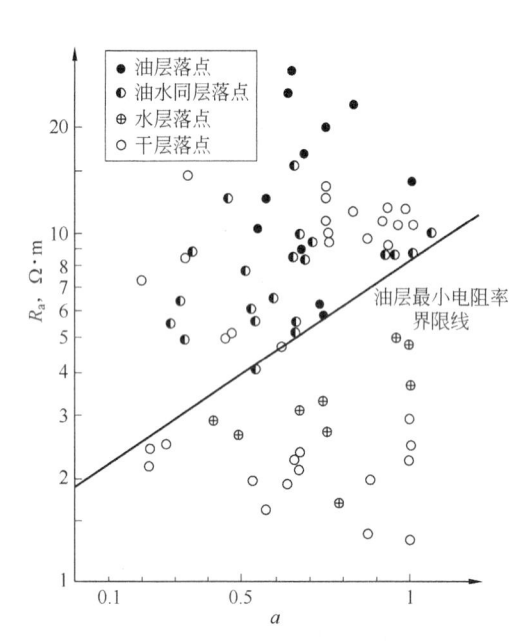

图 5-3 DC 地区目的层最小电阻率与自然电位减小系数 a 的关系图

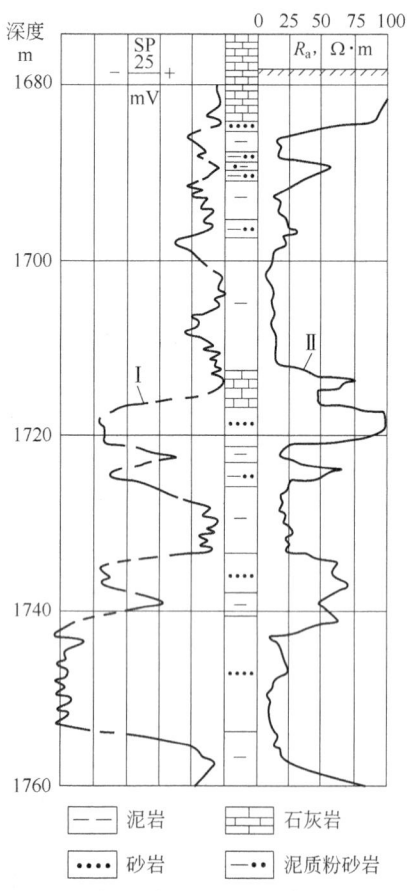

图 5-4 标准水层对比法判断油、水层

3. 径向电阻率法

这是采用不同探测深度的电阻率曲线进行对比的方法，它依赖于储层的钻井液侵入特征，从分析岩层的径向电阻率变化来区分油层、水层。一般情况下，油（气）层产生减阻侵入，水层产生增阻侵入。此时，深探测视电阻率大于浅探测视电阻率者可判断为油（气）层，反之为水层。

与油层最小电阻率法和标准水层法相比，径向电阻率法在很大程度上克服了岩性、物性等变化造成的影响。但在使用径向电阻率法识别油（气）层时要注意：（1）为突出径向电阻率的变化，用于互相比较的不同探测深度的电阻率曲线，应具有相似的纵向探测特征，即井眼、围岩影响要相似，因此最好采用具有纵向聚焦的测井系统，如深、浅感应或深、浅侧向测井曲线的对比；（2）油（气）层在 R_{mf}/R_w 比值较大的情况下，也可能造成增阻侵入。

4. 邻井曲线对比法

如果相应地层在邻井经试油已证实为油（气）层或水层，则可根据地质规律与邻井对比，这将有助于提高解释结论的可靠性。图 5-5 是某地区 3 口井的测井曲线对比实例。A 井是最先获得工业油流的井，以后钻 B 井时，录井和井壁取心均未见到明显的油气显示，当时的测井解释结论也是悲观的。但在 C 井完钻并获得高产油流后，对这 3 口相邻很近的井作了如图所示的对比，发现它们同属一个断块，故重新对 B 井进行解释，划分出总厚度为 18.8m 的油层。试油获日产原油 70t。

5. 不同时间的测井曲线对比法

在适当的不同时间里，对同一井段进行同一测井方法的重复测量并加以对比，其测井值的变化可近似认为是前、后两次测井时钻井液侵入深度不同所致。这种变化，在油（气）层和水层是有区别的。

图 5-6 是两次中子伽马测井曲线的对比实例。第 1 次测量（曲线 1）是在下套管后进行的；第 2 次测量（曲线 2）是在数月后进行的。由于第 2 次测量时侵入带已消失，地层流体（天然气）已恢复到井的周围，使中子伽马测井值呈现高值。

图 5-5　邻井曲线对比实例

图 5-6　两次中子伽马测井曲线对比实例

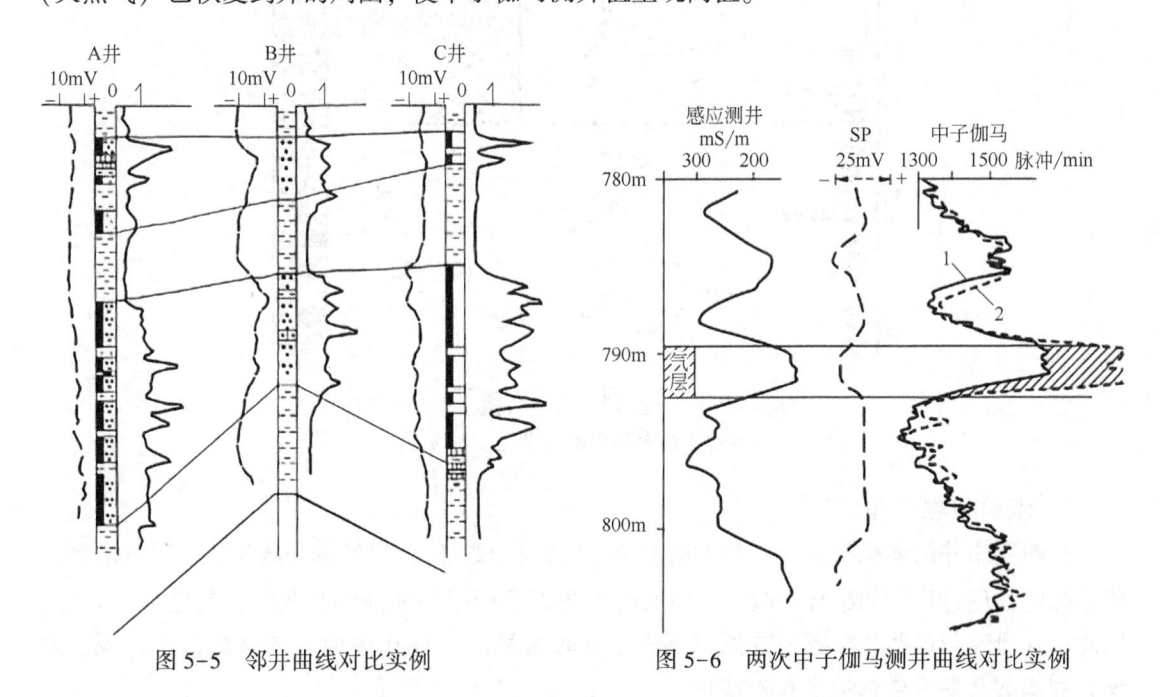

图 5-7 是先后两次感应测井曲线对比实例。曲线表明，在泥岩部分，两次感应测井曲线基本重合；在 1345~1372m 渗透层（砂岩）处，由于钻井液侵入，第 2 次测量（曲线 2）电阻率值高于第 1 次测量值（曲线 1），呈增阻侵入。其中，1353~1372.5m 水层的增阻侵入特征比 1345~1353m 含油井段更明显。

目前，在中、深井中经常采用中途测井对比或组合测井，这对于应用不同时间的测井曲线对比是个有利条件，中途测井解释中的疑难层，可在第二次测井时进行重复测量，这种补充资料对于储层含油性的解释无疑是宝贵的。

三、储层参数定量计算

储层孔隙度、渗透率、储层泥质含量是评价储层的主要因素，含油饱和度是储层含油性的主要指标，利用单井测井资料定量解释储层地质参数是识别油气水层的更合理解释方法。为了保证定量解释结果的准确、可靠，首先要求测井原始资料质量良好；赖以建立测井参数与物性、含油性之间关系的实验室岩心分析资料准确可靠；采用的测井系列齐全、合理，并对测井值的各种影响因素做了必要的校正。

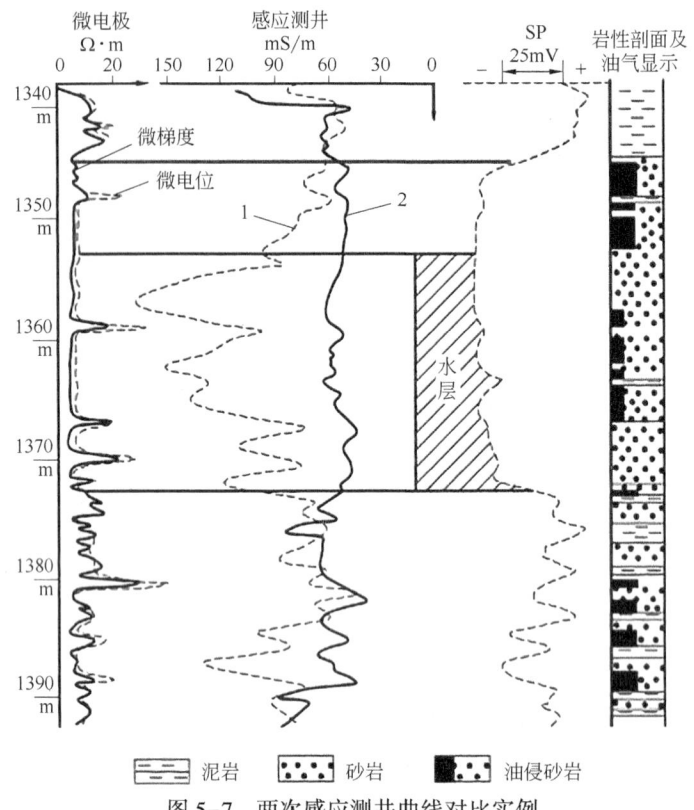

图 5-7 两次感应测井曲线对比实例

1. 体积物理模型

孔隙度测井的体积密度 ρ_b、声波时差 Δt 和含氢指数 ϕ_N，自然伽马测井、自然电位测井所表征的物理过程，如康普顿散射、声波的传播以及中子的减速和吸收等，都是体积效应。因此，在研究与这些过程有关的测井响应方程时可采同"体积模型"的概念，它直观、方便，导出的基本关系也是令人满意的。

各种孔隙度测井方法的测量结果可以看成仪器探测范围内某种物理量的综合响应；在岩性均匀的情况下，无论任何大小的岩石体积，它们对测井结果的贡献，按单位体积来说都是一样的。这就使人们在寻找测井参数与地质参数的关系时，可以不考虑测井方法的微观物理过程，而只从宏观上研究岩石各部分（岩石骨架、泥质和孔隙流体）测量结果的贡献，因而发展了"岩石体积物理模型"（简称"体积模型"）的研究方法。这种方法的特点是：推理简单，不用复杂的数学、物理知识；所得的解释关系大多具有线性方程形式，便于计算机处理，也便于人们记忆和应用；所得结果与其他理论或实验方法的结果一致或相近。

所谓"岩石体积物理模型"，就是根据岩石的组成，按其物理性质（如声波、密度、中子测井孔隙度等）的差异，把单位体积岩石分成相应的几部分，然后研究每一部分对岩石宏观物理量的贡献，并将岩石的宏观物理量看成是各部分贡献之和，即

$$测井参数 \times 总体积 = \Sigma 测井参数 \times 相应体积$$

例如，图 5-8，对于纯砂岩，有

$$\rho_b = \rho_f \phi + \rho_{ma}(1-\phi) \tag{5-4}$$

式中　ρ_b——地层体积密度；

ρ_f——地层流体密度；

ρ_{ma}——纯砂岩岩石骨架密度；

ϕ——孔隙度。

同样，对于含水纯砂岩、含水泥质砂岩、含油气纯砂岩、含油气泥质砂岩建立体积模型，便可分别导出各种情况下的储层泥质含量、孔隙度值与测井参数值的关系式——体积物理模型公式，据此则可定量解释储层参数。

2. 泥质含量 V_{sh} 计算

储层泥质含量的计算，往往采用自然电位异常幅度测井值及自然伽马测井曲线值。对于含泥质储层，自然电位异常幅度测井值及自然伽马测井曲线值由砂质成分及泥质成分共同贡献，其体积模型见图5-9。据此分析，有

$$\Delta V_{SP} = V_{sh}\Delta V_{SP_{sh}} + \Delta V_{SP_{ma}}(1-V_{sh})$$

式中　ΔV_{SP}——自然电位曲线的异常幅度；

V_{sh}——泥质含量；

$\Delta V_{SP_{sh}}$——纯泥岩自然电位曲线的异常幅度；

$\Delta V_{SP_{ma}}$——纯砂岩自然电位曲线的异常幅度。

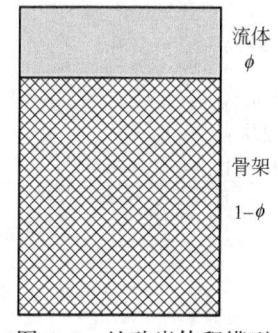

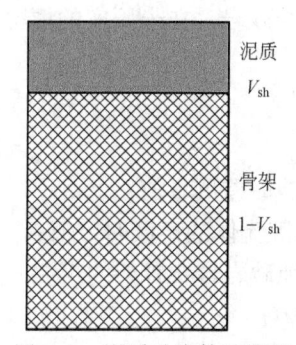

图5-8　纯砂岩体积模型　　　　图5-9　泥质砂岩体积模型

此时 $\Delta V_{SP_{sh}}=0$，$\Delta V_{SP_{ma}}$，固有

$$V_{sh} = 1-\Delta V_{SP} - SSP$$

$$GR = GR_{sh}V_{sh} + GR_{ma}(1-V_{sh})$$

式中　SSP——静自然电位；

GR——自然伽马测量值；

GR_{sh}——纯泥岩自然伽马值；

GR_{ma}——纯砂岩自然伽马值。

$GR_{sh} = GR_{max}$（全井段最大自然伽马读值），$GR_{ma} = GR_{min}$（全井段最小自然伽马读值），故有

$$V_{sh} = \frac{GR-GR_{min}}{GR_{max}-GR_{min}}$$

当泥质含量高时，有

$$I_{sh} = \frac{GR-GR_{min}}{GR_{max}-GR_{min}}$$

$$V_{sh} = \frac{2^{gcur \cdot I_{sh}} - 1}{2^{gcur} - 1}$$

式中 $gcur$——经验系数，根据取心分析资料与自然伽马测井值按指数统计而确定，一般情况下老地层 $gcur=2$；新地层 $gcur=3.7$。

若岩石不含钾（云母、长石），还可利用伽马能谱测井曲线计算泥质含量：

$$(V_{sh})_X = \frac{X - X_{min}}{X_{max} - X_{min}} \tag{5-5}$$

式中，X 代表 Th 元素或 K 元素。

3. 储层孔隙度 φ 计算

1) 纯砂岩孔隙度计算

（1）声波时差孔隙度计算。

对于固结压实的纯地层，有

$$\Delta t = \Delta t_f \phi + \Delta t_{ma}(1-\phi)$$

$$\phi_s = \frac{\Delta t - \Delta t_{ma}}{\Delta t_f - \Delta t_{ma}} \tag{5-6}$$

对于泥质胶结砂岩，在未压实的情况下，有

$$\phi_s = \frac{\Delta t - \Delta t_{ma}}{\Delta t_f - \Delta t_{ma}} \cdot \frac{1}{C_p} \tag{5-7}$$

$$C_p = 1.68 - 0.0002H \tag{5-8}$$

式中 Δt——声波时差测量值；

Δt_f——孔隙流体的声波时差值；

Δt_{ma}——纯砂岩岩石骨架的声波时差值；

ϕ——孔隙度；

ϕ_s——声波孔隙度；

H——地层埋藏深度（$1000\text{m} \leq H \leq 3400\text{m}$）；

C_p——压实校正系数。

（2）密度孔隙度计算。

$$\rho_b = \rho_f \phi + \rho_{ma}(1-\phi)$$

$$\phi_D = \frac{\rho_{ma} - \rho_b}{\rho_{ma} - \rho_f} \tag{5-9}$$

式中 ρ_b——地层体积密度；

ρ_f——地层流体密度；

ρ_{ma}——纯砂岩岩石骨架密度；

ϕ——孔隙度；

ϕ_D——密度孔隙度。

（3）中子孔隙度计算。

$$\phi_N = \frac{\phi_N - \phi_{Nma}}{\phi_{Nf} - \phi_{Nma}} \tag{5-10}$$

式中 ϕ_N——中子孔隙度；

ϕ_{Nf}——流体中子孔隙度；

ϕ_{Nma}——岩石骨架中子孔隙度。

2) 泥质砂岩孔隙度计算

对于泥质砂岩，由于含泥质，氢含量上升，其中子孔隙度往往大于实际孔隙度，其体积密度 ρ_b、声波时差 Δt 值则由泥质成分、孔隙流体、岩石骨架三部分贡献值组成，其体积物理模型见图 5-10。据此分析，有

$$\Delta t = \Delta t_f \phi + \Delta t_{sh} V_{sh} + \Delta t_{ma}(1-\phi-V_{sh})\rho_b$$
$$= \rho_f \phi + \rho_{sh} V_{sh} + \rho_{ma}(1-\phi-V_{sh})$$

式中　Δt——声波时差测量值；

Δt_f——孔隙流体的声波时差值；

Δt_{sh}——纯泥岩的声波时差值；

Δt_{ma}——纯砂岩岩石骨架的声波时差值；

ϕ——孔隙度；

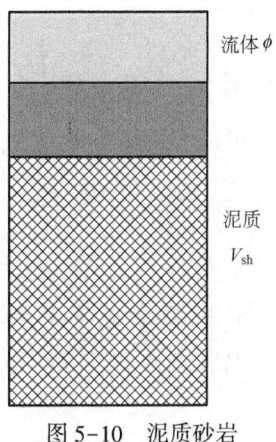

图 5-10　泥质砂岩体积模型

ρ_b——地层体积密度；

ρ_f——地层流体密度；

ρ_{ma}——岩石骨架密度；

ρ_{sh}——纯泥岩密度；

V_{sh}——泥质含量，可由前述泥质含量计算方法求得。

4. 储层含油饱和度 S_o 计算

1) 利用阿尔奇公式计算 S_o

阿尔奇公式为

$$F = R_o/R_w = a/\phi^m \quad I = R_t/R_o = b/S_w^n$$

据此公式推得

$$S_o = 1-(abR_w/\phi^m R_t)^{1/n}$$

上式参数的获取方法：a、b、m、n 为常数，通常 $a=b=1$，$m=n=2$，也可由岩电实验获得；R_w 可由试水资料或测井标准水层电阻率校正后获得；R_t 可由测井资料测得的原岩电阻率校正后获得。

阿尔奇公式在冲洗带中的应用为

$$F_{xo} = \frac{(R_{xo})_o}{R_{mf}} = \frac{a}{\phi^m} \qquad I_{xo} = \frac{R_{xo}}{(R_{xo})_o} = \frac{b}{S_{xo}^n} \tag{5-11}$$

据此公式推得

$$S_{xo} = 1-(abR_{mf}/\phi^m R_{xo})^{1/n}$$

式中，R_{mf} 可由实验获得，也可由相关图表查得；R_{xo} 可由测井资料测得值经校正后获得；S_{xo} 为冲洗带的含钻井液滤液饱和度。

2) 比值法计算 S_o

在具有均匀粒间孔隙的纯地层，对于原状地层的冲洗带，阿尔奇公式分别具有以下形式：

$$S_w^n = FR_w/R_t$$

$$S_{xo}^n = FR_{mf}/R_{xo}$$

两式相除，且取 $n=2$ 时，有

$$\left(\frac{S_w}{S_{xo}}\right)^2 = \frac{R_{xo}/R_t}{R_{mf}/R_w} \tag{5-12}$$

为了由上式求出 S_w，必须已知 S_{xo}。对于具有中等侵入及"平均"残余油饱和度的情况，可以应用经验关系 $S_{xo} = S_w^{1/5}$，于是式(5-12) 变为

$$S_w = \left(\frac{R_{xo}/R_t}{R_{mf}/R_w}\right)^{5/8} \tag{5-13}$$

$$S_o = 1 - S_w$$

5. 储层渗透率 K 的估算

储层渗透率 K 的计算式为

$$K = [250(\phi^2/S_{wi})]^2 \quad (石油) \tag{5-14}$$

$$K = [79(\phi^2/S_{wi})]^2 \quad (天然气) \tag{5-15}$$

式中　K——渗透率，mD；

　　　S_{wi}——束缚水饱和度，可由 GR 或 SP 相对值与 S_{wi} 的统计关系求出，对于含水过渡带以上的油气层，$S_{wi} = S_w$，%。

❋ 任务实施

一、任务内容

了解储层的基本特征，完成任务考核内容。

二、任务要求

（1）掌握储层含油性的定性解释；
（2）掌握储层参数定量计算；
（3）完成任务时间：30 分钟。

❋ 任务考核

一、判断题

1. 油层组是含油层系中沉积环境相似、岩性和物性基本相同、具有同一水动力系统的油层组合。　　　　　　　　　　　　　　　　　　　　　　　　　　　　（　）
2. 定性划分油水层的依据是油层低侵和水层高侵。　　　　　　　　　　（　）
3. 水淹层的孔隙结构发生变化，引起储层渗透率发生或增大或减小的相应变化。
　　　　　　　　　　　　　　　　　　　　　　　　　　　　　　　　　（　）

二、填空题

1. 评价储层含油性的快速直观技术有_____、_____两类。
2. 曲线重叠法分_____、_____两种。

三、简答题

1. 如何进行储层含油性的定性解释？
2. 如何进行定量解释、储层流体性质的判断？

项目二 钻采地质资料的搜集和应用

任务一 钻井过程中地质资料的搜集和应用

📋 任务描述

钻井过程中的地质资料主要来源于录井。录井的主要任务是根据井的设计要求，取全取准反映地下情况的各项资料，以判断井下地质及含油气情况。这里要学习的录井方法主要包括钻时录井、岩心录井、岩屑录井、钻井液录井、气测录井和荧光录井等。

👥 任务分析

钻井过程中的地质资料收集任务要求根据井的设计要求，精心规划并执行录井方案，选择合适的录井方法如钻时录井、岩心录井、岩屑录井、钻井液录井、气测录井和荧光录井等，以确保准确获取地下地质和含油气情况的资料。这一过程需要精确的设备校准、规范的操作流程、严格的数据记录与处理，以及综合的地质资料解释，从而为油气勘探和开发提供可靠的科学依据，同时确保作业安全和环境保护。

📚 学习材料

根据钻井时录井方法的不同，下面介绍钻时录井、岩心录井、岩屑录井、钻井液录井、气测录井、荧光录井、定量荧光录井等内容。

一、钻时录井

钻时是指钻头每钻进一个单位深度的岩层所需要的时间，单位为 min/m。钻时是钻速的倒数。在新探区，从井口开始每米记录一次钻时，到达目的层则可适当加密。

1. 影响钻时的因素

影响钻时的因素有岩石性质（岩石的可钻性）、钻头类型与新旧程度、钻井措施与方式、钻井液性能与排量、人为因素。

尽管影响钻时高低的因素较多，但是这些影响因素总是或者至少在一个井段内相对稳定，因此钻时大小的相对变化还可以反映地下岩性的变化。

2. 钻时曲线的绘制与应用

1) 钻时曲线的绘制

以纵坐标代表井深，以横坐标代表钻时，将每个钻时点按纵横向比例尺点在图上，连接各点即成为钻时曲线，如图 5-11 所示。纵比例尺一般采用 1∶500，以便与电测标准曲线对

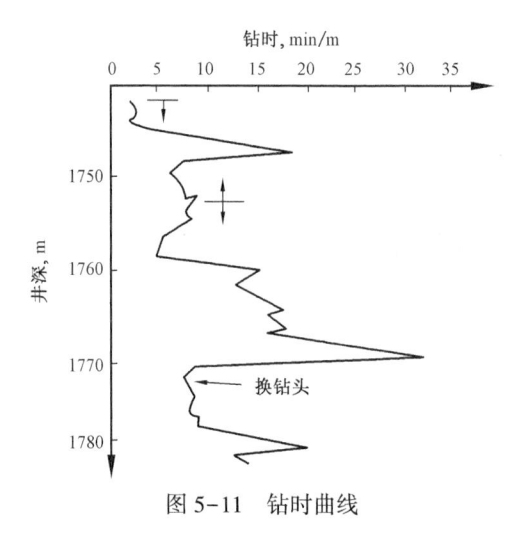

比和岩屑归位。横比例尺可根据钻时的大小选定，以能表示钻时变化为原则。为了便于解释，在曲线旁用符号或文字在相应深度上标注接单根、起下钻、跳钻、蹩钻、溜钻、卡钻和更换钻头位置、钻头尺寸、钻头类型等内容。

2) 钻时曲线的应用

在钻进过程中，当钻头钻遇不同性质的岩层，由于其坚硬程度不同，往往表现在钻时上也有明显的差异。因此，在钻井参数、钻头型号及新旧程度相同的情况下，钻时高低的变化一定程度上反映了不同性质的岩性特征。如果掌握了工区钻时与岩性之间的相互关系，就可以利用钻时资料来解决一些地质问题。此外，

图 5-11 钻时曲线

工程上还可以依据钻时变化优化钻进措施或决定起钻。

（1）利用钻时录井定性判断岩性，解释地层剖面。

当其他条件不变时，岩性的变化必然引起钻速的变化。疏松含油砂岩钻时最小；普通砂岩钻时较小；泥岩、石灰岩钻时较大；玄武岩、花岗岩钻时最大。

因此，根据钻时曲线，在砂泥岩分布地区，可以分辨出渗透层；与其他录井资料配合，可以帮助划分地层和解释地层剖面，发现油层、气层、水层。

（2）利用钻时录井资料判断缝洞发育井段。

对于碳酸盐岩地层，利用钻时曲线可以判断缝洞发育井段。

当钻时突然加快、钻具放空等，说明井下可能遇到了缝洞，与岩屑、钻井液录井资料配合，可判断是否钻遇缝洞以及缝洞的大小和发育程度等。放空越大，说明钻遇的缝洞越大。如四川、华北等油气田都有放空现象，这时要准确记录放空层位、起止井深，当时悬重、泵压变化及放空过程中的一切情况。放空是个预兆，随后可能发生井喷、井涌、井漏及油侵、气侵、水侵等，对这些现象要详细记录，同时作好各方面的准备，以免措手不及。

二、岩心录井

在钻井过程中用取心工具从井下取上来的岩石称为岩心。在钻井过程中，地质人员根据设计要求，对取出的岩心进行整理和描述记录的工作，称为岩心录井。岩心是最直观、最可靠地反映地下地质特征的第一性资料。通过岩心的分析，可以考察古生物特征，确定地层时代，进行地层对比；研究储层"四性"关系；掌握生油特征及其地球化学指标；观察岩心岩性、沉积构造，判断沉积环境；了解构造和断裂情况，如地层倾角、地层接触关系、断层位置；检查开发效果，获取开发过程中所必需的资料数据。

由于取心成本高、钻速慢、技术复杂，所以不能在勘探过程中的每口井都进行取心，也不能布置很多的取心井。为了既要取得勘探开发所必需的基础资料和数据，又要加速油气田勘探开发过程，在确定取心井段时应遵循一定的原则，如新探区第一批井、注水开发井、特殊目的的取心井。

1. 取心资料收集

取心钻进前后，地质人员应丈量方入，准确算出进尺。在取心过程中，地质人员应记钻

时、捞取砂样，一方面可以与邻井对比确定割心位置；另一方面当岩心收获率很低时，可以帮助判断所钻地层岩性，并要特别注意观察钻井液槽面的油气显示情况。

在资料收集过程中，要保证岩心完整和上下顺序不乱。接心要注意先出筒的岩心是下面的地层，后出筒的是上面的地层，切勿颠倒，并依次排列在丈量台上。

岩心全部出筒后要进行清洗。但油浸级以上的油层岩心不能用水洗（不做含油饱和度试验的致密油砂除外），只需用刀刮去岩心表面的钻井液，并注意观察含油岩心渗油、冒气和含水情况，并详细记录，必要时应封蜡送化验室进行分析。

密闭取心井的岩心出筒后应及时整理岩心，清理密闭液后马上进行丈量，涂漆编号，并及时取样化验分析，时间要在两小时之内完成。

在丈量岩心时，首先判断出筒的岩心中是否有"假岩心"，然后才能开始丈量。"假岩心"常出现在一筒岩心的顶部，可能为井壁垮塌物或余心碎块与滤饼混在一起进入岩心筒而形成的。假岩心不能计算长度。

岩心收获率是指岩心长度占取心进尺的百分数，是表示岩心录井资料可靠程度和钻井工艺水平的一项重要技术指标。由于种种因素的影响，岩心收获率往往达不到100%，所以每取一筒岩心都应计算一次收获率。一口井岩心取完了，应计算出总的岩心收获率，即累计岩心长度占累计取心进尺的百分数。

2. 岩心描述

岩心的观察描述是正确认识岩心的过程，是一项很细致的地质基础工作，既要全面观察，又要重点突出。对于含油气岩心的观察描述，应及时进行，以免油气逸散挥发而漏失资料。

1) 岩心油气水观察

取心钻进时，要注意观察钻井液槽面的油气显示情况。岩心出筒时，当取心钻头一出井口，要立即观察从钻头内流出来的钻井液中的油气显示特征；边出筒边观察油气在岩心表面的外渗情况，注意油气味；岩心清洗时，边洗边做浸水试验，观察油气水显示特征，必要时应依次剖开观察。做好岩心出筒初描观察记录。岩心描述时，含油岩心除柱面、断面观察外，要特别注意观察剖开新鲜面含油情况。如油迹颜色、外渗速度、分布面积、含油产状、含油部分与不含油部分与岩性关系等。凡储集岩岩心，无论见油与否，均要做荧光观察、氯仿或有机溶剂浸泡试验，具体包括：岩心含气观察、岩心含水观察、滴水试验、荧光试验。

2) 岩心含油级别的确定

含油级别是岩心中含油多少的直观标志。所以含油级别是判断油水层或油层好坏的主要标志，但不是绝对标志。例如，含油级别高的砂层往往是油层，含油级别低的砂层往往是干层、水层。而相反的情况也是有的，气层、轻质油层、严重水浸的油层等岩心往往含油级别很低，甚至看不出含油。

含油级别主要依靠含油面积大小和含油饱满程度来确定。一块岩心沿其轴面劈开，新劈开面上含油部分所占面积的百分数称为该岩心含油面积的百分数。在观察含油岩心光泽、污手程度的基础上，通过滴水试验等可以判断含油饱满程度。岩心含油饱满程度一般分3级：(1) 含油饱满，岩心颗粒孔隙全部被油饱和，新鲜面上油汪汪的，颜色一般较深，油脂感强，油味浓，出筒或新劈开面原油外渗，手摸岩心原油污手，滴水不渗；(2) 含油较饱满，颗粒孔隙充满油，但油脂光泽较差，油味较浓，捻碎后污手，滴水不渗；(3) 含油不饱满：颗粒孔隙仅部分充油，一般颜色较浅且不均匀，油脂感差，不污手，滴水微渗。

含油面积和含油饱满程度确定以后，根据储层储油特性不同，对孔隙性含油和缝洞性含油的岩心分别划分含油级别。

（1）孔隙性含油：是以岩石颗粒骨架间分散孔隙为原油储集场所。岩心以岩性层为单位，以新鲜断面的含油情况为准，分为：饱含油、富含油、油浸、油斑、油迹、荧光6级。

（2）缝洞性含油：是以岩石的裂缝、溶洞、晶洞作为原油储集场所。岩心以缝洞的含油情况为准，分为：富含油、油斑、油迹、荧光4级。

3）岩心描述内容

岩心描述与一般野外岩石描述方法和内容大致相同，主要包括以下几方面：

岩性定名；颜色；含油、气、水情况；矿物成分；结构、构造；接触关系；化石和含有物等。

4）岩心录井草图的编绘

为了便于及时分析对比，指导下一步工作，应将岩心录井取得的各种资料、数据用规定的符号绘制岩心录井草图，如图5-12所示。

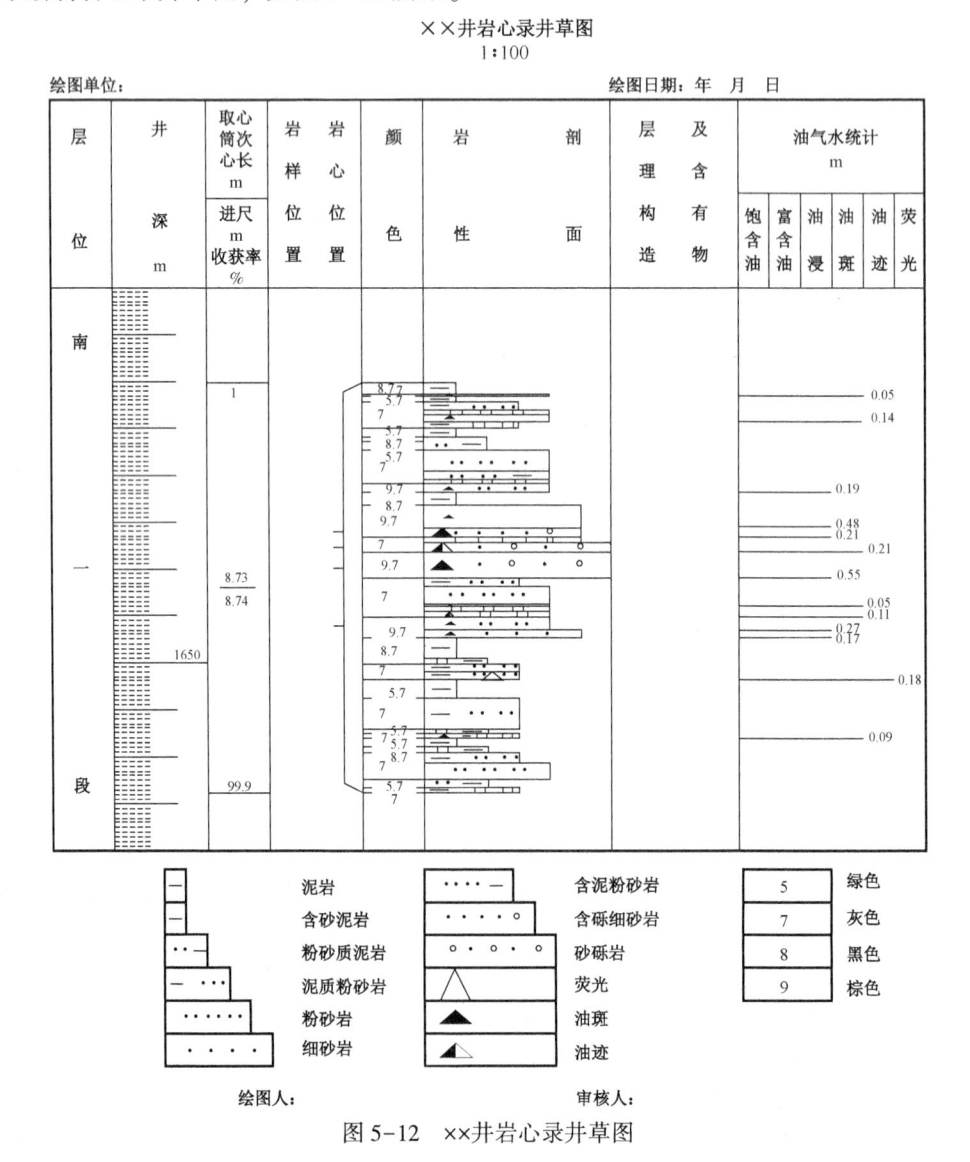

图5-12 ××井岩心录井草图

5) 岩心综合录井图的编制

岩心综合录井图是在岩心录井草图的基础上，综合其他资料编制而成的。它是反映钻井取心井段的岩性、含油性、电性和物化性质的一种综合图件。

由于地质、钻井技术及工艺方面种种原因，并非每次取心收获率都能达到100%，而往往是一段一段不连续的，因此需要恢复岩心的原来位置；而未取上岩心的井段则依据测井、岩屑、钻时等录井资料来判断钻取岩心井段的地层在地下的实际面貌，如实地反映在岩心综合录井图上。通常把这项工作称为岩心"装图"或"归位"。岩心归位要在测出放大曲线❶之后，参照测井曲线进行。

岩心归位的原则是：以筒为基础，用标志层控制，在磨损面或筒界面适当拉开，泥岩或破碎处合理压缩，使整个剖面岩性、电性符合，解释合理，但岩心进尺、心长、收获率不改变。归位方法是比较电测图和岩心录井草图，选用数筒连根割心、收获率高的筒次中的标志层，算出标志层的深度差值（又称岩电差），其步骤包括校正井深和岩心归位。

（1）校正井深：岩心录井以钻具长度来计算井深，而测井曲线以电缆的长度计算井深。由于钻具和电缆的伸缩系数不同，所以岩心录井剖面与测井曲线之间可能在深度上有出入。归位时首先要找出钻具井深和电测井深之间的深度差值，并在装图时加以校正。如图5-13所示，灰质砂岩层在岩性上和电性上容易与泥质岩和一般砂岩区别，在电性上呈高尖峰，根据电性上的反映找到相应的岩性，准确地卡出灰质砂岩，此时二者的深度差即电测与录井的深度差值。图中灰质砂岩底界的测井深度为1800m，钻井取心深度为1800.5m，此时深度差为0.5m，剖面应上提0.5m。

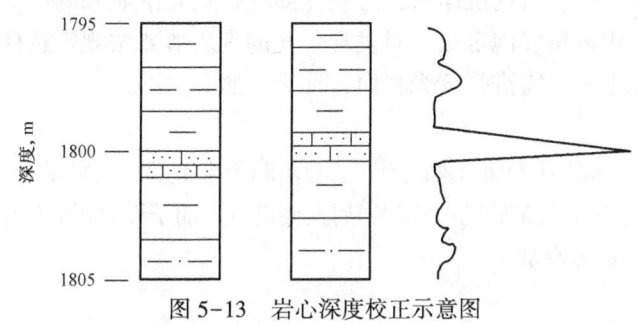

图 5-13 岩心深度校正示意图

（2）岩心归位。根据归位原则，先从最上的一个标志层开始，上推归位至取心井段顶部，再依次向下，达到岩性与电性吻合，把收获率高的筒次首先装完，收获率低的筒次在本筒顶底界内根据标志层、岩性组合分段控制归位。

三、岩屑录井

地下的岩石被钻头钻碎后，随钻井液被带到地面上，这些岩石碎块就是岩屑，又常称为"砂样"。在钻井过程中，地质人员按照一定的取样间距和迟到时间连续收集、观察岩屑并恢复地下地质剖面的过程，称为岩屑录井。通过岩屑录井可以掌握井下地层层序、岩性，初步了解地层含油气水情况。由于岩屑录井具有成本低、简便易行、了解地下情况及时、资料系统性强等优点，因此在油气田勘探开发过程中被广泛采用。

---

❶ 放大曲线是一种工作手段，即将某个深度（岩心不完整或者岩心顺序可能错乱的井段）附近的测井曲线放大这样比较容易标定岩心。

1. 获取有代表性的岩屑

岩屑录井首先是要获取有代表性的岩屑。为此必须做到井深准、迟到时间准。井深准要求必须管好钻具，迟到时间准要求必须按一定间距测准岩屑迟到时间。迟到时间是指岩屑从井底返至井口的时间。常用测定迟到时间的方法有理论计算法、实物测定法和特殊岩性法。

2. 岩屑录取

1）捞取岩屑

必须按录井间距和迟到时间准确无误地捞取岩屑。每口井必须统一捞样位置，通常有两处：一处在架空槽内加挡板取样；另一处在振动筛前加接样器取样。在边喷边钻的情况下，在搅拌器处或放喷管口设取样篮取样。当井漏严重有进无出时，可在钻头上方装打捞杯取样。

2）清洗岩屑

不论从槽内还是在振动筛前捞取的岩屑均黏附了一层钻井液，因而必须将所取岩屑清洗干净。清洗方法因岩性而定，以不漏掉或破坏岩屑为原则。

一般致密坚硬水敏性极差的地层的岩屑，如石灰岩、致密砂岩及部分泥质岩等，可以淘洗或冲洗；软泥岩及松散砂岩的岩屑等只能用盆轻轻漂洗，以见岩石本色即可，或者留一部分不洗，晾干以备观察。要注意清洗密度小的岩层（如煤等）的岩屑时应防止漂流散失。洗样时还要注意嗅油气味，观察含油岩屑的有关情况。该密封的样品，洗净后应立即装罐密封。要求混液的样品不准清洗。

3）荧光直照

为了及时发现油气层，岩屑洗净后，必须立即进行荧光湿照和滴照。肉眼不能鉴定含油级别的储集层岩样要用氯仿浸泡定级。对发现荧光的真岩屑要按规定选样进行系列对比及含油特征观察。岩屑晾干后还需进行荧光直照，称为干照。

4）烘晒岩屑

若环境条件允许，最好让岩屑自然晾干。若自然晾干来不及，只得烘烤，但要保证岩屑不被烘烤过度而变质。用于含油气试验的储集层岩屑及要进行生油条件分析的生油岩样严禁烘烤。

3. 岩屑描述方法及步骤

1）岩屑鉴别

在钻井过程中，由于裸眼井段长、钻井液性能的变化及钻具在井内频繁活动等因素的影响，使已钻过的上部岩层经常从井壁剥落下来，混杂于来自井底的岩屑之中。如何从这些真假并存的岩屑中鉴别出真正代表井下一定深度岩层的岩屑，这是提高岩屑录井质量、准确建立地下地层剖面的又一重要环节。

鉴别岩屑真假应从以下几方面综合考虑：观察岩屑的色调和形状；注意新成分的出现；从岩屑中各种岩屑的百分含量变化来识别；利用钻时、气测等资料验证。

2）岩屑描述

由于岩屑仅仅是地下岩层破碎的一小部分，从岩屑所能观察到的现象自然不如岩心详尽，所以对岩屑描述的重点是岩石定名和含油气情况的描述。定名要准确，油层及砂质岩类应重点描述，不漏掉油气显示和 0.5m 以上的特殊岩层及其主要特征。

岩屑描述的方法一般是：大段摊开，宏观观察；远看颜色，近查岩性；干湿结合，挑分岩性；分层定名，按层描述。

对于裂缝发育的碳酸盐岩，岩层中的缝洞不能通过岩屑直接看到，一般只能根据一些特殊标志间接地加以推断。岩石的缝洞中多少总会有些物质充填，通过对充填物的观察，就能在一定程度上了解岩石缝洞发育情况。常见的充填物主要是一些次生矿物，如方解石、白云石、石膏、重晶石、石英等。岩屑中次生矿物的多少反映了岩石中缝洞的发育程度。次生矿物越多，缝洞就越发育。

实际工作中，缝洞发育程度可以用缝洞发育系数即次生矿物总量占全部岩屑的百分数来表示。缝洞开启程度可以用缝洞开启系数即自形晶矿物含量占次生矿物总量百分数来表示。缝洞开启系数越大，有效缝洞越发育。例如，川南地区某井钻至乐平统长兴灰岩的某一层段（2706~2711m），钻时由原来的182min/m突然降低为56min/m，岩屑中呈透明自形晶方解石含量高，缝洞开启系数为70%。此处发生井喷，经测井证明为缝洞发育最好的渗透层段。

4. 岩屑录井草图

一般岩屑录井草图的内容主要包括录井剖面、钻时曲线及槽面显示等。

岩屑录井草图的深度比例尺为1:500。按描述的井深，把相应的颜色、岩性、化石、构造、含有物及油气显示等用统一规定的符号绘出，如图5-14所示。岩屑录井草图主要应用于以下几方面：（1）用岩屑录井草图进行地层对比；（2）为测井解释提供地质依据；

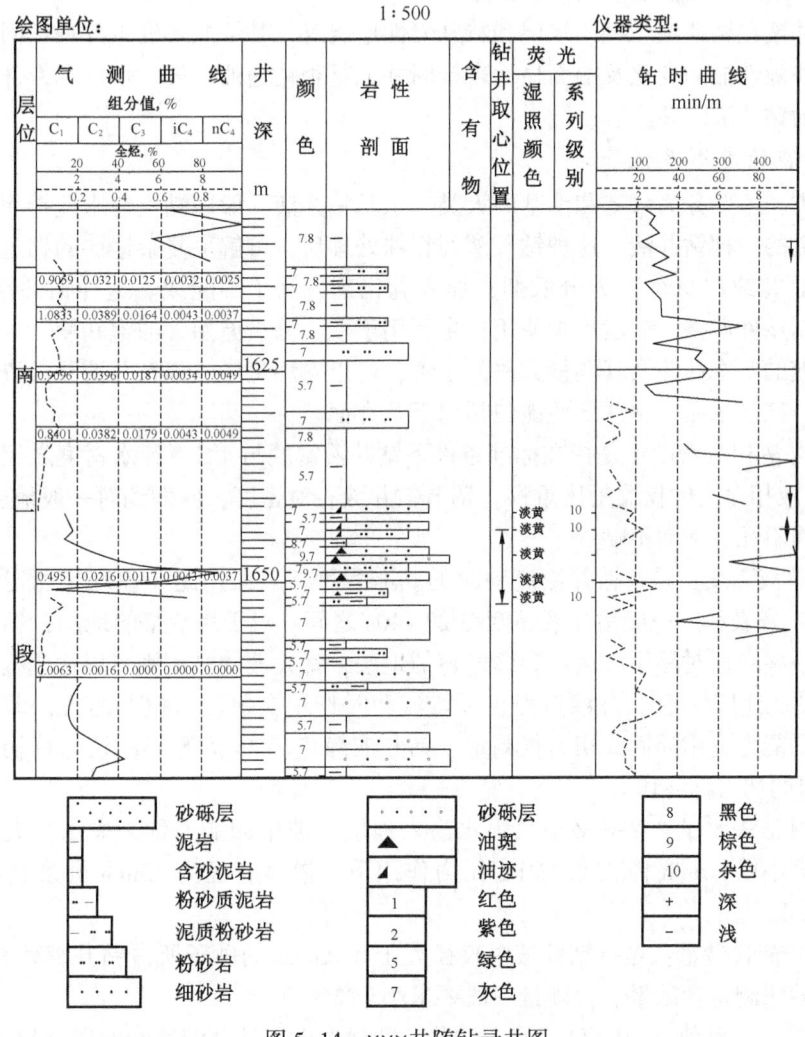

图5-14　×××井随钻录井图

(3）为钻井工程提供资料；（4）岩屑录井草图是编绘完井综合录井图的基础。

5. 岩屑综合录井图的编绘

岩屑综合录井图是以岩屑录井草图为基础，结合测井曲线进行综合解释完成的，比例尺为1∶500，油田内的开发井一般只作油层井段1∶200综合录井图。

由于岩屑录井和钻时录井的影响因素较多，因此还需进一步依据测井曲线进行岩屑定层归位。具体步骤有：校正深度、复查岩屑、落实剖面，以落实剖面为岩性基础，以测井曲线为深度标准，结合取心等资料绘制剖面。

四、钻井液录井

钻井液被称为钻井的"血液"，也称泥浆。普通钻井液是由黏土、水和一些无机或有机化学处理剂搅拌而成的悬浮液和胶体溶液的混合物，其中黏土呈分散相，水是分散介质，组成固液分散体系。

钻井液除了用来带动涡轮、冷却钻头钻具外，更重要的是携带岩屑，保护井壁，防止地层垮塌，平衡地层压力，防止井喷、井漏。根据地质条件合理使用钻井液是防止钻井事故发生、降低钻井成本和保护油层的重要措施。

由于钻井液在钻遇油、气、水层和特殊岩性地层时，其性能将发生各种不同的变化，所以可根据钻井液性能的变化及槽面显示来推断井下是否钻遇油、气、水层和特殊岩性，这种录井方法称为钻井液录井。

1. 钻井液的类型及性能

钻井液类型主要分为水基和油基两大类。水基钻井液一般用黏土与水搅拌而成，是钻井中使用最广泛的一种钻井液。这种钻井液经特殊处理后，可解决复杂地层的钻进问题。油基钻井液以柴油（约占90%）为分散剂，加入乳化剂、黏土等配成。这种钻井液失水量少，成本高，配制条件严格，一般很少使用，主要用于取心分析原始含油饱和度。

对钻井液的基本性能及其测量方法的了解，可以熟悉怎样收集钻井液录井资料，正确地判断地下油、气、水层。钻井液性能包括以下几方面。

（1）钻井液相对密度：是指在标准条件下钻井液密度与4℃下纯水密度之比值，量纲为1。测量钻井液相对密度仪器是比重秤。调节钻井液相对密度，应做到对一般地层不塌不漏，对油气层压而不死、活而不喷。

（2）钻井液黏度：是指钻井液流动时的黏滞程度。一般用漏斗黏度计测定其大小，常用时间"秒"来表示。一般钻井液黏度在20~40s之间。对于易造浆的地层，钻井液的黏度可以适当小一些；而对易于垮塌及裂缝发育的地层，钻井液的黏度则可以适当提高。

（3）钻井液切力：使钻井液自静止开始流动时作用在单位面积上的力，即钻井液静止后悬浮岩屑的能力，用浮筒式切力仪测定。钻井液静止1min后测得的切力称初切力，静止10min后测得的切力称终切力。

（4）钻井液失水量：钻井液中自由水渗入地层孔隙中的能力称为失水，失水多少即为失水量。其大小以30min内在0.1MPa压力作用下，渗过直径为75mm圆形孔板的水量表示，单位为mL。

（5）钻井液含砂量：是指钻井液中直径大于0.05mm的砂子所占钻井液体积的百分数。一般采用沉砂法测定含砂量。含砂量一般要求小于2%。

（6）钻井液酸碱值（pH值）：表示钻井液的酸碱性。钻井液性能的变化与pH值有密切的关系，所以钻井液的pH值应适当。

（7）钻井液含盐量：是指钻井液中含氯化物的数量。通常测定氯离子（简称氯根）的含量代表含盐量，单位为mg/L。它是了解岩层及地层水性质的一个重要数据。

2. 钻井液录井资料的收集

钻进时，钻井液不停地循环。当钻井液在井中和各种不同的岩层及油、气、水层接触时，钻井液的性质就会发生某些变化。根据钻井液性能变化情况，可以大致推断地层及含油、气、水情况。油、气、水显示资料，特别是油气显示资料，是非常重要的地质资料。这些资料的收集有很强的时间性，如错过了时间就可能使收集的资料残缺不全，或者根本收集不到。

1) 钻井液显示分类

钻井液显示可分为5类：油花气泡、油气侵、井涌、井喷、井漏。

2) 资料录取内容

（1）钻井液性能资料，包括钻井液类型、测点井深、密度、黏度、失水量、滤饼、切力、pH值、含砂量、氯离子含量、钻井液电阻率等。

（2）钻井液荧光沥青含量资料，包括取样井深及荧光沥青百分含量等。

（3）钻井液处理资料，包括收集处理药品名称、浓度、数量，处理时井深、时间，处理前后钻井液性能变化情况。

（4）钻井液显示基础资料，正常钻进中收集显示出现时间、井深、层位、显示类型（包括气测异常、钻井液油气侵、淡水侵、盐水侵、井涌、井喷、井漏等）、延续时间、高峰时间、消失时间等；下钻要注意收集钻达井深、钻头位置、开泵时间、显示出现时间、显示延续时间、显示高峰时间、显示类型、显示消失时间、钻井液迟到时间。

（5）观察试验资料。

①钻井液出口情况观察；②钻井液槽面观察；③钻井液池液面观察；④井涌、井喷、井漏资料的收集（应特别留意）。

3. 钻井中影响钻井液性能的地质因素

了解钻井过程中影响钻井液性能的地质因素，对于判断油、气、水层和岩屑的变化十分重要。影响钻井液性能的地质因素是比较复杂的，钻遇不同岩层和油层、气层、水层，钻井液性能会发生较大的变化，见表5-6。

表5-6 钻遇各种地层时钻井液性能变化表

性能	油层	气层	盐水层	淡水层	黏土	石膏	盐层	疏松砂岩
密度	减	减	减	减	微增	不变↓微增	增	微增
黏度	增	增	减→增	减	增	剧增	增	微增
失水	不变	不变	增	增	减	剧增	增	—
切力	微增	微增	增	减	增	剧增	增	—
含盐量	不变	不变	增	减	—	—	增	—
含砂量	—	—	—	—	—	—	—	增
滤饼	—	—	—	增	增	增	增	—
酸碱值	—	—	—	减	减	减	减	—
电阻	增	增	减	增	减	增	减	—

五、气测录井

气测录井是直接测定钻井液中可燃气体含量的一种录井方法,是在钻进过程中进行的。利用气测资料能及时发现油气显示,并能预报井喷。气测录井在探井中广泛采用。

气测录井根据仪器不同可分为两种,即半自动气测和色谱气测。半自动气测利用各种烃类气体的燃烧温度不同,将甲烷与重烃分开,这种方法只能得到甲烷及重烃或全烃的含量。色谱气测是利用色谱原理制成的分析仪器,它是一个连续进行、自动记录的体系。样品由进样口进入后被载气带进色谱柱进行分离,分离后各组分分别进入鉴定器,产生的信号在记录器上自动记录下来。它可将天然气中各种组分(主要是甲烷至戊烷)分开,分析速度快,数据多而准确。目前,色谱气测已基本取代半自动气测。

按气测录井方式可将气测录井分为两类,即随钻气测和循环气测。随钻气测是在钻井过程中测定由于岩屑破碎进入钻井液中的气体含量和组分。循环气测是在钻井液静止后再循环时测定储层在渗透和扩散的作用下进入钻井液中的气体含量和组分,故又称为扩散气测。

1. 半自动气测资料解释

由于半自动气测只提供了全烃和重烃的数据,因此只能定性地识别储层中流体性质。主要根据油层气、气层气、水层气的不同特点及烃类气体在石油或地层水中的溶解度不同进行解释,目前用得较少。

2. 色谱气测资料解释

在探井中,根据半自动气测成果可以发现油气显示,但是不能有效地判断油气性质,对于油质差别不很大的油层和凝析油气层就更不易判断。而色谱气测则可以判断油气层性质,划分油层、气层、水层,提高解释精度。

图 5-15 是某井气测曲线实例。它的主要作用是解释井剖面上的油、气、水显示。综合其他录井资料判断油气层。

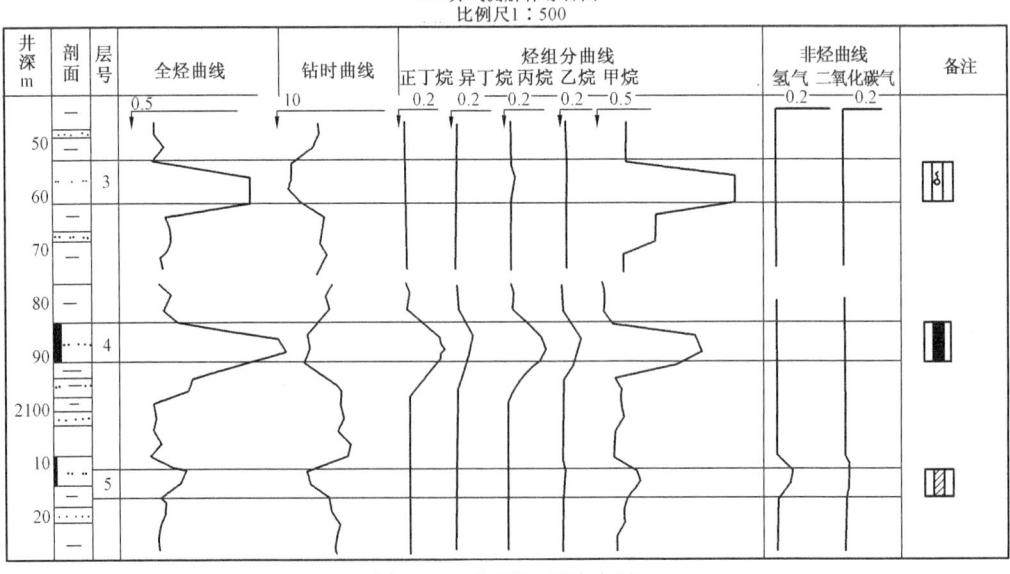

图 5-15 气测解释综合图

1）油层

油层的曲线上的特征是全烃和重烃含量均有明显升高。原油黏稠时，重烃含量变化不是十分明显。

2）气层

气层的曲线特征表现为全烃数值很大，而重烃数值无明显变化。组分曲线上表现为甲烷含量增高。

3）水层

水层的曲线特征因水中含溶解气态烃类含量多少和含残余油性质不同而不同：

（1）含残余油的水层。曲线特征与油层相似，但绝对幅度比油层低。

（2）含溶解气的水层。气态烃含量增高，但读数远低于气层。

（3）纯水层。由于一般水层中均含一定非烃气体（H_2、H_2S、CO_2等），所以组分曲线上明显反映出非烃组分增大现象。

六、荧光录井

石油和大部分石油产品在紫外光照射下能发出一种特殊光亮，这种现象称为荧光反应。石油的荧光性非常灵敏，只要在溶剂中含有十万分之一的石油，用荧光灯照射就可以发光。

所谓荧光录井，就是直接对钻井中返出的岩屑样品、取的岩心样品等定时或定距作紫外光照射，观察有无荧光反应，以了解钻遇地层何处有含油层迹象的一种录井方法。

荧光录井是石油勘探开发中随钻发现油气显示的最简便、直观的有效方法之一，目前采用的荧光分析方法有荧光直照法、点滴分析法、系列对比法、毛细分析法。

1. 荧光直照法

荧光直照法是一种应用比较广泛的荧光录井方法。此方法对岩样无特殊处理要求，操作简便。

通常采用的办法是将全部录井岩屑系统地逐袋置于荧光灯下观察，看是否有荧光显示。含油岩屑在紫外线照射下呈浅黄、黄、褐、棕褐等颜色。经荧光灯照射后若发现含油岩屑，应将其挑出装袋并填写标签，注明井深、层位、岩性，以备进一步分析时使用。

2. 点滴分析法

对含油不明显的岩屑，荧光直照显示微弱，难以鉴别，或岩屑呈粉末状时，利用点滴分析法可以达到发现岩样中少数沥青进行定性认识的目的。

氯仿是一种无色有机溶剂，能溶解石油。在清洁滤纸上放少量有代表性的磨碎样品，滴1~2滴氯仿，静置2~4min，岩样中若含沥青则被氯仿溶解，氯仿挥发后，沥青残留滤纸上，在紫外线照射下，滤纸上将显出具荧光的不同形状的斑痕。由此可以大致确定沥青含量。

用此法可以区别原油发光还是矿物发光。

实验表明，含油质多，荧光显示多为天蓝色、乳白色、微紫—天蓝色斑痕；胶质发黄或黄褐色斑痕；沥青质发黑—褐色斑痕。根据这些特点，可以粗略地确定样品中沥青组成成分。根据斑痕形状，可以粗略地确定含油多少。含油由少到多，斑痕由点状—细带状—不均匀斑块状—均匀斑块状过渡。

3. 系列对比法

系列对比法是利用所测溶液的发光强度与标准溶液的发光强度进行对比，从而定量测定溶液中石油（沥青）含量的分析方法。

具体操作方法是：取 1g 磨碎岩样，放入带塞的磨口试管中，加 5mL 氯仿，浸泡 24h 后，待与标准系列对比。

4. 毛细分析法

含有微细孔隙的物体与液体接触时，在浸润情况下，液体能够沿孔隙上升或渗入，毛细分析法即是利用石油（沥青）溶液的这一毛细特性以及荧光特性来鉴定样品中石油的含量及类型。石油（沥青）中的不同组分沿毛细管（滤纸条）上升时，因速度不等，将在滤纸条上形成特有的宽窄不等的色带。根据色带的宽度及在荧光灯下呈现的颜色可以确定石油（沥青）的性质和组成。

七、定量荧光录井

定量荧光录井技术是一种特殊的录井技术，其原理是利用石油中所含的芳烃成分在紫外光照射下能够被激发并发射荧光的特性，进行地层含油性及含油量的检测。定量荧光录井技术实现了荧光录井由定性解释向定量解释的转变，有利于荧光波长在 400nm 以下的轻质油、凝析油的发现和识别。

定量荧光分析仪可以数字化显示样品的相对荧光强度，其最大的特点是对油气检测的灵敏度高，能在现场快速发现并初步定量评价储层性质，与其他录井方法相结合，可大大提高油气层的发现率和判识的准确率。

定量荧光录井与传统的荧光录井相比，有其独特的作用和优势，主要表现在以下三个方面：

（1）大大增加了荧光的观测范围：传统的荧光录井用肉眼只能观察到波长大于 400nm 的可见光部分，而石油中轻—中质组分发出荧光的波长在 310~365nm 之间，只有重组分的荧光波长在 380nm 以后。因此肉眼观察法容易漏失掉部分轻质油层。定量荧光分析仪的荧光检测范围是 200~600nm，石油中由轻到重所有组分均可检测出来，有效避免漏失轻质油、凝析油等显示层。

（2）准确区分真假油气显示，并利用其独特的差谱技术扣除污染背景：根据钻井工艺的需要，钻井液中常常要混入一些荧光添加剂，用肉眼很难准确识别和区分真假荧光。采用定量荧光分析仪则可以去伪存真，有效地识别出地层的真显示。并利用其特有的差谱技术，将污染作为背景值扣除，从而准确落实油气显示，使荧光录井不再受钻井条件的影响和制约。

（3）孔渗性的确定：定量荧光分析仪在分析岩心及井壁取心样品时采用二次分析法，得到孔渗性指数 I_c。指数 I_c 既不是单纯的孔隙度，也不是单纯的渗透率，而是两者的综合体现，相当于储层中可动油量与总含油量之比，是储层评价的重要参数。

❋ 任务实施

一、任务内容

掌握录井技术在钻井过程中的获取地质资料的过程，包括钻时、岩心、岩屑、钻井液、气测等方法，以全面准确地获取地下地质和含油气信息。

二、任务要求

（1）熟悉各种录井方法及岩屑处理；

（2）熟悉岩心分析过程；
（3）了解钻井液性能要求。

任务考核

一、判断题

1. 含油级别主要依靠含油面积大小来确定。（ ）
2. 岩心是最直观、最可靠地反映地下地质特征的第一性资料，因此每口油井的每个层位都要取岩心。（ ）
3. 岩屑录井成本高，不是每口井都进行岩屑录井。（ ）
4. 钻井液分为水基和油基两大类。（ ）
5. 气测录井分为半自动气测和色谱气测两种方法。（ ）
6. 水层在气测曲线上的显示比油层高。（ ）
7. 当其他条件不变时，钻时的变化反映了岩性差别，疏松含油砂岩钻时最快，普通砂岩较快，泥质灰岩较慢，玄武岩、花岗岩最慢。（ ）
8. 油层的全烃和重烃曲线同时降低，气层的全烃和重烃曲线同时升高。（ ）
9. 岩屑录井草图的内容主要包括录井剖面、钻时曲线及槽面显示等，深度比例为1：200。（ ）

二、选择题（每题4个选项，只有1个是正确选项）

1. 现场第一性资料收集不包括（ ）。
   A. 钻井取心资料   B. 录井资料
   C. 钻井工程情况   D. 岩心有效孔隙度
2. 钻时大小的相对变化可以反映地下（ ）的变化。
   A. 含油层   B. 水型   C. 物性   D. 岩性
3. 气测曲线能及时发现（ ），并能预报井喷。
   A. 水层   B. 高压水层   C. 油气层   D. 煤层
4. 轻质油和重质油的气测全烃曲线异常幅度都较大，但轻质油的气测重烃曲线异常（ ），重质油的气测重烃曲线异常（ ）。
   A. 不明显；不明显 B. 明显；明显 C. 不明显；明显 D. 明显；不明显
5. 岩屑描述的重点是对（ ）的描述。
   A. 岩石定名和含油气情况   B. 岩屑粗细和含油性
   C. 颜色和含油性   D. 岩石定名和颜色
6. 现场录井时要求重点储层除了应作重点观察和描述外，还要作（ ）。
   A. 干照和湿照   B. 氯仿和荧光含油实验
   C. 氯仿点滴实验   D. 氯仿浸泡实验
7. 气测录井是直接测定钻井液中气体含量的方法，目前常用的有（ ）气测录井。
   A. 甲烷   B. 非烃类   C. 烃类和非烃类   D. 二氧化碳
8. 碎屑岩含油级别通常划分为（ ）级。
   A. 4   B. 5   C. 6   D. 7

三、简答题

1. 有哪些现场常用的录井方法？
2. 岩心收集、描述的内容包括几个方面？
3. 岩心含油级别划分的依据是什么？
4. 岩心归位的原则是什么？
5. 正常钻进和钻遇特殊情况时分别在哪里捞取岩屑样品？
6. 如何清洗不同岩性的岩屑？
7. 真假岩屑的鉴别方法是什么？
8. 钻井液的类别和性能是什么？
9. 有哪些影响钻井液性能的地质因素？
10. 有哪些影响钻时的因素？
11. 如何绘制钻时曲线？
12. 钻时曲线有哪些应用？

任务二　油气开采过程中地质资料的搜集和应用

任务描述

根据地质设计要求及岩屑、岩心录井资料判断，所钻的井已完成了设计的要求，钻井工程告一段落，开始进行完井电测。完井电测以研究钻井地质剖面获取地下地质资料为主要目的，其测井内容包括：标准测井系列、综合测井系列和工程测井系列。各种测井系列的组合，应根据本地区的地质—地球物理特征以及测井解释的地质任务来确定。

从完井、试油试采到正式生产，是油气开采的一系列过程。完井是衔接钻井和采油而又相对独立的一个工程，是从钻开油层开始，到下套管注水泥固井、射孔、下生产管柱、排液直至投产的一项系统工程。试油是指利用一套专用设备和工具，对井下油气进行直接测试，以取得有关目的层油气产能、压力、温度和油、气、水样物性资料的工艺过程。

任务分析

完井电测是油气勘探和开发中的关键步骤，旨在通过标准、综合和工程测井系列获取地下地质资料，为钻井地质剖面的研究提供数据支持。完井工程作为钻井与采油之间的桥梁，包括固井、射孔、下生产管柱等环节，确保了从钻探到生产的顺利过渡。试油则是通过专用设备直接测试井下油气，以获取油气产能、压力、温度等重要参数，为油气的高效开采提供科学依据。

学习材料

一、完井作业

完井作业是指一口井按地质设计的要求钻达目的层和设计井深以后，直到交井之前所进行的一系列工作。油气井下套管、固井属于完井作业的主要内容。

每一口井都要根据该井的钻探目的、地质情况和钻井技术水平等，制定合理的井身结构。合理的井身结构应符合优质、快速、安全钻井的原则，满足钻井和开采工艺的要求，并有利于节省钢材、水泥，降低成本。它包括该井下入套管的层次、各层套管的直径和下入深度、与各层套管相应的钻头直径、各层套管外的水泥返高。

二、完井资料整理

完井以后，必须全面、系统地整理和分析在钻井过程中所取得的各项资料，综合判断地下地质情况和油、气、水层，编制完井总结图和编写完井报告。

1. 完井地质报告的编写

完井地质报告根据不同的井别有不同的内容和要求。参数井、预探井应详尽论述，各项录井、测井、分析化验和地层测试资料应充分加以消化利用。还应对区域含油气性和构造的含油气性应有详细评述分析，做到论据充分，图文并茂，对下一步钻探工作提出看法和建议。详探井的完井地质总结报告内容应侧重在对储层的分布、构造特征和油矿地质内容进行综合分析评价，图表以简明实用为原则。开发井只填写井史资料、井身结构图和全套地球物理测井曲线。

2. 附表及附图目录

1）附表

（1）钻井基本数据表；（2）地质录井及地球物理测井统计表；（3）钻井取心统计表；（4）气测异常显示数据表；（5）岩屑热解色谱解释成果表；（6）地层压力解释成果表；（7）碎屑岩油气显示综合表；（8）非碎屑岩油气显示综合表；（9）电缆重复测试（RFT）数据表；（10）钻杆测试（DST）数据表；（11）地温梯度数据表；（12）分析化验统计表；（13）井史资料。

2）附图

（1）碎屑岩综合录井图（比例尺1∶500）；（2）碳酸盐岩综合录井图（比例尺1∶500、1∶200）；（3）碎屑岩岩心综合图（比例尺1∶100）；（4）碳酸盐岩岩心综合图（比例尺1∶100）；（5）气测录井图（比例尺1∶500）；（6）井斜水平投影图（附井斜数据表）。

完井报告和资料需要组织评审和验收，优秀的报告和资料必须符合诸多标准。

三、井壁取心

用井壁取心器按指定的位置在井壁上取出地层岩心的方法称为井壁取心，通常是在测井完毕以后立即进行。

1. 确定井壁取心的原则

井壁取心的目的是证实地层的岩性、含油性和电性的关系或为了满足地质方面的特殊要求。取心时，应根据不同的取心目的选定取心层位。在一般情况下，下列层位应进行井壁取心：

（1）在钻井过程中有油气显示但未进行取心的井段，应用井壁取心加以证实。
（2）岩屑录井中漏取岩屑的井段、岩心录井中岩心收获率较低的井段。
（3）测井解释中的疑难层位，如可疑油层等。
（4）需了解储油物性资料但又未进行钻井取心的层位。

（5）录井资料与测井解释有矛盾的层位。
（6）重要的标准层、标志层以及其他特殊岩性层位。
（7）为了满足地质上的特殊要求而选定的层位。

2. 井壁取心位置的确定

井壁取心位置的确定要考虑地质设计的要求，而更应根据岩心录井、岩屑录井、测井中所发现急需解决的问题来确定。具体确定时应参考岩屑录井草图、完井测井资料，由地质人员、气测人员、测井绘解人员在现场进行综合分析，共同协商确定取心位置、取心颗数，并将取心位置自下而上标注在 1∶200 的 0.45m 底部梯度或自然电位曲线上。

应强调指出的是，为了了解地层含油情况，取心时应优先考虑油层部位，确保重点层位。

3. 井壁取心的描述

井壁取心描述内容基本上与钻井取心描述相同，包括每颗取心的深度、岩性定名、颜色、含油级别、荧光颜色（以湿照荧光为准）等。但由于井壁取心的岩心是用井壁取心器从井壁上强行取出的，岩心受钻井液浸泡、岩心筒冲撞等因素影响较大，在描述岩心时，应注意以下事项：

（1）在描述含油级别时应考虑钻井液浸泡的影响，尤其是混油和泡油的井，更应注意。
（2）在注水开发区和油、水边界进行井壁取心时，岩心描述应注意观察含水情况，做滴水及氯仿沉降试验。
（3）在可疑气层取心时，取出岩心应及时嗅味，并进行含气试验及四氯化碳和荧光试验。
（4）在观察和描述白云岩岩心时，有时也会发现白云岩与盐酸作用起泡，这是岩心筒的冲撞作用使白云岩破碎，与盐酸接触面积大大增加的缘故。在这种情况下，应注意与灰质岩类的区别。
（5）如果一颗岩心有两种岩性时，则都要描述。定名可参考测井曲线所反映的岩电关系来确定。
（6）如果一颗岩心有三种岩性或三种以上的岩性，就描述一种主要的，其余的则以夹层和条带处理。

四、试油试采地质资料

1. 试油试采的概念、目的与任务

试油就是对确定可能的油、气层，利用一套专用的设备和方法，降低井内液柱压力，诱导地层中的流体流入井内并取得流体产量、压力、温度、流体性质、地层参数等资料的工艺过程。在石油勘探过程中通过钻井地质的录井工作取得了每口井的录井资料，再通过地球物理测井解释，能够进一步确定可能的油层、气层、水层。但是为了更进一步地认识和评价油气层，为油气田的开发提供可靠的科学依据，对油气层必须进行试油工作。试油是认识油气层的基本手段，是评价油气层的关键环节，是对油层、气层、水层做出决定性的结论，为油田勘探开发编制方案提供可靠的地质资料。

2. 试油试采的方法

试油的主要工序包括：通井、洗井、冲砂、试压、射孔、诱导油气流、求产。试油试采工作可以针对一口探井而言，也可以针对整个油气层而言。油气层的试采是通过一口口探井的试井完成的。对于大的油气田，则可以开辟生产试验区来进行试验性的生产。为了较早地了解整个油气井的全部生产能力，研究油气井分层或合采的问题，常常选择一部分油气井进行合层试油试采。但是对于探边井，为了详细搞清楚边水活跃情况，最好采取分层试油试采。

试采就是用已试井的某个测点或测井曲线上的某点进行长时期（一般 1~2 个月）的稳定生产，要求得到几个期间（即几个测点稳定生产的时期）的地层压力值以及各个期间的累积产量。试采主要是通过日常单井试采和关井求压力来完成的，同时要详细记录井的油、气、水的性质的变化和其他有关变化的数据资料。

3. 试油试采地质资料的收集

油气层试油试采阶段的主要任务及收集的资料如下：

（1）了解油气田各部分油气井的生产能力，确定油气井的合理工作制度。

（2）测定油气层压力及压力分布。

（3）测定油气层高压物性参数（渗透率、流动系数、导压系数、采油指数、油气饱和度等），研究这些参数在各区的分布和变化规律。

（4）研究井与井之间以及远离井的地区油层特性，例如有无尖灭、断层，断层连通和封闭情况，油水、气水边界位置等。

（5）研究油气层温度和地层中油、气、水的性质。

（6）研究油气层的储油气性质（如是属于裂缝性或孔隙性），对驱动类型作出判断。

（7）对采油工艺进行研究、试验，积累经验。如检测已采用的完井方法，积累油井管理经验，研究合理增产措施，取得试注（注水、注气）经验，进行多油气层分采及合采的试验等。

试采的时间要尽量短，但也没有一个固定的标准，因为它不仅取得在一定时间内压力和产量变化的情况等数据，而且经过综合研究必须能从这些资料中，对油气层的变化规律、生产能力、驱动类型作出可靠的判断。一般单口油气井的试采为 0.5~1a，而整个油气田的试采期则有拖延到 3~4a 的。为了能使油气田及早投入全面开发和转入正式生产，应该根据边勘探、边建设、边生产的精神，多方面设法提早完成试采期所担负的各项任务。

❖ 任务实施

一、任务内容

了解完井作业、井壁取心、试油试采过程中地质资料的收集。

二、任务要求

（1）了解完井电测技术与资料分析；

（2）熟悉井壁取心过程；

（3）了解试油试采过程与地质资料收集。

❖ 任务考核

一、选择题（每题 4 个选项，只有 1 个是正确选项）

1. 通过井壁取心分析发现，（　　）的含油性很好而产量却很低，甚至不产油或产水；而含（　　）的地层，尽管岩石的含油性很差，但却可能是高产油气层。

A. 油层；气层 B. 稠油层；轻质油
C. 稠油层；气层 D. 残余油；轻质油
2. 关于井壁取心的应用，以下描述不正确的是（　　）。
A. 证实地层的岩性、含油性 B. 满足地质方面的特殊要求
C. 为测井解释提供依据 D. 实验室确定岩石孔隙度

二、简答题

1. 井壁取心选层原则是什么？
2. 怎样确定井壁取心位置？
3. 油气层试采阶段有哪些主要任务，要搜集什么资料？

参 考 文 献

[1] 郝金泽,刘国范. 石油测井 [M]. 北京:石油工业出版社,1990.
[2] 丁次乾. 矿场地球物理 [M]. 东营:石油大学出版社,1992.
[3] 邹长春,尉中良. 地球物理测井教程 [M]. 北京:地质出版社,2005.
[4] 洪有密. 测井原理与综合解释 [M]. 东营:石油大学出版社,2004.
[5] 雍世和. 测井数据处理与综合解释 [M]. 东营:石油大学出版社,2002.
[6] 隋军,戴跃进,王俊魁,等. 油气藏动态研究与预测 [M]. 北京:石油工业出版社,2000.
[7] 隋军,吕晓光,等. 大庆油田河流—三角洲相储层研究 [M]. 北京:石油工业出版社,2000.
[8] 张守廉,李占缄. 石油地球物理测井 [M]. 北京:石油工业出版社,1981.
[9] 郭海敏,戴家才,陈科贵. 生产测井原理与资料解释 [M]. 北京:石油工业出版社,2007.
[10] 吴锡令. 生产测井原理 [M]. 北京:石油工业出版社,1997.
[11] 乔贺堂. 生产测井原理及资料解释 [M]. 北京:石油工业出版社,1992.
[12] 王秀明. 应用地球物理方法原理 [M]. 北京:石油工业出版社,2000.
[13] 张守谦,顾纯学. 成像测井技术应用 [M]. 北京:石油工业出版社,1997.
[14] 叶庆全,袁敏. 油气田开发常用名词解释 [M]. 2版. 北京:石油工业出版社,2002.
[15] 万新德. 特高含水期油田开发综合调整100例 [M]. 北京:石油工业出版社,2002.
[16] 方凌云,万新德. 砂岩油藏注水开发动态分析 [M]. 北京:石油工业出版社,1998.
[17] 赵培华. 油田开发水淹层测井技术 [M]. 北京:石油工业出版社,2004.
[18] 李阳,刘建民. 油藏开发地质学 [M]. 北京:石油工业出版社,2007.
[19] 陈福煊,燕军. 油气田测井原理与解释 [M]. 成都:成都科技大学出版社,1995.
[20] 刘向君,刘堂晏,刘诗琼. 测井原理及工程应用 [M]. 北京:石油工业出版社,2006.
[21] 冯启宁. 测井仪器原理 [M]. 东营:石油大学出版社,1992.
[22] 中国石油天然气总公司劳资局. 矿场地球物理测井 [M]. 北京:石油工业出版社,1998.
[23] 陈碧钰. 油矿地质学 [M]. 北京:石油工业出版社,1987.
[24] 徐本刚,韩拯忠. 油矿地质学 [M]. 北京:石油工业出版社,1982.
[25] 刘国范,樊宏伟,刘春芳. 石油测井 [M]. 3版. 北京:石油工业出版社,2016.
[26] 斯伦贝谢公司. 测井解释原理及应用 [M]. 北京:石油工业出版社,1990.
[27] 唐炼,王秀明. 地球物理测井方法原理 [M]. 北京:石油工业出版社,1998.
[28] 陈碧钰. 油矿地质学 [M]. 北京:石油工业出版社,1987.
[29] 崔树清. 钻井地质 [M]. 天津:天津大学出版社,2008.
[30] 吴元燕. 石油矿场地质 [M]. 北京:石油工业出版社,1996.
[31] 吴元燕,吴胜和,蔡正旗. 油矿地质学 [M]. 3版. 北京:石油工业出版社,2006.
[32] 徐本刚,韩拯忠. 油矿地质学 [M]. 北京:石油工业出版社,1979.